| 中国文学理论与批评丛书 |

学术顾问　钱中文 | 主编　吴子林

不可遏止的变革

——20 世纪 90 年代中国文学的转型

陈晓明 著

全国百佳图书出版单位
时代出版传媒股份有限公司
黄山书社

总　序

通读眼前的八部书稿，各种情绪：兴奋、激动、享受、叹息、伤感、寂寥……轮番袭来，纠结于心。这时，我想起了一部电影——

音乐家科伦布的爱妻亡故，他从此带着两个女儿隐居深林，整日独自研习古大提琴。在绵延无休的乐声中，他看见深爱的亡妻，此刻就坐在他对面聆听。之后，他们一起祷告，一起乘坐马车，一起并肩走过春色茂密的森林，一起来到河岸渡口，直到她独自坐上小船离去。怕她再次消失，他不忍停下手中的乐曲。为了让她一遍一遍重现，他用余生不断拉奏心爱的大提琴，记下心里的悲伤乐曲，想看看爱将延续到哪里。

这是一个清静的世界。老房子旧得幽静、坦然，乐声绵延无休、难以捉摸，家中的器皿也都散发出乐器的光泽。科伦布在森林里拉琴、作曲，他拒绝宫廷表演的邀请，拒绝各种矫饰，只为灵感而作曲，只是记下瞬间的颤抖，删除多余的抒情。他的演奏闻名遐迩，在传说中更是出神入化。

有一天，17 岁的红衣少年，一个鞋匠的儿子，敲响了音乐家的门。他立志成为伟大的音乐家，慕名前来学艺,几经周折,红衣少年成了科伦布的学生。后来,红衣少年背着老师受聘为皇家乐队的演奏家,而被逐出师门。再后来,红衣少年成了宫廷乐长,生活富足;音乐给他带来了华丽的马车、镶嵌珠宝的假发衣饰、显贵的地位与指挥权杖,但他不再有17岁时那湛蓝的眼神。他深感自己始终未得音乐的要领。他记得,年少的那个午后,在森林里听到的琴曲,那种庄重、静穆、悠远而哀伤的,才是真正的音乐。

老人弥留之际,宫廷乐长深夜赶赴森林小屋,去上最后一堂音乐课。当他一身显阔地走进那简朴肃穆的家中,发现自己不过是个臃肿的丑角。他问老人:"音乐是什么?为了供奉上帝?为了取悦国王?为了金钱?为了荣誉?是爱情的忧伤?或是自暴自弃的放纵?"

都不是。

他终于领悟,自己的疑问便是答案:"是不是给死者的礼物?是给那些不能说话的人低声的安慰,给那些消逝了的童年?是为了让鞋匠的锤声变得柔和?是为了那我们出生之前就已存在过的时间,在我们呼吸之前,或者看见光亮之前……"

——这是电影《尘世里的每一个清晨》所讲述的三百多年前的故事,它把我们带回到音乐的黄金时代,唤醒了许多温馨美好的记忆。

是的,倘若音乐有魂魄的话,那就是它的毫无用处,它的无用之用。音乐是爱,是恩慈,是虔诚,是内心孤独的吟唱,是出神的一瞬,是人类关于光明、自由和宁静的力量的梦想。

“一个民族的政治生活只是它存在的浅层部分；为了了解其内在的生命——其行动的源泉，我们必须通过他的文学、哲学，以及艺术这些反映该民族理念、情感和梦想的东西，来深入探索它的灵魂。”罗曼·罗兰写道，“音乐展示给我们的是在表面的死亡之下生命的延续，是在世界的废墟之中一种永恒精神的绽放。”①

文学艺术的研究与创作一样，都是一种生气灌注、深邃博大的“创世”，也就是发现、创造可能世界，帮助人们建立生命的、家族的、民族的“根”的意识，确立经验的、文化的统一感与连续性，在滋养自身的同时，影响人类的精神世界。

安贝托·艾柯在《诺伯托·博比奥：重新审视博学之士的命运》一文中强调，知识分子的责任不在“解决”危机，而在“制造”危机，即时刻营造出一种危机感，唤起人类的共同意识的危机感，并寻找、创造普遍的社会共识。

20 世纪 70 年代末 80 年代初，即进入“新时期”以来，整个国家处在一种社会转型之中。如何建立中国自己的崭新形态的文艺理论，成了文艺学界的重要课题。面对当代西方文化传入所引发的诸多挑战，以及当代文学创作所提出的诸多命题，经一大批文艺理论家、批评家的共同努力，中国当代的文艺理论终于实现了现代性的转型，即“从一家‘专政’式的独语，转变为‘百家争鸣’式的对话；从政治话语转变为学科的学术话语；从非常态的中心话语，转变为自主发展的常态话语”②。文艺学研究的视野得到前所未有的拓展，如文艺社会学、文艺心理学、文艺美学、文艺解释学、中西比较诗学、文艺生态学、文艺符号学、文艺人类学、文化诗学等领域，都有人在尝试，并获得了不少结实的成果。

---

① [法]罗曼·罗兰著：《音乐散文集》，冷杉、代红译，中国文联出版社 1999 年版，第 1 页、第 7 页。

② 童庆炳撰：《新时期文学理论现代性转型概说》，《童庆炳文集》第 3 卷，北京师范大学出版社 2016 年版，第 468 页。

值得强调的是，其中的一些杰出的代表，如钱中文、童庆炳、孙绍振等文艺理论家，他们大多经历过各种政治运动，从没脱离当代中国的政治、文化现实。置身于风云际会的时代，他们怀抱笃定的理想主义的激情，广泛关注历史与现实的政治、经济、科技、文化各领域，对现有的种种结构模式始终保持质疑的态度，并通过精深的研究推翻僵化不合理的部分，表现出了对时代命脉的精确诊断和敏锐切入。由于洞察了语言符号背后的价值世界，他们成功揭示了其中丰沛而深厚的精神质地，呈现了关于生活世界的总体想象，开启了一个个一般人所未曾领悟的心灵世界。他们的学术成果是对社会文化问题的思考，是显示人文知识分子存在身份的根据，体现了对社会应履行的责任。

至于当下学界的中坚力量，如高建平、王岳川、李春青、陈晓明等一批学者，则是这些前贤的薪火相传者。与师长辈学者一样，对于他们而言，个人与历史、个人与国家互为镜像；他们有着丰富的内心生活及准则，善于提取、想象、弘扬历史与现实中稀薄而弥足珍贵的东西，并以其充沛的语言敞开、释放灵魂的悸动、精神的能量，以内在心灵的秩序对抗外部庸众的世界。

在我看来，文艺理论、美学的研究者以及批评家与作家、艺术家一样，都是这个世界的观察者、倾听者、质疑者和审判员，都是在为一个“缺席的民族”而写作，而不是做历史的书写者、抄写者和打字员。

名利诱惑与学术追求，对于所有问学者来说，是人生中不断出现的十字路口。文学艺术和生命宛若一条河流，收集了星光、烈日、蓝天、雾霾、彩虹和暴雨。面对欲望与生命力蠢动的世界，真正的学者以学术为宗教、为信仰为志业，他们洞察哪些是浮云，哪些是本质；他们所能看到的不只是现在，还有未来；他们播撒怀疑的种子，而不是收成已然明确的事实；他们不只是理念的唤醒者，同时还是社会革新进程的引导者；他们知道，生命只能燃烧，不可虚耗——因为他们手头所持有之物，不外乎时间、记忆和文学艺术所创造的美；而理论的勃勃生机，只能源于抵御纷扰人生的各种诱惑或压力，源于创造性的质疑、心无旁骛的虔诚劳作和漫长执着的自我探寻。只有在思考和写作中，每个人才能找到自己真正的皈依之所——这是上述优秀学者给我们的深刻启示。

由钱中文先生担任学术顾问，本人主编了“中国文学理论与批评丛书”。本着“学术乃天下公器”的宗旨，我们拟分期分批分人结集出版，以检阅当代中国学人的学术实绩。本丛书具有开放结构，第一辑推出的为我国当代著名的文艺理论家、美学家、批评家，其中既有年逾八旬的资深学者，也有中、青年学术新锐；每人一集，收录“有分量”的代表作，凸显“一家之言”的戛戛独造。

主编这套丛书的愿望有二：

其一，展现新时期以来中国文艺理论研究与批评所取得的实绩，凸显那些富于中国特色的、有个性、有识见、敢论断、敢担当的学术创见。如，钱中文的“新理性精神”文论，童庆炳的“文化诗学”，孙绍振的“文学文本解读学”，高建平、王岳川之于中西美学的剖析，李春青之于中国古典诗学的建构性清理，以及陈晓明、吴子林之于中国“文学问题”的探究等等。

有识之士指出，一个城市乃至一个国家的文化质量，跟它是否拥有富于价值的文学记忆或文化记忆，有着很大的关系。所谓文学记忆或文化记忆，就是有一个或一批伟大的作家、思想家，他或他们代表这个城市、国家，这个城市、国家也进入了这一个或一批伟大作家、思想家的创作生命。简言之，文学记忆或文化记忆直接关系到一个国家的文化形象的塑造，其义大焉。

毫无疑问，包括文艺理论、文学批评在内的学术本身，是中国当代文学记忆或文化记忆的重要组成部分。随着我国上升成为世界第二大经济体，中国正成为一个世界性的大国，系统地向世界展现中国的现代化成就、中国文化和价值观，塑形中国的“大国形象”，至关重要。为此，在推出本丛书的同时，我们还将努力组织专家将它们译成外文，使它们走出国门，走向世界，逐步实现中国文论走出去的宏愿，让西方人了解中国、认识中国——这是颇有文化远见的举措，在一切追求市场效应的今天显得尤为难能可贵。

其二，志在薪梓承传，泽被后学，希冀后来者能赓续前人纯正的学术品格，全副身心投入到文学这一健康的终生事业中去，以扭转目前文艺理论、美学研究以及文学批评的窘境或困境，切实推进现实社会的改善与进步，使人们重获生命的完满，走出一条焕发生命韵致与光泽的道路。

马克思有句格言："最先朝气蓬勃地投入新生活的人，他们的命运是令人羡慕的。"[①]通读完八部书稿，只觉时光如电，一股氤氲之气回荡其间。偶尔抬眼远望，只见雾霾重重，晨昏不明，仿佛自己悬浮于另一个世界；一阵北风骤起，雾霾一点一点散去，古老的都城一点一点透明起来，一点一点安详、生动起来。

户外，市声隐隐沸动，如深山松涛；窗外，落叶敲打着落叶，雨点追逐着雨点；远方，迷迷蒙蒙，嚣嘈不舍昼夜——我听到了生活行进的坚实步履……

一切都只是开端。"中国文学理论与批评丛书"还将推出第二辑、第三辑……并将进一步扩大规模。我们真诚地希望读者诸君提出宝贵的批评建议。

是为序。

吴子林

2016 年 12 月 23 日

---

① ［德］马克思撰：《致 R》（1843 年 5 月），见《马克思恩格斯全集》第 1 卷，第 408 页。

目　录

再版自序

本书对90年代初的文学现象进行概括和阐释，试图揭示那个时期文学发生的深刻变异。在我们通常的表述中，90年代初是中国文学和文化转型的时期，但这样转型在文学上的表现如何？其深刻的内在本质如何理解？学界对此的论述并不多见。这不只是在于这一变异多么复杂，而在于表述的困难。思想的洞察力的有限以及语言的贫困都使表述难以直接和彻底。本书显然不自量力，尝试进入复杂的历史语境，虽然不能左右逢源，但试图找到一条路径，为90年代初的文学与文化的变异提示一份历史草图。

本书完成书于1995年，出版于1997年，由华艺出版社出版，原书名《剩余的想象》，距今有23年之久。何以在我耳顺之年还要再版呢？说起来这本书交稿后我在荷兰莱顿大学做为期一年的访学研究，等我2016年底回国，再敦促出版社出版。那年月学术著作出版十分困难，当然是要感谢当时华艺出版社负责人金丽红女士和黎波先生，他们慷慨支持，这部书才能顺利出版。90年代中期，学术著作出版发行都十分困窘，这本书出版后，发行量有限。或许也是因为华艺出版社并不长于学术书籍的推广，本书传播量想去很不充分。很长时期，我对这本书出版发行未尽人意，颇感遗憾。数年前友人夏可君兄特地给我打了一个电话，说到他那段时间读到拙作《剩余的想象》，尤其对我以“剩余”来概括90年代初的文学和文化的时代特质，心有戚戚焉，深有同感。可君兄是我敬佩的青年学者，他在这本书出版多年之后还在读，也让我心存感念。既然还有同行朋友会拿起来读读，拙著或许还有一二是处，这也是触动我修订再版的原因之一。

因本书有删削，加上二十多年之后，语境变化较大，故有些说法也按现在的言说习惯和行文要求做了一些调整，但架构和主导意思没有改变。

本人的思想认识水平有限，且这本书打上二十多年前的印记，这并非一句“时代局限”所致所能开脱；恰恰相反，那时可能因为年轻，意气用事，言说的环境也是与杂语喧哗的时代相称，说话自然放得开。如今已经是耳顺之年，老气横秋，会对有些说法有所反省，收敛许多在所难免。但为了保持那个时代的一种气度和气氛，一种气息和风格，我也最大可能尊重历史，不忘初心，保持本书的原貌。虽无力为历史存照，但有心为历史留念。

不当之处，欢迎学界同行和读者朋友批评指正。

是以为再版自序。

陈晓明

2019 年 11 月 8 日

于北京大学朗润园

原版自序

捕捉那些处于边缘性的、朦胧而暧昧状态的文学现实，解读其中隐藏的非常规意义，这是我持续不断的职业爱好。我知道这是一项吃力不讨好的工作，然而，我的天性、我置身于其中的环境，使我别无选择。

二十世纪八十年代后期，我埋头于《无边的挑战》一书的写作，那时我的工作受到多方质疑。师友们对我不厌其烦地谈论一些名不见经传的小人物表示大惑不解。那本书的出版延搁了多年之久，后来等我的书出版时，当年的无名之辈已经蜚声文坛。这并不是说我有什么先见之明，或者以韬晦之计用心良苦，我只是想表明这是出自我的职业习惯。

攻讦和辩解是我最为厌恶的学术活动方式，坦率地说，我崇尚从容启示式的读解，阐释、拆解、发掘那些人所未知的要素，对谜一般的真相进行追踪，这种工作会让我快乐，这就是这项职业给我的最大诱惑。我承认我的职业遇到危机，这并不仅仅来自个人生存的危机，这是一种文化的危机。

先锋派是当代中国文学变革的最后景观，随后的创造都不可能有这样的历史背景作为依托，能提供真实的抵御历史压力的场所。这使我所关注的二十世纪九十年代的边缘文学将难以成为一个完整的历史潮流。九十年代的中国文学个人化的结果，也就表明了它的边缘化。很多人在写作，以各自的方式，以不同的效果，勉为其难地去制作这个时代的文学奇景——它在很大程度上就会成为文学的常规生态。

常态也有它的美感，它是历史所必要的和无法避免的结果。确实，人们现在对文学提出了各式各样的不满，这种责难在很大程度上带着关于文学的古老梦想。在这个视听符号帝国急速扩张的时代，文学似乎走到了它的尽头。如果说文学有什么过错的话，如果说文学真的不行的话，那不是因为它用尽了自己的力气，而是它步入常态。这并不表明我就是现存文学的辩护者，这是我们理解现时代文学必要的前提，否则，我们这些文学的末路人只有长歌当哭，还有什么必要花费精力去指出什么不足？文学在这个时代不再是无所不能，无所不包的。它退到了社会的一隅，做它力所能及的事情，就是用语言书写符号给人们提供一个想象性的替代空间。即便如此，“想象性的替代空间”也是一个有必要加以限制的概念，乌托邦也是一个想象性的替代空间，因而我使用了“剩余的想象”这种说法。它不再是那种宏伟的叙事，不再是那种与历史具有共同起源性的元叙事。它就是植根于个人记忆的一种有限的想象情境。

因此，二十世纪九十年代的文学就难以形成实际的持久的中心，也不会有真实的历史潮流。在某种意义上，这一时期的中国文学潮流注定了是被制造出来的。这并不意味着所有的文学潮流都是虚假的，而是说，与过去的文学那种宏大的元叙事不同——它是历史情势表达出来的历史实际的要求，那种意识形态实践植根于历史的实在之物；而现在，意识形态其实已经常规化——也就是说它的那种绝对而持久的精神支配力量实际已经不存在了，只是相当多的人还怀有对意识形态的信赖，因而意识形态的生产还很活跃，但那都是具有未来性的历史所指的能指。从现实活动中产生出来的精神幻想已经被更为务实的“生活需要”所替代。在这一意义上，九十年代的中国文学也不会像新时期文学那样怀着强烈的意识形态冲动创造一系列的历史愿望，文学上的各种派别、主义和旗号都与时代的总体要求密切相关。而九十年代，只有纯粹的文学要求，只有理论自身的推论实践，只有基于对贫乏的恐惧和对平庸的逃避而制造的各种理论现场和文学奇观。在某种意义上，九十年代创造的那些五花八门的“新……”（新状态、新体验、新市民、新都市、新乡土等）并不仅仅是出于对“后”的拒斥，或是因办刊物的黔驴技穷而打出的招牌，在它那蛊惑人心的困窘姿态底下，也包藏着对平庸时代的逃避与躲闪——在某种意义上，这是文学在视听符号帝国里，在后工业化时代对人的想象力不断缩减的历史前提下所做出的负隅顽抗。大多数人只看到它的卑劣和无能。然而，我却看到它的可爱和天真，看到它奋起搏击的后悲剧精神。制造出某种潮流，这种自欺欺人的文化奇景，也许是文学在这个时代保持最低限度的创造性的特殊方式，也是剩余的想象力给予人仅有的创造力。

正是基于这种观念，我对八十年代后期至九十年代的文学现象做出我的阐释。基于我的理论视野，我把这段历史时期称之为“后新时期”。在八十年代末期，我写作的多篇文章中反复使用了“新时期后期”这种说法。1992 年 5 月，我写下一篇题为《新时期的终结》的文章，该文于当年 7 月 8 日发表在《文汇报》上。1992 年秋天，在北京大学由谢冕教授主持召开一个关于“后新时期”的研讨会，明确提出“后新时期”这个概念。与会的代表有新时期的主将王蒙、刘心武等诸多名师大家。与会者从不同角度探讨了八十年代后期以来中国社会意识与文学发生的变化，尽管“新时期”这个概念未必得到一致认同，但有一点是共同的，“新时期”这个概念，以及与之相关的一套文学理论术语和价值观念难以解释八十年代后期以来的现实。

直到现在为止，还有不少人对“新时期”怀有毋庸置疑的眷恋，有些人一边攻击现在的先锋文学、先锋批评与当下的意识形态合谋，一边却对“新时期”顶礼膜拜。这种思维逻辑令人奇怪。对于我来说，并不是说一个时代比另一个时代更伟大或高明，我们应该看到它们之间的差异。而在我看来，之所以宣称“新时期终结”，是指那种热烈的自明的总体性实践的历史形势发生变化。文学不再依靠历史总体性的推论实践来确立自己的主题并酿就流派和思潮，而是不得不退回到文学自身。从此以后，文学不再是引导人们前进的火炬，而仅仅是给人以想象性满足的书写符号。不承认这一点，还要降大任于文学，并要文学做出惊人之举，那就无异于要拔着头发离开地球了。至少在从今以后的相当长一段时间里，“和平与发展”是国际社会的主题，中国也不会例外。就从中国的现实来说，它遭罹的灾难和动乱太多，对和平与发展的渴求当比其他国家来得强烈。在这样的历史阶段，文学也许是生不逢时的，也许是幸运的。这就要看人们对文学抱有什么样的理想化期待了。

总是有大多数的人习惯于从理想化的角度去谈论文学，对文学的现状表示强烈的不满，贬抑不合乎传统规范的任何现实。对我来说，理解一种历史情境，再审视文学在这种情境中所达到的可能性——这就是文学在这个时期的创造性。也许“创造性”显得夸大其辞，不管如何，总有一部分人在批评和指责，也得有人做些发掘工作。我从来就不是一个乐观主义者，对于我来说，与其为贫困所桎梏，不如就在脚下开垦一块土地；与其拔剑投箸四顾茫然，不如就在荒野里走过去。基于这种态度，我对“后新时期”（九十年代）的文学现实给予了必要阐释。

我还想说明的是，本书并不是一本论文集，它一开始就有一个整体的构想。本书本来是想写成一个理论性强些的东西，写过两本纯理论的书之后，理论的疲惫和寂寞还让我心有余悸。我想逃到历史叙事中去，想以史带论来理解“后新时期”的文学现象。然而，一些现时的兴趣和任务使我又退其次而求之，以专题的方式进行研究。其中主要的章节拆开来作为单篇论文发表过。现在连成一体，也许它显得具体，文学评论的色彩较强，较之我过去写的东西它显得平易通俗。本书可能对那些热衷于指责“后批评”不进行具体作品分析的这一说法，作了回应。本书至少比较详尽地分析了百多篇（部）文学作品，以我的方式进行读解。可能是我孤陋寡闻，在我的印象中，那些指责者，从未认真、像样地具体分析过一篇作品，也许会有一类读者喜欢本书。但我毕竟先牺牲了理论，随后又丢弃了“历史”——这是我所痛心的。在某种程度上，我的这本关于二十世纪九十年代上半期文学现象的书，如同我所谈论的对象一样，不由自主为这个时期的事务所裹挟，包括我的写作方式、写作态度和它最后的形状，这是我必须检讨的。我不得不说这本书是一次告别式的写作。

本书还有一个缺憾是没有展开谈论那些处于重要位置的代表作家，例如王蒙、王朔等影响卓著的作家。王蒙在九十年代的写作具有非同凡响的意义，他的作品无疑是一个最具象征性的超级文本，不管是对以往历史的重写，还是王蒙本人选择的叙事方式的变化都表明一个文学时代的巨大的变异。此外，我也没有从整体上论述莫言、贾平凹、张承志和张炜，他们都是这个时期最重要的作家。尽管我一再声称我倾向于关注那些边缘性的、不太起眼的文学现象，但作为对一个时期的理解，它无疑有片面的地方。我唯 能为自己开脱的是，关于他们的研究汗牛充栋，人们可以通过阅读其他大量的资料来了解这个时期的文学主潮。我能聊以自慰的还在于，下一本书可能会专门涉猎这些重要的文学现象。这也是我写作的通病，我总是在一个阶段的写作中，眺望下一阶段的工作，并且为之激动不已，这使我总是急于完成手头的工作，一些很好的主题和构想就被轻易地处理了。

近些年所谓“后现代”招致了不少批评，大部分是善意的。与当今时髦的“唯我独尊”的独断论者有所不同，我深知后现代离真理十分遥远，我只是一个追寻者和行走者。我知道后现代的有限性和相对性。坦率地说，我从来没有陶醉在后现代的印刷符号里，相反，我总是不满和反省。这本书离“后现代”已经十分遥远了，我说过这是一次告别式的写作，一次写作就是一次告别。但所有的写作都没有这次的告别这么彻底。告别一种姿态、一种方式、一种心境。

1995 年 12 月 6 日初稿

导言　镜像的置换：从宏大寓言到剩余文化

“新时期”的中国文学是一个伟大的神话谱系，这个神话从一段令人绝望的历史中绵延而至，因而它的产生就预示着崭新的希望，象征着一个文学的和文化的新纪元开始。二十世纪八十年代的人们充满了创造历史的巨大冲动，那些叙述，那些倾诉，无不关涉这个时期民族国家的历史命运和现实发展。每一个人的讲述，每一个人的愿望都可以和时代精神重叠，它们共同汇聚成这个时期的整体想象关系——它们构成这个时代集体的精神镜像。八十年代的文学充满了各种各样的热点，各种各样的潮流，它们都是从历史本身的情势中涌溢而出的，它们就是历史的实在之物。八十年代的中国文化创造了它的历史主体，出现了一些走在历史前列的文化人物。他们的叙述意识就是这个时期的历史意识，就是社会整体的无意识，就是这个民族自我意识的宏大寓言。

二十世纪八十年代后期，乃至九十年代，中国文化和文学发生如此巨大的变化，任何稍有判断力的人都不难感觉到。那个宏大的历史总体性，似乎迅速处在调整之中，历史的变动如此剧烈而彻底，这使所有有识之士都茫然无措。进入九十年代，人们在不停地慨叹文学和文化的衰落，并且提不出任何济世良方。失败主义的情绪笼罩着人们，以至于人们看不到任何新生事物，看不到任何创造的生机。九十年代的中国文坛，经历过一段时期失败主义的沉寂之后，就迅速开始了它的出发，它澄清了一些问题，但是，带来了更大的混乱。所有这些，都促使着我们有必要在“新时期”的背景下来理解九十年代的文学和文化现实。到底八十年代“新时期”是怎样的一个神话谱系？它的那种历史实践方式是如何进行的？在这样的背景下，我们才能看出八十年代后期至九十年代——我们称之为“后新时期”的文学和文化发生的变化，并且理解这种变化表征的历史意义。历史唯物主义的基本常识告诉我们：“随着经济基础的变更，全部庞大的上层建筑也或慢或快地发生变革。”① 文学（以及人文文化）在不同的历史情境中，必然以不同的方式展开它的实践，必然有不同历史规定的意义。因而，并不仅仅是以失败主义的态度来对待九十年代的文学和文化就能解决问题。回到历史之中去，以历史主义的眼光来看待不同的历史情境，这是必要的历史主义态度。同时以肯定和否定的方式来思考“新时期”文学和文化的发展，去辩证地思考这个历史过程的演变，既视之为混乱，又视之为进步，这就是

① 马克思：《政治经济学批判序言》，《马克思恩格斯选集》第 2 卷，中共中央马克思恩格斯列宁斯大林著作编译局翻译局译，人民出版社 1995 年版，第 82 页。

"一种真正的辩证的，在历史之中思考我们的现时代的尝试"。①

上　超级镜像化：新时期的意识形态整合实践

置身于"文革后"历史的人们，毫无疑问把"文革"的结束看成一个历史时期的终结，并且认为这预示了一个新时期的开始。这样一种"划时代"的感觉当然也是历史本身给予的，"新时期"虽然尚未开始，但是关于这个时代的幻想、想象和期待已经形成，它源于对"过去"——"文革"时期的断然否定。"文革"被视为一场噩梦，噩梦醒来是早晨，那个令人绝望的时代已经结束，而现在（被设想为）面临一个伟大的"新时期"。事实上，正是"思想解放运动"强调了甚至给予了这种"划时代"的感觉和想象。1976 年无疑是中国当代历史上一个壮丽的时间界碑，它只要矗立在"过去"的终结线上就足以标示未来的辉煌。

十一届三中全会前后，理论界热衷于讨论"实践是检验真理的唯一标准"，"解放思想，实事求是，团结一致向前看"是那个时期最高的政治思想原则，也是那个时期的时代精神。而"向前看"就是"实现四个现代化"——可以说"实现现代化"是八十年代最核心的时代精神，是最具统摄力的超级话语或历史总体系。然而，作为观念的意识形态要获得"体验"的形式才能真正深入人心，而"体验"显然不能像理论推论那样容易解决。七十年代末期，人们一直沉浸在对"文革"及十七年的反思和批判中，因为只有拨乱反正才能走向现代化，而引导

① 杰姆逊：《后现代主义或晚期资本主义的文化逻辑》，原载《新左派评论》，1984 年夏季号。本文转引自《后现代主义文化与美学》，王岳川、尚水编，北京大学出版社 1992 年版，第 79—80 页。

时代变更的主导思想就确定在这个“批判”的基石上。确实，它具有强大的起源性的构成功能，它使人们看到过去的全部弊病。但是，人们不曾预料到，批判的结果是在情感体验的层次上推导出这样一个结论：十七年“以阶级斗争为纲”的运动斗争是一次对“人”的否弃。于是呼唤“人”成为这个时期最内在、最真切的情感体验，它构成历史转折时期的意识形态重建的起点。

然而，对“人”的精神需求仅仅起源于历史的匮乏，而不具有现实的充分合法性（例如不具有政治合法性）。执着于历史体验的人们循着历史给定的逻辑补充上缺失的环节，完成重建历史总体性的合理性。正是由于处在历史体验的合理性与政治秩序的合法性的认可之间，八十年代的历史总体性一开始就隐含严重的裂痕，它预示了八十年代的意识形态在情感体验与政治认同两个基本点上始终无法重合。艺术史家赫伯特·里德（Herbert Read）曾经说过：“哲学和政治学，科学和政治，所有的一切最后都源于我们观察和理解历史事实的明确程度，而艺术总是形成感情与感觉的明确观念的主要手段，这种形成的过程，是直接通过艺术家和诗人，间接通过观念对诗人和艺术家所创造的符号与形象的运用。”[①] 也许赫伯特·里德夸大了文学艺术奠定的感觉和情感基础在社会整合实践中所起到的作用，但是，历史总体性的整合实践肯定是要依赖文学艺术创造的情感基础的。不管如何，八十年代历史总体性内部存在着政治规范与情感体验基础的分立，它表明历史总体性的推论实践不可避免要出现多重分离，并且在每一个阶段上都不断发生位移与误置。

确实，在情感体验的意义上，这是一个需要“人”并且产生“人”的时代。经历十七年极左路线的压迫和十年“文革”的中国人，当务之急是重新确定“人”的生存权利和价值。“人”的命题从对“极左”路线的批判中自然引发，并且表达了历史主体（二十世纪七十年代末至

---

① 赫伯特·里德：《现代绘画简史》，上海人民美术出版社1979年版，第154页。

八十年代初期尚未明确分化出“多重意识形态”，因此，“主体”尚具有功能上的统一性）生产自身使自身“镜像化”的欲望需要。对于七十年代末和八十年代初的绝大多数中国知识分子来说，他们相信只有确立真实的、完整的、活生生的“人”，主体才能确认自己的现实位置。这也是他们第一次在文化的象征秩序中辨认清楚自己的位置。从拉康理论的角度来看，这个历史叙事的主体，这个意识形态的生产者，一直没有自己的位置，也从来没有对自身位置的叙述意识。一句话，迄今为止，它还没有经历“命名”的仪式。这一次它却义无反顾地谋求给自己“命名”，它把自己的“镜像化”当作自己的“命名”仪式。事实上，得不到“宏大历史”命名的“子”们不可能获得真实的现实位置，他们被注定了是在幻想界漂泊。期待被“父法”认同的愿望，则使关于“人”的幻想一直处在“父法”设定的宏大寓言的镜框以内：它在历史的起源性上，在现实的合理性上都谋求与“父法”统一。

如果说“朦胧诗”不过提示了主体认同自我的情感基础，它给予“大写的人”以个人化的和现实性的意义；那么，“伤痕文学”则是在写作中国知识分子的当代精神史，它赋予“大写的人”以集体性和历史性的意义。通过回忆“左”对一代知识分子的迫害，通过展示“人”的心灵和肉体所遭受的种种磨难，知识分子看到自己的历史形象。“历史”不仅在形式的（转喻的）水平上替代了现实缺失的位置，而且在内容的（隐喻的）意义上给出了现实的起源性：遭受过历史劫难的“人”理所当然应该认识到“人”的现实意义。历史与现实的关系是这样连接的：反省一代知识分子所走过的曲折历史，看到那“充满血泪的、叫人心碎的命运”，终于意识到自己的存在，于是，“一个大写的文字迅速地推移到我的眼前：‘人！’一支久已被唾弃、被遗忘的歌曲冲出了我的喉咙：人性、人情、人道主义！”因此，不难理解，历史作为现实的“人”觉醒的原因、前提和依据，同时也被改变为现实的“人”的基本内容和意义。

随后不久，王蒙的《夜的眼》（1979）、《布礼》（1980）、《蝴蝶》（1980）、《春之声》（1980）等作品相继发表，对反省历史的主题加以深化。王蒙尤为深刻地展示了知识分子（和老干部）几十年艰难曲折的精神历程。关于知识分子的精神品格，他们在政治风云中对待命运遭遇的方式以及老干部的灵魂变异等问题的探讨，都表现出王蒙对历史的特殊观照，他敏锐地把现实的可能性纳入反思历史的框架中去。王蒙率先把历史叙事和个人的内省意识结合起来，“意识流”手法的运用，使小说迅速跃进到一个很高的艺术层次。人物的心理刻画、小说的时空和结构、富有色彩和质感的语言的运用，给小说叙事提供了一个多样化的世界。当然，王蒙的作品并不仅仅只有形式的意义，实际上，这种形式给那个时期关于“人”的思考，给“大写的人”的主题注入了现代性的内容。

现在，历史依据被现实的“人”的本质，它抗议历史，却认同现实。正如《灵与肉》（或电影《牧马人》）、《大墙下的红玉兰》、《天云山传奇》、《神圣的使命》、《月食》等作品所讲述的那样，经历过“左”迫害的知识分子，忍辱负重，百折不挠，对党、对祖国永远忠贞不渝。历史磨难只能让一代知识分子痛恨极左路线，丝毫无损于他们的精神信念。而且也只有拥有这样的历史本质的“人”，才具有现实的责任感和使命感。因此，对“左”的反省，实则是“人”的现实本质及其现实位置的自我确认。很显然，“伤痕文学”与“朦胧诗”的现实意义大相径庭：后者不过是个人化经验所表达的内心生活，它的历史和现实含义都是时代强加的；而前者则是一次集体有意识的历史实践，它为时代的意识形态确立了现实基础。由“伤痕文学”确认的文学规范一直在构建“新时期文学”的精英主义立场，这个传统一直在建构八十年代的主流意识形态，事实上它已在某种程度上成为意识形态的中心。所谓的“第二种忠诚”表达的是八十年代中国知识分子的政治信念，“伤痕文学”已经预示了它的现实内容和后来的全部危机。而“朦胧诗”的那种个人化经验在经过文学话语的放大之后，沉潜于那些梦幻的孤独个体的精神深处，散落于那些永远无法整合的边际地带，它不想也不可能去替代意识形态中心。“新生代”的诗、现代派美术和这些个人记忆在“先锋派”小说中一直保存无损，许多年之后，人们会看到真实的“文革后”传统是什么。

意识形态的表象体系似乎具有确切的历史内容和严整的逻辑，并且具有不断自觉放大的功能；然而事实上它的每一次想象都意味着一次换喻的游戏，都意味着没有终结的重读。那些原始意义、起源性的意义，一旦被“历史化”时也就被隐喻化了，随着它的首要意义和首次显示被遗忘了，那些隐喻性的想象被赋予了固有的意义。随着这种“抹去”，意识形态的推论是不可避免的，因而它又不断地被抹去，然后进一步推论，设计另一个想象。在这种一个想象设计另一个想象的推论关系中，主体并没有真实的位置，因为“历史化”想象关系的每一次“放大”普遍化和极端化都把主体从原来真实的关系中排挤出去，主体看到的是自己的想象关系，一种脱离却又包括自我存在的真实性的幻想形式。正是不断地“抹去”与“赋予”，不断地“抛离”与“包括”，“历史化”的推论实践才得以充分进行。阿尔都塞说：“正是在想象对真实和真实对想象的多元决定中，意识形态具有能动的本质，它在想象的关系中加强或改变人类对其生存条件的依附关系。由此，这种能动作用永远不可能单纯起工具的作用。把意识形态作为一种行动的手段或一种工具使用的人们，在其使用过程中，陷进了意识形态之中并被它所包围，而人们自以为是意识形态的无条件的主人。”①

“人”的命题由批判反思推导出来，并且因此给予“人”以从历史到现实转化的合理性。现在，被抹去特殊的、具体的、历史起源性的

① 阿尔都塞：《保卫马克思》，参见《西方学者论〈一八四四年经济学——哲学手稿〉》，复旦大学出版社1983年版，第268页。这里的意识形态建构可以与“历史化”或“历史总体性”同等对待。

"人"，被确认了他的现实起源（历史起源被改变成现实本质），它急需进一步创造"人"的现实本性，不仅仅是想象性的创造，更重要的是"现实性"的创造。然而，没有自我真实位置的主体并不能确认"人"的现实存在，它必须得到"历史之父"的认可，因此，它试图从经典"父法"中寻求"人"的现实存在的合法性解释。"父法"本来是禁令，它不允诺，仅仅是禁止；而现在，主体却在祈求"父法"的允诺中损害了"父法"的神秘性和绝对权威性。也只有与"父法"的现实性对话，才是主体真正获得现实位置的开始，不管"父法"允诺还是禁止，主体不再是单纯地陷入自我的"镜像"中，它在反抗、偏离"父法"的行动中，现实地确认自己。二十世纪七十年代末至八十年代初，关于"人"的理论论争，并不仅仅给"人"的现实存在提示经典权威话语的论证，更重要的在于谈论"人"变成了一次人自己的话语实践，它不是理论的想象式的，而是现实的创造出人的历史本质。那些对抗性的争论，尽管充满了意识形态的偏执，双方都"陷进了意识形态之中并被它所包围"，然而，它在客观效果上促使"大写的人"超级符号化，关于"人"的话语不可遏止地增殖，在普遍化的传播中成为意识形态中心的（反对的或赞同的）话语。按照米歇尔·福科的观点，话语的运用就是权力的运用，话语权力的运用来自无数方面，在各种不平等与运动着的关系的相互影响中进行。哪里有话语的运用，哪里就有阻力。这个阻力在话语权力运作的网络中从来没有处于局外位置，相反，话语的权力关系依赖于多方的阻力。正是这些"阻力"充当对手、发动攻击，充当支撑物或把柄的角色，使那种新型的话语得到更加广泛的传播，获得更加强大的动力。这个从个人化经验、从历史批判理性中推导出来的"人"，却在"父法"禁令的裂痕中获得现实位置，它在那些对抗和冲突、中心和局部的关系的多组合中，在那些交锋、反驳和压制的各个点上获得现实存在的权力。

意识形态的推论实践不仅仅依靠"抹去"、置换、补充等形式去设计它的想象序列，而且在那些对抗、冲突、分裂、重合的各个点上获得推论的实践动力。因此，不难理解，经由理论论争激化的“人”的主题，成为时代的中心议题，主体自我生产的欲望进一步强化，“大写的人”的镜像高悬于思想解放的历史舞台，放置于走出历史阴影的中国人面前。这个“大写的人”现在被设想为完全是现实的存在的，他就在每一个人的现实行动中孕育、呈现。那个“大写的人”身上的历史伤痕已经被彻底抹去，他拥有崭新的现实外观。八十年代上半期，中国到处都在谈论“人”，个性解放；都在寻找个体价值、人身自由和现代意识，而“人的本质力量对象化”与其说是这个时代普遍信奉的美学公理，不如说是自我镜像化的超级概括。

1984 年，张承志发表《北方的河》，在题记里他写道：“我相信，会有一个公正而深刻的认识来为我们总结的：那时，我们这一代独有的奋斗、思索、烙印和选择才会显露其意义。但那时我们也将为自己曾有的幼稚、错误和局限而后悔，更会感慨自己无法重新生活。这是一种深刻的悲观的基础。但是，对于一个幅员辽阔又历史悠久的国度来说，前途最终是光明的。因为这个母体里会有一种血统，一种水土，一种创造的力量使活泼健壮的新生婴儿降生于世，病态软弱的呻吟将在他们的欢声叫喊中被淹没。从这种观点看来，一切又应当是乐观的。”这是一个乐观的时期，张承志的英雄主义和理想主义应运而生。只有那个雄浑的大自然背景，只有北方那四条巨大的浸透着历史文化和民族魂灵的河流才能与这个“超镜像化”的自我形象相配。

张承志曾经骑着“黑骏马”在北方辽阔的草原上寻觅他失落的青春记忆，《老桥》中的那种忧郁、怀恋、失意和迷惘并不仅仅是张承志个人的记忆，而是属于整整一代“知青”文学群体的集体记忆，那段记忆被埋葬之后却获取了现实的激情，它用于书写“大写的人”的理想铭文。获得了历史起源和现实本质的主体，现在站立在雄浑的大自然面前来确定自我的、自然的历史。对于迫切想要揭示自我本质力量的主体来说，仅仅依靠十七年和“文革”十年的短暂历史当然不够，它必须要有更加久远的历史，并且是与“人”的自然本性相沟通。这个挣脱了“文革”记忆的“人”，现在向更加久远的历史传统，向更加广阔的大自然吸吮自我的生命本质。

于是，张承志的那个“他”，这个一直在母亲怀抱里长大的苦难之子，这个被“父亲”遗弃的孤独之子，现在突然感悟到自我的生命力量，迅速决定抛弃（当然是在观念上，在记忆中）那个“狗东西”，他站在“自信而强悍”的大河边：“可是，今天你忽然间发现，你还是应该有一个父亲，而且你已经给自己找到了一个。……今天真好，今天你给自己找到了父亲——这就是他，黄河。”他走到黄河边上，他感到眼前的大河充满神秘：“哦，真是父亲，他在粗糙又温暖地安慰着我呢。‘爸爸’，他偷偷试着嘟囔了一声，马上又觉得无比别扭和难受。远处的河水不可思议地凸起着、摇荡着。你告诉我一切吧，黄河，让我把一切全写上那张考卷……那将不是一张考卷，而是一支歌，一首诗，一曲永恒的关于父与子的音乐。”现在，这个无父之子，这个一直被父亲抛弃并仇视父亲的儿子，从大自然那里获得了充溢的生命力，他反过来抛弃了那个“狗东西”（生父），成了自然之子。这个“大自然”（河流）不仅象征着生命的源流，同时象征着民族、祖国、历史和文化传统。那片被钳入河流的彩陶，在整个故事的讲述中显得偶然而勉强，却绝对必要。因为“古老的彩陶流成了河”，这片彩陶轻而易举地把伟大的自然与悠久的文化缝合在一起。我们的自然之子不仅分享着大自然的无穷生命力，而且自然地汇入历史与文化传统。当然，在这里，“自然”是第一要义，活生生的，而历史与文化传统不过是勉强贴上去的标签。

这个一直得不到“父法”认可，并且一直为“父法”所拒斥的观念之子，现在却如此急切与父同化，这个融自然、历史和文化三位一体的“父亲”显然是超现实的、更加观念化的“父亲”。在这里，不是“父法”给“子”们命名，而是无父之子创造了一个更加观念化的“父亲”。显然，与父同化在这里不是接受父法，完成象征性仪式，而是纯粹自我意识的“超镜像化”。通过想象性地与父同化，无父之子完成了成人礼。他把自我的现实本质全盘抛给观念的父亲，在“超镜像化”的想象性放大中，与自然之父同化的苦难之子结束了他的幼稚而孤独的岁月，畅游北方四条河不过是一次想象性地施行“成人礼”的伟大仪式：“我就要成熟了……我就要成人了……他心里充满了神圣的豪情。我感谢你，北方的河，他说道，你用你粗放的水土把我哺养成人，你在不觉之间把勇敢和深沉、粗野和温柔、传统和文明同时注入了我的血液。你用你刚强的浪头剥着我昔日的躯壳，在你的世界里我一定将会变成一个真正的男子汉和战士。”

《北方的河》发表后引起强烈反响，那种洋溢着理想主义的英雄气概和强烈的个人主义色彩，给一代青年及时提示了自我意识（自我观赏）的镜像。那已是一个自我意识与日俱增的时期，当然也确实是一个令人想入非非的时代：改革开放初见成效，经济快速发展，高楼大厦拔地而起，消费指数急剧上升，抢购风与通货膨胀展开角逐……不满与期待，愤恨与躁动，希冀与梦想，混为一体；挡不住的诱惑，摸着石子过河，跟着感觉走……人们既为现实的不公不平痛心疾首，也为眼前的机会激动不已，在这初具规模的竞争时代，人们需要成为强壮的自然之子。在历史推论的意义上，那个悬浮于历史理性和理论空间的“人”，显然有必要给予他以自然的生命力。在自然的主题下，张承志已经把“人”的自我意识推到极端。现在，将“大写的人”置放在“现代主义”的水平上来理解它的时代意义。很显然，“现代主义”也不过是一种观念性的命名，它不过给这个时期的“主体”以似是而非的历史定位而已。事实上，“现代主义”不过徒有其名，刘索拉笔下那些自命不凡的大学才子看上去更像浪漫派的天之骄子，而徐星的那个桀傲不羁的文学青年也不过是当时流行的各种自以为是的做派的混合物。现在这种人到处都是，而中国的“现代化”依然步履艰难，文学的现代主义也浅尝辄止，不了了之。抵御历史的主体不过是那个时期的人们普遍幻想摆脱强大而严实的社会秩序的幻想形式。“拒绝”的姿态是无父的“子”们乐于认同的自我镜像，臣服于“自然之父”不过是一次假想而且短暂的受洗仪式，叛逆的“子”们一旦获得（自以为获得）自然的生命强力、自然生存的合法性，就成了纯粹的个人、绝对的个体。八十年代关于“人”、关于纯粹的自我的想象（个人的镜像化）在这里达到它的极端。所谓的“个人”“自我”从此之后萎靡不振，落落寡合，无所作为也无所事事，他们蛰居于生活一隅，咀嚼诸如“病房意识”“性苦闷”一类的无聊趣味是“罪有应得”（例如“新生代”的诗）。

“寻根派”的崛起显然与当时国内风行的“反传统”思潮有关，然而，在当时激烈的反传统呼声中，文学界何以会热衷于“寻根”？何以会与世界范围内的文化认同及海外的儒学复兴潮流遥相呼应？实际上，“寻根”也依然是一种命名，在这个名义之下，历史实践则要依据它直接的现实前提，“寻根派”由“知青”群体构成则是这一现实前提的基本事实。“寻根派”在1985年底打出旗号，而事实上在此之前的大自然主题中就蕴含了那些异域文化风情。“寻根派”的写作不是遵循“寻根”的宗旨（寻根本来就没有宗旨），而是遵循“知青”的个人的和集体的记忆。那些记忆中的贫困山村，那些异城风情，那些人伦习俗，原来不过是作为找回失去青春年华的背景，作为蹉跎岁月的精神磨难的陪衬，现在却浮出历史记忆的地表，成为写作的前景材料，先是获得自然的生命强力，随后被赋予了历史的和文化的意义。

因此，“知青”的个人记忆被放大为集体的、时代的和民族的记忆，个人记忆被置放到历史的中心，讲述个人的记忆被改写成讲述民族的历史。“知青群体”因此成为“寻根群体”，成为站在传统文化与现代化交界线上的思想着的历史主体。重要的不在于讲述历史，重要的在于历史地讲述。曾经迷惘地审视自我的历史伤痕的“知青”，现在被推到时代思潮的前列，参与当代思想的对话，站在历史/现实，东方/西方，个人/民族，文学/文化，写作/政治交叉的历史边界。“寻根派”当然有理由把自己设想为民族的、精神的和历史的主体，设想为第三世界文化的代言人。显然，这个主体创造历史的欲望难以实现，他们的那些作品与写作主体的历史动机名实难副，在他们个人记忆中涌现出来的，不过是一个浓缩了历史劣根性和全部磨难的痴呆儿（丙崽《爸爸爸》），一个沉默而孤独的“拉边套”者（杨万牛《远村》），一个最后的渔佬儿，或是一个知足常乐的“棋王”和回归到词源学尽头的“孩子王”。纵观“寻根文学”的实际作品，其文学的意义一开始就迷失于虚幻的历史空间，而其文化的意义却又经常为个人的经验（或记忆）所消解。“寻根”说到底仅是一次重新历史化所急需的集体命名，一种无法表达更无法实现的主体欲望。

把自我设想为历史的主体，却没有主体的话语，在这里，命名（能指）与所指，主体欲望与个人记忆始终无法弥合，主体幻想为宏大寓言所构造，然而却无法进入真实的历史之中，实现其创造自我和历史的愿望。“寻根文学”的失败，不仅仅表明“知青”群体的集体镜像不能放大为时代的精神幻想，而且预示了八十年代中期意识形态再生产的深刻困境。企图给分离的现实以完整的历史图像，既表明意识形态重构的必然性，也表明其重构的暂时性。“新时期”文学构造的主体其实没有“历史”，它只有“文革”和十七年短暂的历史记忆，而且这段记忆本质上是“反历史”的，它远离中国民族的历史记忆。然而，作为这段“反历史”的真实产品“大写的人”，它一经确定自己的现实起源和现实本质，却力图割断“文革”记忆。“新时期”这种表述就是反“文革”记忆的（它意指着一个与“文革”截然不同的历史时期），因而“新时期”造就的“大写的人”也就只能在“新时期”狭窄的历史空间运行。因此，从现实自然历史的推论实践中，“人”并没有获得真实的历史记忆和历史本质。个人记忆总是混淆于幻想之物，幻想之物从个人记忆那里剥夺了“文革”历史（个人唯一真实的历史），而个人记忆则给予幻想之物以有限性的历史内涵。这种二元关系具有暧昧的反复加倍，每一方都从对方掠夺来必要的原始意义，从而给予对方以虚幻性的现实。为幻想的误置构造起来的主体，既不能回到自我真实的记忆中去，也无法准确找到表达宏大寓言的象征符号，它失去了记忆，也没有自己的话语。欲望主体不得不摧毁了所有的幻想形式、所有的象征之物，它真正结果了自己。

下　剩余的文化：后新时期的话语碎片

现在，已经少有人会否认“新时期”文学在八十年代后期发生重要的转折。不管是文学观念、文学的叙事方法，还是文学进入社会的实践方式都发生了根本的变化。八十年代后期，人们普遍慨叹文学落入低谷，那是基于传统的和经典的文学观念来看待正在变动的现实。从另一种观点来看，不过表明文学（乃至于文化）与这个社会的关系发生变动，表明文学自身的美学法则在变革。

八十年代后期，中国当代文学的意识形态发生多元分化，如果要在现实社会寻找解释的原因并不困难，例如，改革开放已见成效，三资企业遍地开花，皮包公司如鱼得水，市场经济初具规模，假冒商品肆意泛滥，通货膨胀势头更猛……而知识分子阶层迅速落破，知识分子奉行和鼓吹的价值立场为商品“拜物教”所冲垮。社会舆论对知识话语采取不严加讨论的政策，无形中使知识分子所扮演的创造社会中心化价值体系的角色无足轻重，也无人问津。知识分子推行的“精英文化”一度充当思想解放的先锋，构造社会共同的想象关系，而现在却被整个社会弃置于一边。整个社会的“卡理斯玛”（charisma）（中心化的价值体系）[1] 趋于解体，文学共同体讲述的“大写的人”的神话也宣告破产。这个时代面临深刻的文化危机，普罗米修斯式的文化英雄已经缩减，取而代之的不过是一些纳克索斯式的文化自恋主义者。

1988年王蒙发表《文学：失却轰动效应之后》，这是一篇宣言式的和预言式的文章。作为“新时期”最有成就的中国作家，王蒙对历史的变化有着特殊的敏感。“新时期”的那种宏大想象，那些宏伟的场景，那些激动人心的作品，王蒙既是当事人，也是见证者。现在，“记忆犹新而又恍如隔世”（王蒙语）。那些与意识形态热点相呼应的潮流，已经不复存在。作家没有回天之力，“写什么，怎么写，似乎已经很难出现那种‘轰动’效应”（王蒙语）。这是历史发展的必然趋势，社会的安定化、正常化使人们不再仅仅为政治论争所激动。“人们变得日益务实以后，一个社会日益把注意力集中在经济建设、经济活动上，而不是集中在政治动荡、政治变革和寻找新的救国救民的意识形态上的时候，对文学的热度会降温。”[2] 王蒙不仅是这个时代最敏锐的书写者，同时还是一个卓越的预言家，他的感觉是对的。八十年代后期，中国社会确实发生某些实质性的变化，要详尽论证这种变化非本文力所能及，这一变动，人们仅仅凭直观就可以在他的经验中得到印证。文学当然不能逃脱时代给定的命运，它不得不变成一种个人化的行为，写作和阅读

---

① 卡理斯玛（charisma）这个词来自早期基督教的用语。马克斯·韦伯在阐述权威时用这个词指称有创新精神的人物的某些非凡品质。爱德华·希尔斯则认为，社会上的“卡理斯玛”不一定来自于“卡理斯玛”的个人创造，“它是赋予人们的行为、作用、制度、符号以及物质客体的一种品质，因为它们被认为与‘终极的’‘根本的’‘主宰一切’产生秩序的权力有联系”（《中心和边缘：宏观社会学论文集》，芝加哥，1975年，第127页）。希尔斯在《中心和边缘》一书中解释说，社会有一个中心，社会结构中有一个中心带，而这个中心带是价值和信仰领域的一种现象。“卡理斯玛”是符号秩序的中心，是信仰和价值的中心，它统治着社会。林毓生教授在《中国意识的危机》中，使用了“卡理斯玛”这一术语，用于分析中国“五四”时期的文化危机现象。

② 王蒙：《文学：失却轰动效应之后》，原载《文艺报》1988年1月30日，本文引自《王蒙文集》第六卷，华艺出版社1994年版，第339页。

并不是去完成伟大的人类实践，而是正在变成一项职业，变成日常生活的一部分。它在很大程度上不是人类制造精神紧张的有效手段，而更有可能是心理抚慰的一种形式。

1992 年 5 月，在北京大学一所简陋狭窄的会议室里，由谢冕教授主持了一个名为“后新时期文学”的理论研讨会。这次会议与其说是一次宣告，不如说是一次总结。尽管如此，它居然没有引起更多人的注意，更多的人并不愿意接受“后新时期”这种说法。

事实上，很少有人能心安理得地承认历史的实际情境。历史的变迁令人猝不及防，很长一段时间里人们难以接受这个现实。人们反复慨叹文学在滑坡，作家的主体意识萎缩困顿。人们指责作家没有责任感，没有从时代精神中汲取力量。问题在于，时代意识本身发生了分离，历史总体性不再具有社会整合的绝对功能。过去，人们习惯把文学看成创建意识形态整体想象关系的根本途径，并且把这种文学观念看成天经地义的，是优先的真理。然而，中国长期以来的意识形态整合实践的统一模式，已经过了它的巅峰状态，它不得不疲软。八十年代后期，疲软的是意识形态，而不是文学。至少，文学从疲软的意识形态那里无法分享到它习惯的精神力量。“意识形态要么是全能的，要么是无用的。”（阿尔都塞语）八十年代后期，关于思想文化的管理也不刻意用意识形态来统摄社会的精神意识，相反，经济实用主义成为最有号召力的自发的社会实践。当经济利益被放在所有事物的首位，这就意味着这个时代是以行动代替思想，以利益替换精神。经济实用主义实际消解了社会思想意识的整合机制。当一个时代的生活目标变得明确，并且实现起来并不太费劲时，超越性的信仰和信念就是多余的。信仰的温床就是恶劣的生存环境，同样，理想主义只能产生于对现实的忘却和厌弃。这个时代一切都一目了然，拿奖金，买彩电，上歌舞厅，洗桑拿，奔小康……这一切无须什么特别深奥的精神作指引，也不需要蛊惑人心的思想进行动员，这是朴素的生活之道，无师自通，只要凭本能就可以知道出路在哪里。在这一意义上，历史总体性是被它自身的实践方式所重构的。过去，精神绝对压倒物质，观念绝对支配现实；现在，则是颠倒过来，物质压倒精神，现实吞并观念。观念的力量长期压制了行动，对未来的想象一直给人们构造一个难以企及的乌托邦，人们为了未来而牺牲现实。现在乌托邦就在眼前，它通过个人的努力就能实现，就是实在的小康生活。小康的时代还需要什么超越性的幻想吗？还需要什么庞大的概念说辞吗？

杰姆逊曾说过，一个历史主义者会作这样的思考："发挥着功能的现存意识形态的生产，在不同的历史情境中是有区别的，而且最重要的是，或许会有这样的历史情境，意识形态的协调和生产都不可能了，这似乎就是我们在当代危机中的处境。"① 八十年代后期以来的中国也许正处在这样的历史情境，理论观念创建的想象关系不再能从整体上对社会起支配作用。人们不相信什么权威，什么至圣先师，人们只相信自己，相信自己的行动。这个时代的"自我"被放大到最狂妄的地步，因为没有在它之上的精神象征之物；而这个时代的"自我"又被贬抑到最低的限度，因为它无法在精神整合的水平上转化为历史主体。这个社会到处都是一些自以为是的个人，到处都是一些跟着感觉走的游兵散勇。因而历史整合功能的失落是不可避免的。

因而，从整个社会的主导观念来说，它只依凭剩余的想象关系来展开它有限的推论实践。八十年代后期直至九十年代的文学更像是处在一种"剩余状态"，不管是就叙述主体所处的现实位置来说，还是那种叙事方式和态度，或者是那种价值标向和美学期待，都只能抓住和运用剩余的想象。"剩余状态"表明文学及其文化实践不再依凭于意识形态的宏大寓言，不再致力于建构社会共同的想象关系，写作者与思想者退居到个人的立场，放弃永恒的、绝对的终极价值关怀，回到个人的记忆，

① 杰姆逊：《后现代主义或晚期资本主义的文化逻辑》，原载《新左派评论》，1984 年夏季号。本文转引自《后现代主义文化与美学》，王岳川、尚水编，北京大学出版社 1992 年版，第 88 页。

注重那些细微的差别，试图从这里折射出生活世界的多样性，只能用可能性和相对性视点来看待人们置身于其中的现实。在这一意义上，“剩余的想象”并不仅仅表征着“后新时期”这个历史阶段内的某些暂时的进向，它很有可能就是后工业化社会给予文学的历史境遇，也可能是文学叙事者抗拒后工业化社会的无可奈何的武器。

1977年，雷蒙·威廉姆斯（Raymond Williams）出版他的那部后来久负盛名的著作《马克思主义与文学》，这部著作即使在今天仍然不失它的理论价值。威氏把文化划分为“主导的、剩余的和崛起中的”（dominant，residual，and the emergent）。尽管剩余的与崛起中的文化固然有可能被主导文化同化的因素，但威廉姆斯认为，这些文化代表了主导文化以外或与主导文化相异的经验和实践。剩余文化是指那些“往日有效地建立的”意义与价值观，而“在文化进程中仍积极地在今天扮演着一个有影响力的元素”；威廉姆斯尤其关注与主导及剩余文化都不同的崛起中的文化，它“永远不单只是一个即时的；实践它的关键是在寻找新形式或改变形式”。① 显然，在这里，我借用了威廉姆斯的概念，但修改了他的原意。在我看来，剩余文化是从主导文化中分离出来的不完整的部分文化。它可以一分为二，一部分与主导文化保持亲和性，它延续了主导文化的价值观和实践方式；另一部分更倾向于崛起的文化，不如说它是主导文化分裂抛出来的碎片，它倔强而又乖戾地生长，但特殊的历史情境使它无法成为有巨大创造性的崛起的文化。八十年代后期以来的中国现实，使得任何试图创新的文化都大打折扣，它不再能形成巨大的、有效的历史冲动。它是新时期有过的庞大的精神实践遗留的产品，是工业化和后工业化社会对人类精神生产活动进行有效地缩减后的剩余物。换言之，第一，它是历史的遗留物；第二，它是社会现实缩减的剩余物；第三，它还是自身的剩余物，文学这个古老的文化样式，它

① 威廉姆斯（Raymond Williams，1977）. *Maxism and Literature.* Oxford：Oxford University Press.

很有可能确实是走到它的尽头了。正如米兰·昆德拉在预言小说未来的道路时说的那样："如果小说真的要消失，那不是因为它已用尽自己的力量，而是因为它处在一个不再是它自己的世界中。"[①] 这句话同样适合描述文学的命运。在这一意义上，文学在后工业化时期，在视觉符号帝国的霸权之下的生存，就被注定了它的"剩余性"的境遇。如果人们还在抱怨九十年代的中国文学生不逢时，那他应该想到二十一世纪，那时他会回味这段"黄金岁月"。

如果说"新时期"前期文学中的那个被设想的主体（大写的人）在历史的不断移位中，还努力去创造社会的共同想象关系，试图在既定的政治文化和语言秩序中确认实在的位置；那么，"后新时期"（八十年代后期以来）更年轻一辈的写作者，他们真正是没有历史，没有巨大想象力的独居者。这不仅因为他们在精神上是新时期的叛臣逆子，而且在于他们始终无法接受"新时期"的"历史馈赠"。对于他们来说，与既定的"主导文化"不存在精神的亲属性，主导文化也不能给他们以"幸福的承诺"。这些只能沉迷于剩余的想象情境里的叙事者最敏感最深刻地体验到并且承受着主导文化重构（转型?）的危机，同时也构成了危机最尖锐的部分。

在"主导文化"重构的时代，"主导文化"的权威性仅仅以"禁令"的方式存在，而无力给出楷模和许诺，所谓"文化失范"也就是"主导文化"失范，也就是说社会的中心化价值观念不再具有创造性的功能，大众不再模仿有规范作用的思想、意识、情感和愿望。然而，这并不等于说，"主导文化"的权威性就荡然无存，在"亲和吞并"和"拒绝同化"之间存在着潜在而持续的对立关系，它在意识形态的再生产中依然起着轴心的作用。正是"对抗"与"同化"的推延，使得主体的欲望表达隐瞒了更多的无意识内容。那些"大他者"（主导）的话

① 米兰·昆德拉：《小说的艺术》，孟湄译，三联书店 1992 年版，第 16 页。

语，不仅仅作为隐喻的内涵，构成那些欲望表达的所指，而且作为叙事话语的结构性替换，构成转喻式的支配力量。在理解八十年代后期以来的文学叙事话语和叙事方式的历史内涵时，在分析那些主题的历时性变动的转换结构时，都有必要找到叙述动机与“宏大寓言”分裂的关系纽结，也就是个人与历史的不断错位的想象性关系。因为，正是政治无意识一度构成八九十年代文学叙事和知识分子话语实践之最隐秘的底蕴。

单纯从文学上说，八十年代后期的转折可以在 1987 年划下一条界限，“新时期”所确认的共同的想象关系、共同的文学规范和准则，都濒临失落。某种意义上，马原的出现标志着“新时期”的终结，或者说进入“后新时期”，它在构造中心化的价值观念、文学规范和准则以及语言风格等方面都表现了对前期“新时期”的反动。与马原同时和稍后的一批先锋派作家的出现，则使这一转折后的历史成为中国当代文学不得不走下去的穷途末路。人们别无选择，“大写的人”已经死亡，现在只剩下无所作为的叙事者蛰居文坛一隅，讲述那些无边无际的幻想，或逃逸于历史的颓败风景之中。

当然，如何解释马原早在 1984 年思想文化论争充分活跃的时期，就写下《拉萨河女神》这样的作品，确实是一个棘手的问题。从文学史的意义来看，任何一个时期的文学写作经验都承受着“创新”的压力。八十年代上半期就有过王蒙、李陀等人倡导对“意识流”小说的探讨，但那依然隶属于“大写的人”的范畴，因为实验的动机是在“探索现代人的灵魂世界”的命题下展开的。显然，马原的探索一开始就远离意识形态中心，也许可以归结于个人化的经验。也就是说，它不是一次与意识形态热点对话的产物，而仅仅归结为个人写作经验的偶然发掘，例如它可能与阅读博尔赫斯、马尔克斯的作品有关（博尔赫斯的《短篇小说集》1983 年在中国翻译出版，1984 年马尔克斯的《百年孤独》风靡中国）。在意识形态充分活跃的时期，这种个人化的写作不会引起重视，直到意识形态轴心已改变时，马原的写作提供了替代性的经验，它在意识形态调整的空白处补进艺术创新的神话。因此，毫不奇怪，马原这种纯粹个人化的写作迅速被再造为一个历史焦点，反射出文学史转型的部分光亮和阴影。这就是话语的权力，通过谈论某种话题，这个话题被置放到历史的中心，于是这个话题起到意识形态的轴心构造作用，在这个标题（纲领）之下，人们写作了一种历史本文，讲述了一个时期的神话。尽管马原的意义不再具有意识形态普遍化的实践功能，但是，他改变意识形态普遍化的叙事方法被视为当代文学历史转型的重要标志，这种叙事方法又构造了一个回到文学自身的神话，在文学有限性的范围内，它标志着“新时期”的终结和“后新时期”的来临。

支持马原叙事的动机已经不是去创作“大写的人”或完整的故事，而主要是“叙述圈套”。对于马原来说，写作就是虚构故事，而不是复制历史。传统写实主义把故事当作历史的真实记录，通过赋予故事以自明的历史起源性，故事的发生、发展在阅读经验中被设想为历史本身。于是，意识形态设计的想象关系或幻想之物成为现实本身，而“现实”则消逝于幻想之物和象征之物的“真实性”中。现在，马原的写作明确声称是在虚构，虚构确定叙述的起点，它在告诉你，这是在用幻想替代现实，不是等同于现实。“替代”与“等同”的意义并不一样，“等同”表明“现实”为意识形态设想的现实，具有至高无上的价值，阅读文学作品不过是获取意识形态幻想的预期满足或预期驯化；而“替代”本身是对“现实”的挑战，其前提在于“现实”是必须被替代的，也是可以替代的。用一种个人化的反常规的幻想之物，替代（解构）普遍化的、秩序化的想象关系（当代神话）。

对于更年轻一辈的写作者来说，关于“宏大寓言”的记忆更加模糊。对于他们大多数人来说，“历史神话”本来就“不在”，这正是他们置身于自我的镜像前想入非非的黄金时代。因此，不难理解，在八十年代后期，先锋派小说大量描写“幻觉”，在无所顾忌的诗意祈祷中把自我构造为梦幻的孤独个体，正是表明了在对话语（符号之物）的充分意识中，他们在幻想之物与符号之物（象征之物）之间无止境地往返徘徊。先锋小说的写作经常是不自主地卷入“幻想之物”与“象征之物”相互置换的游戏，并且构成叙事的内在动机。例如在 1987 年发表的那些先锋派小说，无法遏止的幻想之物被表达为符号之物，而那些过分堆砌的符号之物则构造了一个更加虚幻的空间。

在八十年代后期，不仅仅是先锋派，一大批年轻的文学叙事者都被冠以各种名目，新写实、女性主义、新状态、新体验、新都市、晚生代等，他们的作品大多讲述那些纯粹的个人记忆、一些无聊的日常琐事，或者干脆发掘个人的乖戾心理。这些无比虚幻的故事，呈现在文化重构的背景下而显得异常不协调。就文学史直接承继关系而言，他们必须在新时期宏大寓言解体的历史缝隙中开启那条前途未卜的道路铤而走险，在那个巨大的想象界中，无所不包的历史神话已经丧失了神秘的光圈，只剩下一个孤零零的“我”；就个人记忆而言，他们与这个走向经济高速发展的时代没有关联，他们与人民脱贫致富的实用理性也没有关联。他们真正是时代的弃儿。“知青”群体的集体记忆沟通了一个时代，它可以重新修复断裂的历史，把幻想之物纳入既定的象征秩序中。然而这些“晚生代”（只相对于“知青”群体而言，他们有一种“晚生感”）只有纯粹的个人记忆，他们是精神上真正“无父”的一代。就连所看到的“父亲”的背影都显得极其虚幻，例如格非在《背影》里所描写的那样：那个疲惫不堪的父亲只剩依稀可见、了无生气的背影，这就是他们面对的历史和置身于其中的现实。

在宏大寓言解体的时期，那些抓住剩余想象的叙事者所完成的表达之物（符号之物）不得不退化为幻想之物，它无法为现实合法化（危机）的文化秩序所读解，主体却通过象征的通道返回了幻想界，沉迷于自恋的镜像之中。这就是当代典型的女性主义叙事。这个群体一直沉迷于发掘女性的内心经验，在那个业已残破的超级镜像里辨认自我的形象。那些沉迷于内心幻想的孤独个体，正如观望水中倒影的那喀索斯，只能像他所是的那样存在，在这种绝对孤独（自恋）的状态中，无视历史及其男权的象征秩序，无视庞大的想象关系，她们只有关于个体的躯体（心理）的辩证法。她们显然为那些依然保持巨大的历史冲动的人们所不屑。对此，马尔库塞写道："较之普罗米修斯文化英雄的形象，俄耳浦斯和那喀索斯世界的形象本质上是不实在、不现实的。它们代表了一种'不可能'的态度和存在。而且，也不可能有文化英雄的行为，因为它们是非自然的、超人类的、不可思议的。但它们的目标和'意义'并不违反现实。相反，它们是有用的。它们促进、加强而不是破坏这个现实。然而，俄耳浦斯—那喀索斯形象确会破坏这种现实；它们并不表示一种'生活方式'；它们所诉诸的是地狱和死亡。它们至多是某种对灵魂和内心来说富有诗意的东西。但它们并不给人以任何'教训'，也许除非是这样一种否定的教训：人不能战胜死亡，不能在对美的赞赏中忘记和拒绝生活的召唤。"①

事实上，八十年代后期以来的文学叙事，在很大程度上是自恋主义式的叙事文学，是文学回到自身，纯粹的、自我叙述的写作。它是否只有消极的和令人悲观的意义？在马尔库塞看来，自恋超出了所有非成熟的自发爱欲，它还表示一种与现实之间具有的根本关系，这是可以产生一个全面的生存秩序的关系。也就是说，"自恋"可能包含着一种不同的现实原则的种子，自我的力比多的贯注可能成为客观世界的一种新的力比多贯注的源泉，它使这个世界转变成一种新的存在方式。很显然，马尔库塞过分夸大了"自恋"的非压抑性升华所具有的自我更新，以及由此带来的感性解放的意义。他甚至把俄耳浦斯—那喀索斯的形象看成是伟大的拒绝的形象，即拒绝力比多客体（或主体）分离。这个拒绝的目标就是解放，是曾经分离的东西的重聚："俄耳浦斯和那喀索斯

① 马尔库塞：《爱欲与文明》，黄勇等译，上海译文出版社1987年版，第120页。

爱欲的目的是要否定这种秩序，即要实行伟大的拒绝。在以文化英雄普罗米修斯为象征的世界上，这种否定乃是对一切秩序的否定。但在这种否定之中，俄耳浦斯和那喀索斯揭示了一种有其自身秩序，为不同原则支配的新的现实。”① 在很大程度上，这种文化的实践方式适用于理解当代文学的叙事原则，在这个不断被缩减的时代，在这个所有的符号都在拒斥文学符号的时代，这种自恋主义式的写作，在语言的层面上，在个人记忆的层面上，在内心生活的层面上的叙事，抵御着后工业化时代视觉符号扩张，一切都变成对可视的图像的符号帝国的拒绝和逃避。

回到文学自身的叙事（符号秩序或象征之物），通过在原先幻想之物的镜像二元性关系的反复运作中引入第三种因素，疏离被这个时代的超级符号同化，从而重新结构了幻想之物。确实，应该承认八十年代后期以来的写作多少创造出一种“后个人主义”（post individualistic）经验，这种经验对主体与历史分裂化的修辞学加以表达，它把自恋主义者抬高为“欲望的真正英雄”②。但是，这种意识之非中心化的理论和后个人主义实践是否能够消除意识形态以及虚假的个人主义残余，并为即将出现的真正和谐的“文化新秩序”准备基础③，依然值得怀疑。作为一个企图全面拒绝资本主义秩序的革命的理论家来说，马尔库塞曾经把赌注压在纯粹个人的感性解放上，这种理论幻想在六七十年代“左”派激进主义盛行的时代产生并不奇怪。我们当然要警惕问题的虚假性解决，并不是说自恋主义式的写作就可以达到文学叙事解放的途径，它不过是暂时的、有限的疏离和解放。历史实践证明纯粹的个人主义、纯粹的感性解放，就是把主体置放在一个同样虚假的位置上，主体不可能凭

① 马尔库塞：《爱欲与文明》，黄勇等译，上海译文出版社1987年版，第125页。

② 参见德留兹和居塔里合著的《反俄狄浦斯》，在该书中他们把精神分裂病人称之为“欲望的真正英雄”，以此反对资本主义的制度化的精神压迫。

③ 参见F. 杰姆逊《On Goffman´s Frame Analysis》，载《理论与社会》，1976年春季号，第130—131页。杰姆逊说，作为马克思主义者，他深信，意识之非中心化的理论和实践必然服务于“清除资产阶级个人主义残余，并为即将出现的后个人主义思想模式准备基础”。

借纯粹的或孤独的自我获得超然一切的存在，相反，它只能获得超然一切的空洞存在。这种“孤独的”（或自恋的）双边关系让主体陷入典型的幻想情境，在其中他只能见到自我，只能面对幻想之物却不能见到自己在象征秩序中的位置。事实上，这个时代的文学叙事者，都容易陷入这种虚幻的历史位置之中，因为历史的实在之物是先验的、缺席的，所有的文化实践本身都不断被改写和抹平。

当然不能把存在于语言形态中的“历史叙事”等同于“实在之物”，因为实在之物是“绝对拒斥符号化的”。对于这个时代的文学写作者来说，他们无法构造真实的想象关系，无法进入真实的历史深处，他们确实需要切近“实在之物”，一种在历史与现实、政治与写作、社会与个人等多元关系构成的交界点上的写作，这样他们才可能更深地，从而也更真实地切近我们时代的精神潜流。

经历过八十年代沉重的历史折叠，九十年代的中国文学突然间处在一个无比空旷的场所。这里没有方位，没有中心，没有冲撞，甚至没有真实的压力。一切都显得那么的实用而空洞，那么飘渺而随意，有谁能够承受这种无根的轻松呢？事实上，人们经受住了，而且乐于分享这种轻松。九十年代的中国文学处在某种状态中，它也只能是一种状态，人们只能看到它的外形状态，而无法触摸它的内心，或许它根本就没有内在性，传统的和经典的话语无法给定它的确切含义。它总是处在某种状态中，或者说从一种状态过渡到另一种状态。在这样一个过渡时期，这样一个印象主义时期，文学实际处在多元化和多方位的过渡性状态。

文学在这个时期确实发生了某些实质性的变化。写作主体、表达形式、传播方式及其效果，都与八十年代相去甚远，甚至与八十年代后期，即我们称之为“后新时期”变动的早期阶段都大相径庭。“先锋派”和“新写实”所做的革命性举动，依然是在文学精英主义的序列之下来进行，它与经典权威话语构成紧张而持续的对话。对于九十年代后期的又一批写作者来说，他们已经完全脱离了“宏大叙事”，他们的个人化立场彻底向市场倾斜，他们的叙事没有文学的历史由来，更没有文化目标，历史之手也不再能强加给他们以革命性的象征意义。

九十年代的文学叙事更明显向着后个人化，向着大众化，向着商业主义和后殖民主义，向着欲望化的奇观性方位延伸。在某种意义上，八十年代末期的那种文学自成一体的格局被严重损毁，不管“先锋派”和“新写实”多么的个人化，他们的写作终究与文学史（现实主义规范）构成对话。而九十年代才过去数年，那种反抗和挑战的姿态已经荡然无存，取而代之的是彻底“零度”的写作，没有任何形而上乌托邦冲动的写作，它被历史之手推到市场，乃至推到国际市场的边界去释放意义。

文学写作从来没有像今天这样回到个人本位，不管历史之手赋予什么样的群体意义给这种写作，它首先是以个人对文学说话的姿态进入现实语境的。没有中心的时代注定了是一个多元化的、不可整合的时代，当然也就注定了是一个走向“剩余”的时代。

当真实的历史感被取消之后，当进化论的意义招致普遍怀疑的时候，当文化的方向感不再明确的时候，一切都变成“当代”，没有进行时的超平面的现在也许就是“后当代性”的最基本含义。剩余的想象正是后当代情境给予文学叙事者和文化实践者的历史能力，一种奇怪的精神装置。很久以来，我们无法设想文学写作的位置可以超出文学史语境的宏大叙事；事实上，与传统对话的文学写作已经变得自欺欺人，它越来越被卷入更加现实的文化企图。我们不得不承认，我们正在被推入一个崇尚幻象、不断把真实改造为想象性事件的、文化扩张的空间，这个空间对文学写作这种古典性行业的改造同样是严重的。文学被放逐到一个更大的文化谱系中去，它被赋予了更多的象征意义，不再是古典时代的纯文学意义，也不再是意识形态充分活跃的政治隐喻，文学也变成了一种超级代码，它被不同的个人操作和使用，变成无穷无尽的当下性景观。九十年代的中国文学，并非人们慨叹的那样萎靡不振，实际上，它是如此新奇而奇妙，混乱而不可思议。然而剩余的想象也能够，或许只有它才能够创造这个没有内在性的历史时期的特殊景观。

剩余的想象适合于拼贴表象。进入九十年代，对表象的书写和表象式的书写构成了又一批作者的叙事法则。那些“伟大的意义”、那些历史记忆和民族寓言式的“宏大叙事”与他们无关，只有那些表象是他们存在的世界。与这个“表象化”的时代相适应，一种表征着这个时代文化面目的“新表象小说”应运而生。又一轮的或者说一次更彻底的后现代浪潮正汹涌而至。表象泛滥以及对这个表象进行“泛滥式的书写”，真正构成这个时期的后人文景观。正如列奥塔德推导的后现代写作的基本法则：“使得那种不可表现的事物在自己的作品中，在能指中成了具体可感之物。整个有效的叙述甚至文体操作者的区域都在与整体统称无关的情况下发挥了作用，因而新的操作者得到了考验。文学语言的语法和词汇再也不被当作既定的东西被接受了，而倒毋宁是以学术的形式出现，以在虔敬中产生的仪式（正如尼采所说）之面目出现，这种叙述使得不可表现之物不至于被显示出来。”①

当今中国的文化现实在某些方面比列氏的激进理论走得更远，在这个全面扩张的表象背后，并没有隐藏什么“不可表现之物”，即某种不可知的神秘、不可洞见的幽暗。那个不断膨胀的表象背后，空无一物，一片虚空，一片澄静，那背后只有“无可表现之物”对“无可表现之物的表达”，我们时代正在制作的“新表象”状态已经完成对列奥塔德的跨越。对自在漂流的表象的迷恋，使九十年代的小说如释重负，真正回到了现实生活的本真状态。不管写作者把这个时代的生活描述成分崩离析的情势，还是完美无瑕的形态，都无法否认现实本身发生的巨变，当代生活正在以夸张的姿势奔腾向前。没有人能够抓住它的本质，触摸它的精神和心灵。不管人们是欢呼还是逃避，欣喜还是恐慌，你都无法拒绝扑面而来的表象之流。

---

① J. 列奥塔德：《后现代状态：关于知识的报告》英译本，纽约，1980。

剩余的想象只能抓住表象，它从新时期的“宏大叙事”中走出来，走向后新时期的价值多元的情境。就其美学母本而言，它是八十年代后期的“先锋小说”的叛臣逆子，在某种意义上，它还是“先锋派”和“新写实”相调和的产物。你可以看到“先锋派”的那些叙事笔法和语言风格，虽改头换面而韵味犹在；“新写实”的那些态度滋味，似曾相识却面目全非。那种反抗式的革命写作和宣言式的生活立场，业已被打碎，现在只有面对纯粹的生活本身。这是一次惊人的裂变，也是一次果敢的冲刺，而且还是一次本分实在的落地运动。在这个名目之下，我们可以列出一长串的作者名单，他们的作品富有反讽意味地表征着中国文学由来已久的乌托邦冲动和形而上企图是如何被那些没有内在性的生活表象所消解的。甚至在他们的叙事中，欲望化的表象仅仅包裹着一些剩余意义。

我们没有理由认为在作品中强调欲望化的观赏价值就是低级趣味，但是所有有关欲望化场景的描写，必须精道奇妙，否则就会弄巧成拙。在另一方面，对欲望化场景的强有力的表达，无疑构成这个过渡时期的最重要的叙事法则。对情欲和暴力的巧妙书写，足可见出这个时期小说叙事的艺术水准和必要的智慧。在这样的过渡时期，某种程度上也像罗朗·巴特所做的那样：把写作比作勾引，把阅读比作色欲。当然巴特是在后结构主义式写作的普遍象征意义上来发此惊人之论的，而对当代中国的小说叙事而言，它在很大程度上不得不人性论展开的后果。对这个性情的关注，构成了这个过渡时期小说的主要叙事母题和重要的叙事策略。

当然，在这一意义上，1993 年可以说在当代文学史上再次划下了一道界线，它标志着这个过渡时期所达到的临界状态。以《废都》和《白鹿原》为表征，“纯文学”发生了转型，它的叙事法则和生产传播方式都发生了根本性的变化，而欲望化的文化奇观与历史反思可以并行不悖。贾平凹被称为纯文学的“最后一位大师”，企图书写一部知识分子的精神没落史，描述一幅文化溃败时代的末世学图景。然而，对欲望的书写构成反思和批判的基础，并且因此以百万册的印数重现了“纯文学”的辉煌，这也足以表明这个时代的文化混杂。同样，《白鹿原》这部“史诗式”的作品，无可否认它有对中国民族生活史的独特表现，但也不得不以超量的欲望化场景支撑起民族生存的“精神底蕴”。我们没有理由苛责这两部轰动一时的名著过于注重性描写，只能说它们在这方面的表现开启了思想文化与感性经验并重的文学法则。

事实上，对情欲的表现已经成为这个剩余的想象力面对的必要难题，欲望化的叙事已经无法拒绝成为这个多元化过渡时期的唯一有贯穿能力的文学法则；以感性表象对历史理性不自量力的替代，使当代小说写作殚精竭虑，或黔驴技穷，或才情焕发。当代小说欲望化的叙事法则当然有可能抓住这个过渡时期的生活特质，对现实进行强有力的穿透，创造一种生活奇景，在剩余的想象空间，在后当代的历史情境里达到奇妙的重合。

过渡性状态还应该有更宽阔的视野，在过渡中试图超度。因而，那些个人化的写作也有可能对90年代初的历史命运作出某些精辟的描述，对当今中国所处的文化境遇作出强有力的表现，它同样具有奇观性。例如，处在全球化时代的中国，在它走向世界和走向市场的双重步伐中，透示着这个时代极为动人的姿态。它有那么多的似是而非的场景，有那么粗犷的能指和所指脱节的话语之流；它有如此偏执的本土性崇拜和狂热的冲出亚洲走向世界的爱好；它有指鹿为马的准确功能和制造文化泡沫的超常实力；等等。所有这些都表征着一个极为壮观的过渡性的后东方空间，欲望化的叙事法则超度于这个空间，肯定会大有作为，一种独特的、真正有别于发达资本主义国家的第三世界文本，一种从骨子里震撼西方的绝无仅有的“东方他性”，将呈现于世界文化之林。当代中国小说不管是作为自我变革，还是作为走向世界的神奇他者，都将令人刮目相看。

总之，二十世纪八九十年代作为一个历史总体性重构和转型的时代，当然也是一个充满想象和活力的时代，没有人会怀疑。这段历史令人神往而又使人望而却步。本书仅仅限于考察文学（主要是小说）社会变革实践所构造和不断移位的历史过程，这个文学就是人们构造的历史想象，它总是存在于它实际不在的地方，因而，主体每一次对自己的构想（或构造）都是一次自我的现实位置的异化和移位，背离规训，拒绝规训同化而丧失自我的现实本质。在我看来，八十年代文学共同体设想的自我镜像经历了由集体幻想转化为个人幻想的历史变动。八十年代前期，关于人、主体的话语可以被看成知识分子集体幻想同存在的实在条件之间的关系，文学共同体把自我设想成政治批判的和现实的主体。随着意识形态中心化价值的重构，八十年代后期以来，当代中国的意识形态经历了前所未有的重构，文学共同体不再有可能建构集体幻想，不管是具有挑战性的还是放低写作姿态的叙事者，或者是那些专注于发掘“后个人主义”的经验的叙事者。在个人化写作同存在的实际条件之间的关系的表象体系中，隐含着深刻的历史分裂，主体自我表白的话语始终包含着与被遗忘的（不在的）和意识到的历史巨变的复杂关系。

不管是纯粹个人自我表白的话语，还是疏理“宏大叙事”回到历史之中的叙事，都必须在历史与个人的二元关系中来理解。尽管我再三强调个人化写作，这仅仅是相对于新时期和文学的经典传统而言的。任何写作都以不同的方式卷入这个时代的符号秩序，都不得不成为某种特殊意义上的意识形态，正如 F. 杰姆逊所认为的那样，是在那些秩序的国度里植入主体的地方。无论符号秩序（换种说法，社会自身的共时性网络和位置与角色的运动系统）还是实在秩序（换种说法，历史本身的历时演进、时间与死的国度）都在它们的结构中激烈地超越了个人经验。① 在这里，揭示意识形态的建构实践并不是简单地把意识形态看成一种虚构性的价值体系，相反，应该致力于把意识形态表象理解为一种必不可少的幻想和叙事的地形图，个人主体正是利用它创造出同集体系统之间的“被经验过的”关系。确实，没有任何一个时代的文学叙事像八九十年代的中国文学这样，在短暂的历史过程中历经如此巨大的变化，叙事表征的意识形态表象体系蕴含着异常丰富复杂的历史内容。勾画和呈现这个时代的精神地形图，对主体中心化或非中心化的位置进行一种新的创造性思辨，以此去重建一个由剩余的想象构造的历史情境，这就是本书的理论期待。

---

① 参见 F. 杰姆逊：《雅克·拉康的“幻想”“符号”与意识形态批评的主体位置》，原文载于美国《耶鲁法国研究》，1977 年春季号，中文译文参见《当代电影》1990 年第 2 期，张旭东译。

第一章　形式本体意识：先锋派的小说叙事

现在，已经少有人会否认中国新时期文学在二十世纪八十年代后期发生明显的转折。现代以来的文学史实践所形成的“寓言性”叙事，那种在意识形态庞大的神话体系内来定位的写作，转向了个人化的、基于艺术想象力的写作。在某种意义上，这是想象力异常丰富的时期，个人随心所欲的幻想就足以支撑起文学的乌托邦世界；然而，在另一意义上，在人们由来已久的、对文学的理性期待方面，这种个人想象又显得尤为脆弱无力。相比较那个辉煌的寓言神话而言，它不过是从这个神话谱系抛离出的一些碎片，一些微不足道的剩余物。宏大的意识形态神话弱化了它俘获公众的神奇魅力，个人的伦理和个人的想象力变得至关重要。文学在试图引导时代精神前进时已经力不从心，作家也不可能是普罗米修斯式的“盗来火种”的英雄，所有的文学努力充其量也就是去夺取文学史残余的胜利，它在最糟的时候不过是个人谋生的手段，它最理想化的状况也只是完成个人的自我救赎。

这是一个不断被“缩减”的时代，一方面是一些东西在膨胀，另一方面是一些东西在缩减，文学不得不在这个缩减的历史进程中找到它的道路。而先锋派，显然是想在这个缩减的历史实践中，找到文学的坚持方式。时过境迁，人们看到八十年代后期步入文坛的先锋派早已溃不成军，但不能否认他们在这个历史转型时期，在文学本位上所做出的不懈努力。他们在“文学的低谷”意识到什么是这个时期文学突围的唯一途径。那些剩余的想象被他们加以形式主义的改造，而正是这个形式本身，抵御住了文学的严重“缩减”。在这个时期，先锋派的形式主义意识，以前所未有的纯粹性回到文学自身，中国小说的叙事方法、语言风格、文学情调和氛围，都获得空前的强调。现在，小说的意识是对小说自身的意识，是对小说存在本体的意识，是对小说表现力的全方位意识。

阿道尔诺曾说过：“在我们的生活世界中，总有一些东西，对于它们，艺术只不过是一种救赎；在是什么和什么是真的之间，在生活的安排与人性之间，总是存在着矛盾。”① 我们这个时代的“先锋派”，他们身陷历史缩减的维谷，抓住一些剩余的想象力，徘徊于文明的边缘，远离现实而身后没有历史，写作构成了他们生存的要义，成为他们精神超度的唯一方式。当代的“先锋派”虽然不是一个有组织的流派，但也不意味着可以把任何初出茅庐的作者包括进去。在我看来，这个称呼的

① 阿道尔诺：《现代音乐的老化》，引自马丁·杰著《阿道尔诺》，中文版参见胡湘译，湖南人民出版社 1988 年版，第 203 页。

最低限度的意义是指马原以后出现的那些具有明确创新意识，并且初步形成自己叙事风格的年轻作者。他们主要有：马原、洪峰、残雪、扎西达娃、苏童、余华、格非、叶兆言、孙甘露、北村、吕新、叶曙明等人，此外还有一些正在崭露头角且颇有潜力的新秀①。因篇幅所限，那些划归到“新写实主义”名下的作者只好另作别论，王朔的情况比较特殊，也暂不论及。

“先锋派”的探索不过短短几年，他们到底是在什么样的文化和文学的现实背景下步入文坛的？他们到底做了哪些探索，取得了哪些结果？他们的探索是否像人们所期待的那样已经走到穷途末路，或者皈依于传统？还是说他们的探索不过刚刚开始，然而存在深刻的危机……所有这些问题一直没有得到实事求是的探讨。在当代文学的大背景下，“先锋派”以它短暂而暧昧的历史画下一个发人深省的问号；作为当代文化危机的表征，“先锋派”同样是一个令人不安的焦点。因此，本着“回到历史本身”的态度，清理“先锋派”的历史足迹，总结其成败得失，是势在必行的任务。

---

① 试图对“先锋派”下一个定义是困难的，字典里最基本的意义是指“作战或行军时的先头部队”，在文学艺术方面最基本的意义是注重创新，大胆超越传统，强调艺术性的文学艺术群体。先锋派艺术运动通常被看做现代主义艺术运动的另一种表述，就艺术史而言，先锋性是现代主义艺术运动的显著特征，换句话说，是在现代主义艺术运动全面兴起之后，人们才关注“先锋性”。因此，中国新时期文学的“先锋派”问题是关于现代主义问题的延续。八十年代初期乃至八十年代上半期，中国当代文学一直在追寻现代主义潮流，那个时候使用“现代派”和“新潮”来描述文学方面的创新行为，而在很大程度上，它指称的也就是一种“先锋性”探索。因此，“先锋派”并不是某一个特定时期出现的特定派别，它应该指任何时期有创新精神，并且明确超越传统的文学群体或派别。概念经常是在约定俗成中确定它的特定含义，“先锋派”这一概念在当代文学批评实践中有了特定的所指，为了与八十年代上半期出现的现代派区别，它用于指称八十年代后期出现的一个在文学形式方面大胆创新的群体。这里的“先锋派”虽然不是一个有组织的流派，但也不意味着可以把任何有创新意向的作者包括进去。因此，我给予必要的限定。

第一节　期望超越："先锋派"出现的历史条件

把"先锋派"描述为八十年代的文学或文化氛围这个"所罗门的瓶子里放出的妖孽"，显然有些夸大其词；因为文学写作在很大程度上依赖非常独特的个人化经验的修炼。但是，"先锋派"何以形成这种个人化的经验，何以运用这种叙事方法和语言风格讲述那些故事，无疑要联系八十年代的思想文化和文学的历史过程才能得到合理的解释。

八十年代的中国文学之所以一直被称为"新时期"文学，是因为它伴随着改革开放、时代的思想解放运动而迈开它的历史步伐。尽管现在看来其中有诸多的缺憾，但是无法否认它们之间的因果关系。随着多种社会矛盾出现，社会意识形态产生分化①，文学共同体不可能在统一的规范下表达共同的愿望。于是，八十年代中期，当代文学出现两股看上去截然相反的趋势：其一是以刘索拉的《你别无选择》和徐星的《无主题变奏》为标志的"现代派"；另一边是声势颇为浩大的"寻根派"。"现代派"着力去表现青年人追求自我和个性的生活态度，狂乱而富有浪漫情调的心理情绪极大地契合了青年群体寻求新的价值观的精神倾向。实际上，"现代派"强调的"自我意识"和"个体意识"并没有超出八十年代上半期"大写的人"的范畴，它不过是把"自我意识"加以想象性夸大而置放到"人的理想"的中心。而"寻根派"大体上是"知青"群体，对"文革"的反思险些使他们成为"迷惘的一代"，

① 这里的"意识形态"是一个中性的概念，参照阿尔都塞的定义，其最基本的意义在于：意识形态"是人类对人类真实生存条件的真实关系和想象关系的多元决定的统一。"（参见阿尔都塞：《保卫马克思》英文版，伦敦，1977 年，第 235—236 页。）

然而坚定的理想主义信念支持着他们去寻找永恒的和超越性的价值。“人的理想”不仅陷入现实的实践困境，同时面临各种观念（文学的和哲学的）的挑战。当时国内热烈的文化论争、世界范围内的文化认同、海外汉学界倡导的儒学复兴、拉美文学的输入等，使“知青”群体的个人记忆触及的那些异域风情、人伦习俗、自然蛮力、生活习性和神话传奇等等立即镀上一层文化的光彩。古典人道主义的哲学基础已经混乱不堪，为诸如存在主义、生命哲学、现象学、神秘主义等现代主义观念所淹没。“寻根”实际上是在“现代性”与“民族性”的夹缝中求生。在其观念上，“寻根派”力图在现代意识的水平上观照中国民族步入现代化所遭遇的价值危机；而在文学表达的客观对象方面，却力图写出民族生存的历史性的文化谱系。“寻根派”在这两个方面的认识都模糊且含混。“寻根”的深化结果偏执于某些先验的地域文化特征和形而上的哲学理念。

1986年莫言发表《红高粱》等一系列作品，这是“寻根”的一个意外收获，也是它的必然结果。这篇小说开始以中篇小说的形式发表并引起巨大反响，随后，解放军文艺出版社出版《红高粱家族》（1987年）。莫言的“红高粱”系列作品，以热辣辣的笔法描写山东高密富有野性的生活。“我爷爷”“我奶奶”的叙述视点，使这部小说在具有家族史意味的同时，还具有中国小说从未有过的审父意识。很显然，莫言的“红高粱家族”是对寻根的回应。“寻根”那种过强的历史意识、虚无缥缈的观念和境界，被莫言的粗犷野性横扫一空。这里的故事主要由杀人越货、抢亲野合构成，一股原始野性的生命强力流宕其中。

“我爷爷”余占鳌出身贫寒，16岁就杀死与其母亲通奸的和尚，随即开始了流浪和土匪生涯。这一切在莫言那里都是以自豪和赞赏的口吻加以叙述的，而土匪向着抗日英雄的转化，更可见出莫言赞赏的野性品格的正面意义。莫言改变了“寻根”的历史意向，他把“寻根”拉回到一种纯粹的中国本土的历史和生活状态中来。对于他来说，这种生活的原始生命力才是中国民族真正缺乏的，这就是中国民族的生命之根。《红高粱家族》经由张艺谋改编成电影而红极一时，它契合了八十年代中后期中国民众渴望强悍的时代心理，为那个时期塑造了自我认同的精神镜像。这是关于“人的理想”的最痛快也是最放肆的一次放大。在卓有成效地完成了一次自行其是的狂欢之后，八十年代关于“人”的想象力已经挥霍干净，英雄主义的主角怀抱昨天的太阳灿烂死去，理想化时代的终结倒也干脆利落。

当然，莫言的写作从来不作形而上的考虑，他对“寻根”的反叛和超越，可以说完全出自他对一种生活状态的认同，出自对个人生活经验的发掘，这种经验深植于他的记忆深处，所以他的叙事显得极为真实，而第一人称（“我爷爷”“我奶奶”）的叙述视点，无疑强化了这部小说的传奇性。从“红高粱系列”可以看出莫言在叙事上大起大落的笔法，粗犷凌厉，涌溢而出，无拘无束，洒脱至极。而反讽性的快乐穿插于其中，使莫言的小说始终洋溢着一种宣泄式的快乐。莫言的小说为小说叙事向着个人经验、语言和感觉层面转向提供了一个杠杆。莫言把寻找民族文化之根的历史沉思改变为生命强力的自由发泄，历史、自然与人性被一种野性的生活状态连接在一起，使当代中国小说从思想意识到文体都获得了一次彻底的解放。

莫言与此同时的一系列作品：《透明的红萝卜》《爆炸》《球状闪电》都是极为出色的。这些作品尤为显示了莫言的描写能力、语言表现力和丰富的感觉。正是莫言在这些方面所作的探索和他在文学叙事中对传统道德观念的反叛，强有力地影响了随后先锋派的小说意识。回到个人体验的生命本体，回到叙事语言的本体，莫言为新的小说意识打下了坚实的基础。莫言已经打开了文学叙事在历史文化和生命认同方面的想象力，因而，莫言在个人的生命体验意义上，不得不给后来者留下个人的剑走偏锋感觉，也就是说，那种狂热的、自我确证式的认同，只能向着个人的极限感觉方面变化①。

八十年代后半期，改革开放初见成效，商品经济的发达改变了人们的生存条件，经济利益实际已超过其他利益占支配地位，在原有生存现实关系上建立的想象关系不可避免要改变。对于文学共同体来说，“大写的人”不仅面临现实的经济潮流的挑战，而且遭受各种外来文化思潮的冲击。“人”的价值既然在现实中受到怀疑，那么它当然无法在意识形态的展开实践中起到基础性的构成作用。八十年代人们经历了太多的现实变动和思想变动，而对于文学来说，已经不可能有权威性的话语来维系文学统一的规范式。一方面，现实的（原有的）关于人的想象关系解体，而新的想象关系尚未完全确立，文学不能充当时代的代言人，讲述大家共同的愿望，表达超越性的理想化价值形态；另一方面，纷纭复杂的外来思想和文学范例涌进中国大陆，我们在短短不到十年的时间里浏览了西方一个世纪的思想成就和文学成果。在理论方面，人们粗通唯意志论、弗洛伊德、现象学、存在主义、符号学、结构主义、逻辑实证主义、后结构主义等；在创作方面也知道卡夫卡、黑塞、纪德、塞林杰、意识流、新小说、荒诞派、黑色幽默、拉美魔幻现实主义，乃至后现代主义的实验小说等等。虽然谈不上融会贯通的理解，但是对于酝酿一次文学观念和写作立场的改变则是绰绰有余的。后来的写作者不得不考虑文学的写作态度和写作方式的改变。纯文学既然被现实推到社会的边缘地带，那么它可能的选择之一就是和自身的既定传统对话，亦即改写文学范式。更何况，报告文学和纪实文学已经与纯文学分道扬镳，与现实展开紧张而热烈的对话，纯文学更难在现实中找到一席之地。人们当然可以尽情批评这种选择，但是也有必要充分考虑“别无选择”的

---

① 随后苏童和余华的作品都表明了生命崇拜观念的丧失。他们在相反的意义上去书写个人与人类生命本体观念的对话，这就是关于生命史（家族史）颓败的叙事。他们对莫言示范意义的颠覆是双重的，一方面，那种雄伟的家族史认同的感觉变成狭窄的个人化感觉；另一方面，与这种感觉相适应的是比莫言更为不及物的细致的语言。

历史条件。

当然，我强调外部的历史条件，并不是说文学就是被现实拖着走的迷途的羔羊。外部历史情境仅仅是提供了文学史出现新的转型的条件，事实上文学史内部始终存在艺术形式变革的自觉力量。“艺术创新”的压力如同达摩克利斯之剑永远悬挂于任何一位认真写作者的头顶，只不过“新时期”文学（乃至中国现代以来的文学）有它特殊的历史难题。即使在“新时期”之初，文学史内部的形式变革的力量依然存在，例如“意识流”小说实验。由于文学范式强大的构成作用，这种形式的探索依然被纳入“人的主题”系列（它属于“探索人的隐秘心灵”的“人学”范畴）。然而，“人的理想”一旦解体，文学形式探索的潜在力量就变得不可抗拒。在这次历史性的转折中，马原无疑起到关键性的作用。在清理“先锋派”的历史轨迹时，马原不可否认是一个标明历史界限的起点。实际上，马原在 1984 年就写下《拉萨河女神》，这篇小说第一次把叙述置于故事之上，把几起没有因果联系的事件拼贴到一起。1984 年马原用这种方法写小说是有特别的意义的，并且后来形成一股无法切断的流向。1984 年以后，马原陆续发表几篇力作：《冈底斯的诱惑》（1985 年）、《虚构》（1986 年）、《大师》（1987 年）等，他的影响发生在 1986 年到 1987 年之间。

马原把传统小说重点从“写什么”改变为“怎么写”，预示了小说观念的根本转变。因此马原的立场标志“创作”向“写作”的退化。创作的主体面对着文明、人类、时代等巨大的历史客体，创造出一套与之相适应的“想象关系”和理想价值；而写作则只是面对语词的一种个人行动，一种话语讲述的过程，它表明“想象关系”的破裂与超越性价值的失落。创作关注“写什么”，而“写作”则偏向于“怎么写”。前者由现实的真实关系和想象关系的统一决定其内容实质，后者则是在文学史纵横交错的坐标系上寻找有限的突破口。马原的“叙述圈套”在 1986 年和 1987 年名噪一时。马原用叙述人视点的变换达到虚构与真实的位格转换，叙述构成一种动机力量，推动故事变化发展。然而，马原的“叙述圈套”的功能有限，它更像是几个故事单元的刻意组合，它仅仅定位在故事的层面上，而不是定位在话语的层面。虽然马原确定了新的小说视点，但并没有确立新的“世界观点”。随着“我就是那个叫马原的汉人”这个句式的神秘性在不断重复中逐渐丧失，马原的挑战性也丧失了。

洪峰一直被当做马原的第一个也是最成功的追随者，但是人们忽略了洪峰的特殊意义。1986 年，洪峰发表《奔丧》，传统小说中的悲剧性事件在这里被洪峰加以反讽性的运用。“父亲”的悲剧性意义的丧失和他的权威性的恐惧力量的解除，这是令人绝望的。《奔丧》的“渎神”意义表明“大写的人”无可挽回地颓然倒地，它怂恿着叛逆的“子”们无所顾忌地越过伦理秩序的障碍。洪峰同时期比较出色的作品还有《瀚海》（1987）和《极地之侧》（1987），前者带有“寻根”的流风余韵，后者显示了对马原的某些超越。它们与《奔丧》比起来，在艺术上显得更加成熟，但是却不具备《奔丧》的那种改变观念的力量。

在谈论“先锋派”或“新潮”的时候，不能不谈到残雪。尽管残雪那若即若离的独行气质难以归类，然而，残雪以她冷僻的女性气质与怪异尖锐的感觉方式，不仅与此前的中国女性的写作诀别，而且与同代的男性作家群分庭抗礼。只有残雪才具有那种绝望的反抗男性制度的意识，因为绝望，她才绝对；因为绝对，她才如此怪僻与尖锐。1986 年，残雪连续发表几篇作品：《苍老的浮云》《黄泥街》《山上的小屋》等。残雪显然过分夸大了日常生活里那些精神乖戾的现象，但是她也确实暴露了女性在潜意识里企图用她们怪异的精神反应来对付已经制度化了的男权统治。残雪的写作洗劫了女性的脂粉气和臣服于男权制度的浪漫情调。她的主题值得推敲，但是她的那种冷峻怪异的感觉，那种对妇女心理的淋漓尽致的刻画，对暴力的幻觉式的处理方式，以及有意混淆幻想和实在的界限的叙事方法，显然严重影响了稍后的“先锋派”，至少残雪打开了一扇隐秘的窗户，破除了一些清规戒律，她预示了一个似乎超离现实的幻想世界在文学中的存在。

1986 年在中国历史上并不是一个特别富有诗意的年份，然而在当代文学史的进程中却是一段诡秘莫测的岁月，在它那偃旗息鼓的外表下掩盖的是一系列小小的诡计。就是这些不起眼的行径，为后起的“先锋派”铺平了最初的道路。马原、洪峰、残雪既是一个转折，也是一个过渡，在他们之后，文学观念和写作方法的某些禁忌已经解除，但是，留给后来者的不是一片广阔的、可以任意驰骋的处女地，而是一个前途未卜的、疑难重重的世界。在过去，“写什么”可以从现实生活中找到与意识形态直接对话的重大题材，写作只有主题的类别之分；而“怎么写”明显地见出才情技法的高下之别，写作不仅要发掘个人化经验的非常独特的角落，而且要去寻找动机、视角、句法、语感、风格等多元综合的纯文学性的要素。只有独特的话语、技高一筹的叙述，才能在失去意识形态热点的纯文学的艺术水准上得到认可。在这一意义上，马原既是一个怂恿，一个诱惑，也是一个障碍。马原在他那曾经卓有成效的“叙事圈套”上，不仅垒起了一个时代的纪念碑，同时也写下了他自己的墓志铭。显然，更新一批的写作者必须跨越这块并不雄伟的石碑，有必要在叙事视角、价值立场、心理经验、感觉方式、语言的风格化标志等方面超越马原。

19 世纪末，尼采说道：“上帝死了，上帝不会复生。我们已经把他杀死了，我们这些最大的凶手，将何以安慰自己呢？……我们必须发明出什么样的赎罪节目和神圣游戏呢？”① 我们是无神论者，对于“上帝之死”我们可以无动于衷；然而，我们曾经是（而且还会是）理想主义者，“大写的人”及与之相关的信念体系在八十年代后期突然塌陷，我们同样面临一次严重的精神恐慌。我们时代的“先锋派”虽然不过

---

① 尼采：《诗歌科学》，纽约，1959 年，第 95—96 页。

是些无足轻重的同谋者，然而，他们从未体验到“弑父”的快感，却承担了这场灾难的全部后果，他们将何以安慰自己呢？难道说只有远离现实的写作才是其自我救赎的唯一节目？

第二节　艰难跋涉：“先锋派”的历史轨迹

1987 年被认为是当代中国文学跌入低谷的时间标志，这个标志隐含了太多的历史内容，因此它更有可能是当代文学另一个历史阶段的开始。其显著特征在于，继马原之后，更年轻的一批作者步入文坛。这里面可以看到“现代派”的线索，也不难发现“寻根”的流风余韵；当然还有马原的叙述观点。1987 年年初，一批小说悄然出世，例如，孙甘露的《我是少年酒坛子》、北村的《谐振》、叶曙明的《环食·空城》、姚霏的《红宙二题》、乐陵的《扳网》、杨争光的《土声》等。这几篇小说的显著特征在于：其一，故事情节淡化或趋于荒诞性；其二，采用“反小说”的讲述与注重语言句法；其三，充满现代性寓言。孙甘露的《我是少年酒坛子》只能被称为一种“亚小说”，它是散文、诗、哲学、寓言等等的混合物，这是孙甘露一贯的风格。北村的《谐振》、叶曙明的《环食·空城》和姚霏的《红宙二题》，表达的是有关当代人的生存困境及其荒诞性的主题，其反讽的效果及其对世俗化生活的批判意识，明显与刘索拉和徐星的那种自以为是的“现代意识”区别开来。那些看上去是现代主义的主题，实际是被反讽性地挪用了。

这些发表于 1987 年年初的作品大都写于 1986 年，从中可以看到作家对观念性的东西的特别爱好，只不过那种虚张声势的激情更多为心灰意冷的沉思冥想所代替。事实上，对观念的追求来自八十年代的流风余韵，而灰暗的经验则是与生俱来的记忆。这些年轻的写作者大都是些曾经（或正在）自诩为“新生代”的诗人。在我看来，作为小说写作者，把他们称为“晚生代”或许更加恰当。对于他们来说，摆在面前的不仅有西方的那些古典的和现代的艺术大师，同时更加难以承受的是还有整整一代的“知青群体”。他们有着不寻常的战斗经历，他们的痛苦和磨难已经铭刻在历史的墓碑上。而这些后来者拥有什么呢？快乐而苍白的童年和少年？他们是一些生活的“迟到者”，永远摆脱不了艺术史和生活史的“晚生感”。1987 年年初的这些“先锋小说”（当然还有其他的我无法一一列举的作品），显然急于摆脱“晚生感”而表达新的艺术经验，反“传统小说”的态度过于明确：淡化情节、压制角色、形而上的寓言思考、语言的修辞策略等等。

1987 年年底，《收获》第五、第六期明显摆出一个“先锋派”的阵容。这些作品在艺术上比年初的那些作品要成熟纯正些，那些姿态，那些硬性的所谓“现代观念”已被抛弃，非常个人化的感觉方式被熔铸于叙事话语的风格标志中。苏童的《一九三四年的逃亡》，多少可以看出一点莫言“寻根”的味道和马原的那点诡秘，然而，以“祖父”“祖母”为表征的历史却陷入灾难，历史已无根可寻，留在虚假的时间容器（一九三四年）中的，不过是颓败的历史残骸。显然，这篇小说没有可以全部归纳的主题，历史、农村、都市、生殖、革命、生活等等，都不是在观念的领域里被寓言性地谋杀，而是在具体的叙事中被无所顾忌的诗性祈祷所消解。那些在叙事中突然横斜旁逸的描写性组织，构成叙事的真正闪光的链环。苏童在此之前已经写过多篇小说，只有《一九三四年的逃亡》确定了苏童未来写作的道路。过于激越的抒情意味和强烈的叙述节奏打断了残败的历史之梦，并且标志着新一代的写作者鲜明的话语意识，然而，这种情感过于外露也过于外在，它并没有沟通深挚的“个人记忆”。但苏童后来找到纯净如水的感觉，这就对了。

余华的《四月三日事件》是继他的《十八岁出门远行》之后，对少年心理意识的又一次更加怪异的描写。对于余华来说，少年的视角不过是他有意混淆“幻想”与“现实”、“幻觉”与“实在”的一个特别视点。一个无名无姓的“他”，在十八岁生日的时候，神经质地意识到“被抛弃”的恐惧。“他”的精神的漂流状态真切地呈示为他对生存环境扭曲的细微感觉，迷醉般地用“幻觉”来审视他的实际存在。叙述时间卷入幻觉与实在的不厌其烦的辨析过程，而在精细怪诞的感觉中无比艰难地推进。余华随后在《一九八六年》中，把一个疯子推到叙事的中心，作为“文革”疯狂历史的精神遗产，疯子不过是历史疯狂的凝聚。然而，现实的人们完全漠视了这个历史凝聚之物。疯子的存在不仅是在道德的水准上对人性、良心的诘难，同时是对生活的虚假性的全部戳穿。余华从这里出发走进一个由怪诞、罪孽、阴谋、死亡、刑罚、暴力交织而成的、没有时间也没有地点的世界，那是他的温馨之乡，是他如愿以偿的归宿。

如果把孙甘露的《信使之函》称为小说的话，那么这是迄今为止当代文学最放肆的一次小说写作。这篇被称为“小说”的东西，既没有明确的人物，也没有时间、地点，更谈不上故事，它把毫无节制的夸夸其谈与东方智者的沉思默想结合；把人类拙劣的日常行为与超越性生存的形而上阐发混为一谈；把摧毁语言规则的蛮横行径改变为神秘莫测的优雅理趣。孙甘露像个远古部落遗留在现代的祭司，端坐在时间与空间交合转换的十字路口，而后不失时机地把他的词语抛洒出去。《信使之函》作为当代第一篇最极端的小说，证明当代小说没有任何规范不可逾越。然而，孙甘露证实这种证明毫无意义，小说的规范已经死了，而人们还活着。

相比较而言，格非的《迷舟》看上去要传统得多，这个战争毁坏爱情的传统故事是以古典味十足的抒情风格讲述的，那张简陋的战略草图一点也不损害优美明净的描写和浓郁的感伤情调。然而，整个故事的关键性部位出现一个“空缺”。萧夫榆关到底是去递送情报还是去会情人杏？这在传统小说中无论从哪方面来看都是一个精彩的高潮，然而，它竟然在这里被省略了！这个“空缺”不仅断送了萧的性命，而且使整个故事的解释突然变得矛盾重重，一个优美的古典故事陷进了解释的怪圈。这个“空缺”在 1987 年年底出现，轻而易举就使格非那古典味十足的写作套上“先锋派”的项圈，尽管这个“空缺”不过是从博尔赫斯那里借用来的，然而格非用得圆熟到家，就像祖传秘方。

当然，1987 年还有一些值得注意的小说，我难以全面列举。就以上提到的几位“先锋派”作家而言，其实已经操练小说（或诗）多年，何以他们在 1987 年底突然间集体成熟？仅仅归结为他们长大了是远远不够的。在我看来，1987 年的作家们不仅仅依靠外部现实的压力（文学不得不重视“怎么写”），而且其文学的写作水准已经趋于明确：强调叙述视点、独特的感觉方式、鲜明的语言风格、对故事的特殊处理方式等等。总之，每个写作者必须找到自己的“话语”。因此，1988 年年底，《收获》第 6 期再次推出一组“先锋小说”，几乎一样的作者阵容，但显然作品的艺术水准有了明显提高。在这一期上同时刊登了马原的《死亡的诗意》。曾经是“先锋派”领路人的马原，现在却明显落伍，我们没有理由认为这篇小说不好，然而，人们可以容忍追随者的平庸，却无法忍受开山者的重复，马原功不可没，却足以抹杀后来的自己。因而对马原的超越已经变成一种考验，叙事话语的风格标志才显得至关重要。如果说《一九三四年的逃亡》还带有一些兼收并蓄的痕迹，那么《罂粟之家》则真正显示了苏童的风格。这个家族颓败的故事内涵相当丰富，历史与生殖、压迫与报复、血缘与阶级、革命与宿命等等，或对立或统一，以一种舒缓纯净的风格化语言从容地讲述出来。苏童的人物总是为情欲所驱使，毫无指望，抗拒命运而事与愿违。《罂粟之家》散发淡淡的历史忧郁之情而远离悲剧，故事明白晓畅却不失深邃诡秘之气，这是苏童的独到之处。《罂粟之家》作为苏童以往作品的一次全面总结，看不到外来小说影响的痕迹，这并不容易。

1988 年，余华在暴力与阴谋的无边苦旅中越走越远，没有人可以否认余华的感觉古怪而奇妙。他把那些奇形怪状的人物的全部智力压制在正常人的水平线之下，这样余华就可以驱使他们去干任何不可思议的勾当。显然，余华对人物的行动并不感兴趣，他关注的是那些过分的反应方式给叙述语言提示的可能性。《河边的错误》《现实一种》显然有不少令人瞠目结舌的场面，然而，更加引人注目的是那些场面的感觉方式和语言特征。随后的《世事如烟》（《收获》1988 年第 5 期）、《难逃劫数》（同前第 6 期），无疑是余华最好的作品。《世事如烟》对暴力、阴谋、罪孽、变态等等的描写淋漓尽致。在余华的那个怪异的世界里，时间与空间、实在与幻觉、善与恶等等的界限理所当然被拆除，而阴谋、暴力和死亡则是日常生活必要的而又非常自然的内容。“算命先生”作为全部阴谋和罪恶之源，如同远古时代令人恐惧的部落长老。这帧历史的古老肖像总是在余华的写作中浮现出来。余华的那些怪诞不经的故事因此又具有某种发人深省的历史宿命论的意味。《难逃劫数》把暴力场面写到炉火纯青的地步，它们看上去像是一些精致的画面。余华的那些被剔除了智力装置的人物，总是处于过分敏感与过分麻木的两极，而且总是发生错位，他们不过注定了是些倒霉的角色，一系列的错误构成了他们的必然命运。人们生活在危险中而全然不知，这使余华感到震惊，而这也正是余华令人震惊之处。

《褐色鸟群》（《钟山》1988 年第 5 期）无疑是当代小说中最玄奥的作品。格非把关于形而上的时间、实在、幻想、现实、永恒、重现等方面的哲学本体论的思考，与重复性的叙述结构结合在一起。“存在还是不存在?”这个本源性的问题随着叙事的进展无边无际地蔓延开来，所有的存在都立即为另一种存在所代替，在回忆与历史之间，在幻想与现实之间，没有一个绝对权威的存在，存在仅仅意识着不存在。这篇小说使人想起埃舍尔的绘画、哥德尔的数学以及解构主义哲学那类极其抽象又极其具体的玄妙的东西，它表明当代小说在“现代派”这条轴线上已经摆脱了浅薄狭隘的功利主义。虽然这篇小说明显受到博尔赫斯的影响（例如关于“棋”与“镜子”的隐喻），但是汉语的表现力及其关于生存论的思考，也可以置放在现实中来理解，因而这篇小说读起来有些令人费解，但决无做作之感。如果说《褐色鸟群》的形而上观念过强，毕竟只能偶尔为之，那么《青黄》（《收获》1988年第6期）则把叙述的结构设计与生活史的存在方式结合为一个不完整的统一体，结构上的“空缺”正是生活史的不完整性的隐喻投射。对“青黄”的词源学考据，变成对九姓渔户生活史的考证，结构上隐瞒的那些“空缺”恰恰是九姓渔户生活中最不幸的环节，“补充”可能使叙述结构变得完整，却使外乡人的生活彻底破碎了。格非的故事主角经常是“外乡人”，对于格非来说，生活本质上是不能进入其中的，因而“外乡人”的历史构成了人类生活中最隐秘的部分。

1988年因为有了孙甘露的《请女人猜谜》（《收获》1988年第6期），“先锋派”的形式探索才显得名副其实。在这篇小说中，孙甘露同时在写另一篇题名为《眺望时间消逝》的作品。这是双重文本的写作，就像音乐作品中的双重动机一样，结果后者侵吞了前者。在这篇没有主题，甚至连题目都值得怀疑的小说中，角色随时变换自己的身份，时间与空间的界线变得相对。这是一次关于写作的写作，一次随意弹奏的卡农，孙甘露不过想试验一下写作的可能性到底有多大。同时也不能忽略孙甘露对生存的似是而非境遇的似是而非的剖析、对那些虚度瞬间的心烦意乱的刻画，这些都具有玄妙深长的意味。值得提到的还有潘军的《南方的情绪》。这篇对侦探小说反讽性模仿的小说别有趣味。这个企图侦探某个秘密的主角却是一个忧心忡忡的多疑者，他总是落入别的圈套。如果把这一主角的形象与“新时期”文学“大写的人”作一对照，则是一件十分有趣的事，角色的变迁正是社会心理改变的投影。《南方的情绪》其实为当代小说的写作开启了一条类似罗勃-格里耶的《橡皮》那种路径，潘军没有坚持探索有些可惜。同期还有扎西达娃的《悬岩之光》，我一直没有谈论扎西达娃并不是我的有意疏忽，扎西达娃是个非常奇特且含义复杂的人物。当我勉为其难把苏童、格非等人称作“先锋派”来讨论时，再把扎西达娃扯进来是不是有点乱？但是没有扎西达娃，我的讨论显然缺了一角，遗憾的是我只好让自己的文章缺些角，只能另行撰文，以补空缺。

如果把 1989 年看成“先锋派”偃旗息鼓的年份显然过于武断，但是 1989 年“先锋派”确实发生某些变化，形式方面探索的势头明显减弱，故事与古典性意味掩饰不住地从叙事中浮现出来。1989 年《人民文学》第 3 期再次刊登了一组“先锋”（或“新潮”）小说，在那些微妙的变化和自我表白的话语里，我看到另一种迹象。我发现他们在寻找另一种东西，一种更深地扎根于生存的现实和本土文化中的动机力量。《风琴》如果不是近年来最优秀的短篇小说，至少也是格非最出色的作品。这篇看上去抒情味十足的小说，颇具古典情调。格非以往的那种形而上观念和叙事“空间”不再在故事中起控制作用，相反，故事是不留痕迹自然流露出来的一些场景片断。它们像一些精致的剪贴画。然而人物的行动链在某些环节出了差错，就是这些细微的差别，使整个故事、整个生活无可挽救地颠倒了。王标渴望一次真正的伏击，却伏击了一个迎亲的队伍，他能干什么呢？他只好请新娘唱支歌。歌声被王标的遐想掩盖了，然而正是歌声激起王标的遐想，正是歌声掠过早春的原野经久不息地飘荡。还有什么比这种情境更让人悲哀，更为感人至深的呢？只有在这时，人才能和真实的生活融为一体，与自然融为一体。回到“生活之中去”的渴望恰恰是在破碎的生活边界上奏起的无望的挽歌。

余华的《鲜血梅花》看上去是一篇仿武侠小说，这不奇怪，同一时期的《古典爱情》就仿过《聊斋》这一类的志怪或古典言情小说。然而这篇仿武侠小说却另有值得注意的内容，这里为父报仇的主题完全可以看成“寻找父亲”主题的变种。我们时代的“先锋派”，在他们讲述的关于历史或现实的故事中，“父亲”不是被“遗忘”，就是苍老而濒临死亡，现在他们却渴望“为父报仇”（寻找父亲）。无父（无历史或现实）的恐惧已经从潜意识深处流露出来，其写作姿态和立场的微妙改变是不难理解的。也许我这种读解方式有些武断，然而随后的文学实践将会印证我的推论，例如格非的《敌人》。更有象征意义的是苏童的《仪式的完成》。这篇小说的题目如此抽象而难以捉摸，甚至与小说的内容并不切合。我想这篇小说的“题目”是重要的，而故事无关紧要。事实上，这篇小说没有显示出苏童在 1989 年应有的功力和风格，这是一次勉强完成的仪式，因为仪式总是要完成的。然而，“民俗学家”却不是这样，仪式会使人着迷疯狂，仪式的规则就是弄假成真，“民俗学家”用性命完成了仪式。这是对“先锋派”现实心理的一次寓言式的书写，或者说是一次自我警告：在类似仪式的这种形式探索中，“先锋派”是不是陷得太深？至少苏童的自我疑问是成立的，尽管苏童不过才湿了鞋面。事实上，仪式并未完成，我们这个时代的“先锋派”何去何从？

1989 年，“先锋派”以转向的姿态完成历史定格。我说过，我宁可认为这不过表明他们期待更深地回到生存的现实和本土文化的根基上来。然而作为“晚生代”，他们只能以非常特殊的方式与现实社会对话，因此，不难理解，他们将暧昧的目光投向历史的深处。事实上，“先锋派”一直在讲述历史故事，只不过形式的探索一直压制了历史故事。现在，形式的外表被尽可能褪下，那些历史情境逐渐浮现，讲述“历史颓败”的故事成为 1989 年之后“先锋派”的一个显著动向。显然，叶兆言在这方面多有建树，尽管叶兆言写过《枣树的故事》（1988 年）这种形式意味很强的作品，但他最拿手的是讲述三十年代散发着历史陈旧之气的故事，例如《状元境》（1987 年）、《追月楼》（1988 年）、《半边营》（1990 年）、《十安铺》（1990 年）等等。叶兆言写出了三十年代那些被遗忘和淹没的往事，虽然他没有表达真切而深挚的怀旧情绪，但是他写出了历史无可挽回的颓败命运，在古代与现代的交接点上，观看历史弥留之际的景象。

《妻妾成群》(《收获》1989 年第 6 期)显示了苏童对历史的特殊感觉方式，尤其是对“历史颓败”情境的刻画。1989 年以后，苏童的风格有所变化，准确地说，《妻妾成群》并不能反映苏童作为“先锋派”的面目，这篇小说已经带有回归传统的意向。当然这篇看上去古典味十足的小说，也显示了非常现代的叙事方法；它强调语言感觉和叙事句法，显示了苏童特有的那种叙事韵味。这篇小说讲述一个女性遭遇婚姻悲剧的故事。与“五四”时期大多数“新青年”相反，颂莲这个女性走进了一个旧家庭，她几乎是自觉成为旧式婚姻的牺牲品，她的干练坚决成为她走向绝望之路的原动力。显然，苏童赋予这个女性过多的女人味，她谙熟女人间的争风吃醋和钩心斗角，甚至以“床上的机敏”博取陈佐迁的欢心。然而，她清纯的气质和直率的品性终究没有挽救她作为一个小妾的命运。

苏童显然不是在重复讲述封建悲剧的故事，对于苏童来说，“故事”并不特别重要，主题甚至也无须深究。这个并不新颖别致的故事，却能给人以特别深刻的印象，就在于苏童富有韵味的叙事，那纯净透明的语言感觉，那些刻画得异常鲜明的故事情境，以及那种温馨而感伤的气息，显然在这个故事里可以看到《家》《春》《秋》的痕迹，甚至可以上溯到《红楼梦》《金瓶梅》那种古典小说的传统。至于对这种生活的把玩观照，多少还可见中国旧式文人的传统态度。

显然苏童在这方面越走越远，他宁可在古旧中国模糊的历史区域行走，也不对现实投上关注的一瞥。苏童有非常好的小说意识，却回避对现实的意识。对于他来说，远离现实的那种历史的或怀旧的氛围，适合于他的小说叙事，适合于他对纯粹的小说本体意识的把握。苏童的第一部长篇小说《米》(1991 年)已经更加注重故事性，除了偶尔流露的那种叙事风格还可见苏童当年作为“先锋派”的气质格调外，《米》似乎更接近现实主义。这部小说讲述江南三十年代的故事，看上去很像帮会传奇。这里面每个人都是坏人而且惨遭不幸。欺诈、诱惑、阴谋、暗算、凶杀和复仇等等，构成了这部传奇的主要内容。这部长篇当然有它的出色之处，个人化经验被刻画得很充分。这部小说有意夸大五龙的凶狠，他的那种无法遏止的占有欲望迅速演变为凶猛的复仇。他的仇恨一半来自个人的现实遭遇，另一半来自乡村对城市的天然仇视。在他敌视小店主及城市恶霸的瞬间，乡村的记忆总是绵延而至。这使乡村的忧伤记忆充当了远的历史背景，甚至使那些凶猛的动作具有一种特殊的情调。这显然是苏童惯用的手法，它使苏童在表现凶猛的场面时，依然不失优雅之气。苏童写作这部小说，大概是想完成一次对凶猛粗野一路风格的法试。其实，绮云和织云两个女性形象依然写得很好。那种感伤忧郁、任性而多情、红颜薄命、无可挽回的失败感写得如歌如诉。女人的心性与命运是无法读解的生存之谜，它们在苏童的叙事中，总是散发着浓郁的末世情调而感人至深。

同样，格非的《敌人》（《收获》1990 年第 2 期）也表现了类似的意图，例如在主角赵少忠的身上表现出对古典价值认同的愿望。当然，这部长篇小说的观念和寓言性很强，格非试图写出生活中令人震惊的事实：这不只是赵少忠的复仇愿望在天长日久的等待中徒具形式；更重要的在于先入为主的观念是如何促使赵少忠误解接连不断的灾难，他最后只能扼死儿子以证实敌人存在。敌人就在我们内心，就是与生俱来的“自我”。虽然《敌人》没有取得预期的成功，但是不管是对生活史中的那些惊人的事实的书写，还是对一代“先锋派”的潜意识的书写，《敌人》都有其独到之处。

当然，并不是说形式探索根本不存在了，1990 年孙甘露发表了《岛屿》这部实验性很强的小说。与此同时，北村一直就没有放弃他的语言与叙述视角的探索实验，继《谐振》之后，北村发表《陈守存冗长的一天》（1989 年）、《逃亡者说》（1989 年）、《归乡者说》（1989 年）、《劫持者说》（1990 年）、《披甲者说》（1990 年）、《聒噪者说》（1991 年），这些作品一如既往显示了北村对叙述语言探索的宗教徒般的精神。在北村看来，语言与世界相遇显然是一个漫长的过程，他乐于观看那些放慢的动作在精确的语义序列中的推移过程，而仿梦的叙述观点（结构）为语言的迷失设置无限的歧途。北村过于重视语言的精确性和表现力，使人觉得北村是在显微镜下写作。然而读者不会拿着放大镜阅读，这不仅是北村的不幸，也是所有语言探索者的悲哀。1991 年暮春，北村和我有过一次长谈，我感觉到北村发生了某些重要的变化。那些原来作为叙述语言的原材料的生活事实，现在已经蕴含了“东方神话谱系”的意味，它们从历史深处绵延而来。

显然，走向历史深处的阵容已经摆好，年轻一代的作家在现实中找不到艺术感觉，只有远离现实，他们才能牢牢把握住小说的形式本体。对于他们来说，小说的形式主义策略是他们抵挡宏大叙事缩减的首要方式，庞大的想象关系解体之后，历史残留给他们的也正是绝对个人化的想象和独特的语言风格。他们力图用小说叙事去吞并“实在的历史”，幻想的符号界其实是他们写作的唯一要义。当然，作为叙事的副产品，他们也写出了一种特殊的历史意味，某种怪异的、神奇的历史情调。他们并不是去讲述那些很久以前的历史故事，相反，他们大都把兴趣投放在二三十年代，这一时期仿佛不是中国现代史最初的年代，而是中国古代史最后的岁月。他们以一种抒情的、怀旧主义的手法重写中国现代史，那些狂乱的语词，那些怪异的剩余的想象，却又浮现出那种令人震惊的、历史颓败的情境，在美学风格上也呈现出这个民族特殊的历史心灵。

第三节　有限形式：先锋小说的成就与局限

马尔科姆·考利在总结达达主义运动时说道：“凡是读到达达主义

运动的人，无不感到其成就之微小与其背景之丰富、复杂不成比例到荒谬而几乎令人可悲的地步。这里有这样的一群年轻人，他们可能是欧洲最有才能的青年：他们人人都有能力成为好作家，或者，如果他们下这样的决心，成为很受欢迎的作家。他们有着法国文学的悠久传统（他们完全熟悉这些传统）；他们有活着的大师可做榜样（他们研究过这些大师）；他们热爱自己的艺术，而且强烈希望超过别人。他们到底取得了什么成就呢？"[①] 考利的评价在某些方面、在某种程度上也适用于中国当代的"先锋派"。在八十年代后期那些"文化失范"的年月，我们时代的"先锋派"不是没有可能成为"达达主义者"的，所幸的是，他们立足于中国本土，从事一些小说叙事方式和语言表现方面的探索。然而，他们毕竟做出艰辛的努力，他们到底取得了什么成就呢？在审视过他们留下的历史足迹之后，我突然感觉到从未有过的虚空和惶惑。我能从那些奇思怪想的语句中，从那些支离破碎的故事中，归结出哪些有用的东西呢？我知道自己遇到真正的困难，尽管如此，我还是勉为其难，因为这毕竟是一段不可多得的历史，更何况妄自菲薄和盲目夸大一样无助于理解历史真相。

1. 尽可能地拓展小说的功能和表现力。人们可以对"先锋派"的形式探索提出各种批评，但是无法否认他们使小说的艺术形式变得灵活多样：小说的诗意化、情绪化、散文化、哲理化、寓言化等等。传统小说文体规范的完整性被损坏之后，当代小说似乎无所不能而无所不包。在向传统小说文体规范挑战的诸多探索中，孙甘露无疑是最极端的挑战者。他的每一次写作都是一次"反小说"的语言智力游戏，在把小说的叙事功能改变为修辞风格的同时，孙甘露最大可能地威胁到小说的原命题。现在，孙甘露寥寥几篇小说的影响像罂粟花一样蔓延，当叙事和话语制作上的最后一道界限都被拆除之后，当代小说写作还有什么顾忌

---

① 马尔科姆·考利：《流放者的归来》，张承谟译，上海外语教育出版社1989年版，第135页。

呢？我们应该感谢还是敌视孙甘露这个过河的卒子呢？显然，在拓宽小说功能的同时，小说的表现领域也随之被放大，特别是那种非常独特的个人化经验构成当代小说神奇另类的生存空间。

2. 强化了感觉与语言风格。没有人会否认当代“先锋小说”创造了一个奇异而缤纷的感觉世界，这显然得自二三十年代中国现代“新感觉派”小说和五六十年代法国“新小说”的影响。“先锋小说”的独特感觉并不仅仅在于攫取那些奇怪的主题或题材，也不只是表现在叙述方式上，最主要的在于接近物象的特殊感觉方式，这种特殊的感觉方式用语言的形式表现出来，就是独特的语言风格。在这里，语言与感觉是原则同格的。例如余华无限切近对象的那种语言与感觉所处的临界状态，北村的那种缓慢向前推移的蠕动状态，苏童的那种纯净如水、明朗俊逸的情境，格非的优美俊秀的抒情意味，孙甘露的冗长的、类似古代骈文的清词丽句，等等。显然，其语言句法最重要的集体特征在于，他们尤为酷爱而擅长使用“像……”的比喻结构。实际上，这个特征并不仅仅局限在语法意义上，“像……”引进的比喻句，不仅仅引进另一个时空中的情境，使叙事话语在这里突然敞开，发出类似海德格尔的“光”或“空地”那种感觉，而且，“像”所引导的比喻从句经常表示了一种反常规的经验。“像……”从句产生的“反讽”效果不断瓦解主句的存在情态及确定意义。“像……”显然充分显示话语表达的无穷欲望。当然，应该看到，过分强调感觉的怪异与语言的分解功能，“先锋小说”显得晦涩难读，这显然是一个亟待纠正的偏颇。

3. 注重叙事策略。由于强调“怎么写”，话语意识当然要通过具体的叙事策略来表达。广义地说，叙述人和叙述视角的强调、叙述结构的设置、语式句法等修辞策略都可以看成是叙事策略的运用。但是，在这里，我强调的是在整个叙事中起决定作用的“策略”，例如苏童运用的“叙事动机”和格非的“叙事空缺”。就写作的“母本”意义而言，“先锋小说”经常是从其他文本（例如某些经典范本或类型范本）中攫取或借用动机。显然，“动机”与灵感不同，前者要具体得多，例如人物、故事或情境的标志等等。苏童的写作不仅仅在于他善于发掘母本的动机，更重要的在于他的叙事善于运用动机来组织，推动故事的发展，这使苏童的叙述与故事之间疏密有致，节奏感舒畅明快。例如《罂粟之家》中“罂粟”的象征意义起到的动机作用；《妻妾成群》中在西餐社见面的情境构成的动机，还有“箫”的动机，等等。至于格非的“叙事空缺”，它主要来自博尔赫斯的启迪。它在格非的运用中，不仅仅形成某种结构上的补充链环，也不仅仅像博尔赫斯那样表达一种形而上的时间哲学，它还与格非讲述的那些生活史构成隐喻关系，那些被省略的恰恰是生活史中最不幸、最绝望的隐秘部分，例如《青黄》和《敌人》中的“空缺”。

4. 超距的叙述与对“自我”的怀疑。八十年代上半期那种乐观的浪漫激情在文学作品中逐渐消失之后，当代文学乐于去描写人所遇到的各种难以解决的困难和矛盾。“先锋小说”（和某些“新生代的诗”）不是在表达那些怨天尤人的激烈的不满情绪，相反，它们通过超距离的叙述，表达出一种特别的客观现实。在某种意义上，先锋派又是极其主观化的叙述。在这里，正像现象学意义上的客观性还原与“主观化认知图式”是等同的一样，在先锋派的小说意识中，那种冷漠、平静的叙述人的态度，与他们过分铺陈的语词构成一种奇特的张力。不管是苏童的抒情性笔法，还是余华对怪异感觉的刻意捕捉，或是孙甘露梦呓式的描写，都可以看到在他们超距的叙述中呈现出的客体世界。正是与这种超距相关，先锋派小说不再是以自我为中心来展开叙事，相反，自我总是处在一个被排斥、被颠覆的状态。因此，“超距叙述”既是怀疑“自我”的结果，也是消解“自我”的有效手段。作为“文学史上的迟到者”，年轻的写作者不再标榜“自我”，“自我”被改变为一些歪斜的个人，或是其行为的动机和效果总是发生一些故障的芸芸众生。他们当然不是“反英雄”的现代主角，而是随机应变却又随遇而安的“小写的人”。在这一意义上，“先锋小说”与“新写实主义”可说是异曲而同工。值得注意的是，格非在《褐色鸟群》中表达对“自我”的怀疑，在《敌人》中引申为对“自我”的恐惧，以至于可以归结出“自我”就是最内在的敌人这种极端的命题。

5. 后现代主义式的处理方式。“新时期”文学一直没有完全意义上的“现代主义”（刘索拉和徐星充其量不过是“伪现代派”而已），因此我在这里提及“后现代主义”（仅仅是萌芽）肯定令人奇怪。其实也不难理解，后现代主义虽然是后工业社会的产物，但是作为一种文化形态、思想潮流、艺术准则和价值立场，它并不一定与经济基础直接统一。我以为这也是马克思说的“精神生产与物质生产的不平衡关系”的一个方面。例如拉美魔幻现实主义的那些代表人物，博尔赫斯、马尔克斯等人却被实验小说家和批评家奉为圭臬。中国当代奇特而多样的文化形态滋生后现代主义因素并非不可能，更何况自 80 年代初以来当代文坛对后现代主义和后结构主义的东西也有所引进。就以文学实践来看，“先锋小说”处理那些幻想、暴力、死亡等特殊主题的方式，破除传统小说的文体规范界限、语言的大规模泛滥，在生存态度上反理念，而认同不完整性、拒绝超越性等等，都显示了后现代主义的典型特征。

应该强调的是，后现代主义已经褪去了现代主义那种自毁性的反抗欲望和自以为是的超越性。后现代主义其实表达了一种更为温和乃至保守的价值立场（例如，后现代主义者反对激进的社会革命而诉诸语言游戏和知识构型的分析）。当然，这些后现代主义萌芽在中国无疑带有本土文化的现实特征，其意义仅仅在于对生活现实境遇持更为冷静、求实的态度。它对终极真理和绝对价值的回避，当然会引起多方面的批评，但是，这种态度是历史转型时期的现实给予后现代主义者的感受。那种偏执的信念和神性无助于表达这个多元化的转型时期，在某种意义上，他们的这种拒绝深度的小说意识，也是在寻找 种新的适应性。

6. 表达特殊的后悲剧风格。后悲剧风格是从历史颓败情境中透视出的美学蕴涵，通过对历史最后岁月进行的优美而沉静的书写，通过某些细微的差别（差错）的设置而导致生活史自行解构。“先锋小说”讲述的历史故事总是散发着一种无可挽救的末世情调，一种如歌如画的历史忧伤，如同废墟上缓缓升起的优美而无望的永久旋律。例如苏童的《妻妾成群》和格非的《风琴》。写作必须置放到非常个人化的经验中才获得有效的说明。我以这种方式归结一群人的艺术特征，不过是力图勾勒历史某方面的轮廓。然而，仔细辨析就不难发现，这些粗线条与整个背景并不协调，也不深刻有力——令我吃惊的是，在我所归结的这些“艺术成就”的背后，都隐藏着它的副作用，或者说它的局限性。

形式的意义是有限的。在当代中国，苏珊·桑塔格主张的“坎普”[①] 文学不可能流行，也不会产生实际的影响。约翰·巴思在六十年代就认为，文学史几乎穷尽了新颖的可能性。这不仅仅是说形式技巧无法拯救文学。中国当代的“先锋小说”从事形式探索无疑是有益的，但是形式探索在当代中国既不能走得太远，也无法持久。在这一意义上，中国当代没有真正的“先锋派”，他们有限的叛逆意义几乎起不到挑战的作用。对于处于这个文明中的绝大多数的芸芸众生来说，他们不仅是一些不可企及的先锋，而且是人们急于忘记的殉道者。例如孙甘露和北村就不得不饱尝“远行者”的孤独。余华最受欢迎的作品可能是《难逃劫数》，那是因为他把他的语言感觉方式糅合到鲜明的场景刻画之中。1989 年年底，余华发表《此文献给少女杨柳》，那是余华所有感觉和语言最精致的一次提炼。然而，结构和语言的方法实验过于明显，在 1989 年年底，余华理应迈过形式的门槛，然而，他又奇怪地在门槛上磨蹭。这是一个奇怪的现象：形式的魅力迅速消失，至少它无法单独

① 坎普（Camp），原是流行于电视、戏剧界的俚语。桑塔格借用来概括六十年代的一种只注重技巧而忽视内容和意图的文艺样式。桑塔格小姐在名噪一时的著作《小说的奇怪的死亡》（美国，巴顿罗齐，1967 年）一书中鼓吹“坎普”：坎普的全部要点就是摒弃严肃性，技巧、戏剧性变成了它的理想。从纯粹的美学角度上说，它体现了“风格”对“内容”、“美学”对“道德”、反讽对悲剧的胜利。风格即一切。

起作用；另一方面，形式却是读者大众望而却步的天然障碍，曲高和寡，更何况“曲怪”呢？1989年以后，“先锋小说”的形式有所退化，当然有多方面的原因，但是，期待读者认同不能不说也是一个重要原因。余华在九十年代发表长篇小说《呼喊与细雨》（1991年），表达了他“回到真实的生活中去”的愿望。这部小说以第一人称讲述一个人的幼年经历，自传体的色彩颇为浓重。余华并没有停留在罗列那些贫困愚昧的生活事项上，而是着力去刻画孤立无援的儿童生活的绝望感。追忆童年生活色彩的第一人称视角，给“内心独白”打开过去/现在重叠的双重时空。一个游离于家庭生活的儿童（少年），向人们呈示出他敏感而孤独的内心世界。强烈的渴望同情的心理与被无情驱逐的现实构成的冲突，使这个弱小的儿童陷入一系列徒劳无益的绝望挣扎之中。这部小说写出了童年经历的内心感受，少年时代的敏感、怪癖和孤立无援的生活境遇。叙事以独白的方式展示了非常复杂的心理经验，以及那些非常个人化的体验、沉思、忏悔和祈祷。这部心理自传在叙述方面充分表现了余华精细而洗练的语言风格，叙述人与被叙述人（例如主人公）的视点和内心感受结合得天衣无缝，都可见出余华的艺术技巧趋于成熟。但是过分注重个人经验的独特性和心理感受，使这部小说显得过于封闭，表现的生活面显得狭窄，影响了它对历史现实的更深广的表现。

尽管如此，《呼喊与细雨》应该说是余华在艺术的表现形式和真实的生活记忆方面结合得很好的作品。然而，先锋派的孤寂命运令余华难以忍受，成名的余华已经不再需要先锋派这顶荆冠作为自虐的标记来引人注目。在这一意义上，《活着》就是余华放低先锋派的姿态，回到常规性的尝试。余华果然因此获得成功。

当然，并不是说形式探索就应该废止，事实上，形式可以不露痕迹地糅合在故事的讲述中。约翰·巴思在1967年慨叹“枯竭的文学”之后十三年，写下《填补的文学》，美国的实验小说也不得不从拉美魔幻现实主义那里吸取养料。中国当代文学这些年其实深受马尔克斯、博尔赫斯的影响，然而它同时受到法国新小说的影响并无意中喝下去语言的致幻剂。语言是一座迷宫，它会使任何聪明的头脑误入歧途。更何况汉语字词的象形特征和无时态的语法功能，使那些意象横陈的时空变得更加扑朔迷离。那是一张无边的语言之网，而网中的猎物只能是写作者自己。因此，有必要把讲述“语言”改变为讲述“故事”，叙述中出现的过多的分支应该消除，那些太多的局部的小转折有必要压平拉直，融合到舒畅伸展的故事中去，应该有叙事动机（主导的和局部的）起到纲领性的结构作用，只需要某些“细微的偏差”就足以摆脱故事的线性模式。

综观“先锋观”几年的探索历史，至少以下一些现象和问题值得注意：其一，在当代文学多文化的格局中，出现这样一种动向，即小说写作不再以人为核心来讲述故事。十九世纪末，尼采说“上帝死了”，半个多世纪之后，米歇尔·福科惊叹“人的死亡”。在二十世纪八十年代后半期的中国，“大写的人”（人的理想）已经萎缩，“先锋文学”已经无力创造出具有正面肯定价值的人物，而具有反面价值的人物也未必能确定作品的艺术价值和艺术水准。在“先锋小说”中，人物不得不退居到讲述的故事和故事的讲述的背后。人物变成一个“它”，成为话语表达中的一个符号，或是故事中的一个角色。而故事的讲述尤其是话语的风格化意味，成为小说的艺术价值和水准的根本标志。但对人物形象的忽视，无疑是这类小说要纠正的方面。

其二，当代小说的写作倾向于越来越复杂的形式，即必须考虑小说的视点、角度、动机、句式、语感以及个人化风格等问题：如无扎实的内容支撑，便难于持久存活。现在不仅是马原影响了其后的“先锋派”，而且“先锋派”正在影响同辈的作者。现在初入文坛者似难抵御“先锋派”的那种叙事方法和语言风格的诱惑，而后者作为迟了半拍的“先锋派”，不幸的是仅仅陈袭形式的复杂，他们实际上磨去形式的锐气而承受人们对形式的厌倦。当代小说写作对形式的重视并不等于唯形式是尊，事实上，实践证明，真正有意味的形式并不彻底消除小说的那些传统因素，而是在更高的水准上融合传统。显然，“先锋派”探索形式的经验证明，前卫的探索性的形式结构和语言技巧，在损毁传统规范的同时，也改变了既定美学趣味。

其三，先锋小说一直专注于个人化经验的发掘，因而它在感觉、故事、话语和风格等方面的才能是如此别具一格。然而单纯在个人化经验中走极端，其结果则是在幻觉的奇怪空间和语言的歧途永无止境地循环、重复和自我消解，其个人经验除了怪异之外，应有更深广的意义。因此，当代小说在发掘个人化经验的同时，有必要强化历史意识对历史的理性意识。事实上，马尔克斯、博尔赫斯，乃至米兰·昆德拉所创造的非常个人化的经验，始终蕴含着深邃的历史意识。余华较成功且有内涵的作品如《世事如烟》《难逃劫数》《往事与刑罚》等等中出现的“算命先生”“老中医”“刑罚专家”预示着余华把独特的个人化经验融合到历史意识（或历史无意识）中去。然而，余华后来并没有深入发掘这种“历史意识”，他的《此文献给少女杨柳》之所以反复缠绕怪异的感觉，其欠缺正在于此。

其四，文学必须从本土文化中吸取生命汁液，“先锋派”偏向借鉴西方文学的影响无可非议，但是同时要找到传统的活的源头。仅仅从传统中攫取母本或动机是不够的，这种做法经常重复会使“创新”再次留下“前文本”的痕迹。例如，我前面提到的苏童的《妻妾成群》之于《家》《春》《秋》；格非的《蚌壳》之于穆时英的《白金的女体塑像》；余华的《现实一种》之于施蛰存的《石秀》；等等。也许这种关联是出于一种偶然，但是它们依稀可辨的类同毕竟使探索打了折扣。至少，“先锋派”没有立足于本土文化作宏观理解，更不用说融会贯通的运用。先锋们曾一再表示认同古典价值，但那仅仅是空泛的表态，它与本民族的精神意蕴相去尚远。当然，他们还年轻，假以时日，当有更大作为。

其五，“先锋派”远离现实确实有非常复杂的原因。然而，他们显然加大了与现实之间的裂痕。他们企图通过讲述历史书写现实，事实上他们几乎遗忘了现实。并不是说他们真正远离现实生活，这当然不可能，他们就生活于其中，而是于他们并没有抓住现实的真谛。正如欧文·豪在《群体社会与后现代派小说》一文中指责绝大多数美国战后小说家时写道：“不能、或许由于过于精明而不能直接地表达战后的感受；他们更愿意背离正面的描写；他们本可以表达他们的激情，尽管这种激情常常是难以名状的，他们对美国生活的批评不是通过现实主义的生动描绘，而是通过神话、流浪汉小说、预言和怀旧等形式表现的。”①欧文·豪的批评同样适合于中国当代“先锋派”。那些“历史故事”在很大程度上表达了他们“意识到”的历史内容和现实内容是值得怀疑的。纯粹的美学价值并不存在，至少在现在其意义有限。福科的那句话依然值得深思：重要的不是话语讲述的年代，重要的是讲述话语的年代。对于理论和批评具有参考价值，对于小说写作同样具有启迪意义。由于对“讲述话语的年代”（当代现实）研究得并不透彻，因而“话语讲述的年代”（故事的历史内容）并不具有强大的震惊力，而依靠美学风格漂浮其上则又可能是一次历史错觉。

历史总是惊人的不完美，因而历史才能变化、前进。也许人们已经看到“先锋派”的疲软和退却，然而我依然固执地相信，尽管他们丢弃了“先锋派”这顶刺眼的荆冠，但他们创造的小说叙事经验正被广泛认同。他们并不只是开启了文学史上的一种美学时尚，更重要的是他们是时代的敏感之子，他们意识到在这个文化剩余的时期，他们（以及他们的同代人）分享到那么一点剩余的想象力，却能够夺取到足够的胜利。

---

① 参见《党派评论》，第二十六期，第429页。

第二章　重新寻找真实："新写实主义"的小说意识

第一节　历史前提：文化失范或文学的命运

"新时期"的中国文学一直试图成为一种超越现实的幻想力量，它引导人们去夺取"思想解放运动"赢得的观念胜利品。这种力量长期扎根在人们的精神幻想中，在改革开放初期，它是中国知识分子和民众共同急需的生活内容，是提高他们生存热情的根本需要。没有人能够否认，理论幻想（或乌托邦冲动）能够起到改善生活的作用，文学总是合理而自然地为人们提供感性实践，它使思想升华潜移默化，如期而至。"新时期"的文学不仅是现实的认识论构造的基础，而且是按照"思想解放"的利益改变现实、改造现实的基础。

八十年代后期，"思想解放运动"终于告一段落，这不仅因为人们主观上对意识形态实践感到疲倦，更重要的在于社会历史条件发生了深刻变化。改革开放初见成效，现代化建设突飞猛进，市场经济逐步形成。经济领域的成功给人们带来希望，也促使人们想方设法在“双轨制”的中间地带找到发财致富的广阔途径。一个与市场经济相适应的“民间社会（civil society）”趋于形成，这个日益壮大的社会正在摆脱意识形态而自行其是，经济实利主义实际已经成为当今社会的价值准则和生活要义。这是生活变得简明扼要的时代，这是人民丰衣足食无所用心的时代，这是庶民胜利的时代——理想主义或“终极价值”不过是这个时代必要的观念祭品。消费社会正在无止境地拓宽疆域，留给文学的要么是“为艺术而艺术”的狭窄飞地，要么是“走向市场”的模糊区域。

“意识形态就其性质而言要么是全能的，要么是无用的”（丹尼尔·贝尔语）。八十年代后期，人们明显感觉到社会的“中心化”价值体系趋于失落，不仅是传统秩序，而且是整个社会既定的文化秩序面临“合法性危机”（哈贝马斯语）。“新时期”文学曾经怀着那样高的历史热情和社会期望，在意识形态实践的每一个环节都产生“轰动效应”，构造了八十年代完整的“想象关系”。“寻根文学”终于耗尽了文学的乌托邦冲动，而划下“新时期”终结的界限。不妨将八十年代后期称为“后新时期”，此时文学失去“轰动效应”而走向低谷。面对着社会的“中心化”价值体系趋于解体的现实，文学再也无法讲述理想化的故事，再也不可能充当历史主体去构造现实神话。在这样的历史前提之下，年轻一代作家步入文坛，他们生不逢时却也恰逢其时。“新时期”神话终结了，他们再也不能制造“轰动效应”；然而，他们本来就与那个神话无关，“中心化”或理想化失落的文明情境，给他们提示了回到个人化的写作本身，回到真实的生活中去的历史机遇——这正是“新写实主义”产生的历史前提，当然也是理解“新写实主义”的理论前提。当人们普遍指责“新写实主义”缺乏“理想”，缺乏“深邃的文化哲学”时，切不可忘记了历史唯物主义的基本原理：社会存在决定社会意识。当社会的中心化价值体系及其符号系统陷入危机时，当社会的“精英化”的人文观念不再起规范作用时，我们又怎么能要求我们时代的作家操持理想主义的盾牌或挥舞英雄主义的长矛去和风车搏斗呢？“理想化”的失落正是“新写实主义”的显著特征，如果要改变它的这一特征，不就是要剥夺它的本质吗？作为“文化失落”的产物，“新写实”所确认的小说意识，那种并不富有“革命性”的写作法则，不过是面对文化（文学）危机而寻求的新的适应方式而已。

当然，我们也没有理由夸大说，“新写实主义”回到生活的“原生态”是什么了不起的艺术创造。所谓“回到”不过是在历史情境之中别无选择的结果。“新写实主义”顺应了历史的变动，它的那些与传统（经典）现实主义相去无几的写作法则，仅仅因为整个历史背景中的集体想象关系解体，而具有了特殊的意义。其“反抗性”意义，是历史给予的结果。如果略去这一背景，“新写实主义”将一无所有。这也就是为什么人们抽象而孤立地看待“新写实主义”总是不得要领，看不出其“新”在何处。某种意义上，当代文明（的转型情境）在文化上给予“新写实主义”的，要远远大于“新写实主义”在艺术上给予当代文明的贡献。这种说法并不是要有意抹杀“新写实”的创新意义和革命性的历史地位，而是要强调，在理解“新写实主义”的价值立场和写作法则时，在揭示它的文化态度和美学风范时，有必要扣紧这个变动时代的文化情境作通盘考察。正是因为远离社会的中心化价值体系，正是因为拒绝历史给予的法则，并且拒绝作出非文学的承诺，“新写实主义”确立了个人化的写作立场，它的那些艺术法则因此具有了与传统（经典）现实主义根本不同的意义。

第二节　集体想象的失落：回到生活事实

“艺术存在于互相联系的种种社会意义之中，但是从外部去记述这些意义是徒劳的，因为它们是由具有自身逻辑和严格标准的形式特征来传播的。”① “新时期”文学无疑在“寻根文学”这里达到高峰，也在这里划定终结的历史界碑。与其说“寻根文学”是一次艺术上的误入歧途，不如说是文学的意识形态推论实践的必然归宿。把自我设想为历史主体的“寻根派”，其实不过是“知青群体”的变种，文学随时准备为时代构造必要的想象关系。“寻根文学”把集体想象推到历史的顶端，却并未如愿以偿，最后不得不以莫言在高粱地里完成一次生命的狂欢仪式草率作结。当时代不再需要“集体想象”时，“寻根文学”的乌托邦冲动就变得尤为虚幻。在“寻根文学”终结的地方，“新写实主义”开始了它的历史起点：放弃乌托邦冲动，拒绝提供集体想象，回到生活事实。

在这一意义上，“新写实主义”并不仅仅是“反寻根”，它从这里背离了“新时期”的路线，并且从根本上偏离了传统（经典）现实主义的轨迹。传统（经典）现实主义强调生活真实，然而更重要的在于强调“典型化”原则，强调反映社会生活的“本质规律”。实际上，“典型化”即理想化，而“本质规律”是为主导话语事先约定的“绝对

① 英里斯·迪克斯坦：《伊甸园之门》，方晓光译，上海外语教育出版社 1985 年版，前言部分第 4 页。

真理”。只有符合这一先在的“本质规律”才是真实的，才是客观的，才是典型的；否则，就是错误的。现实主义在其本质上是一种“同语反复”（巴特语），其中人们自认为是描述性成分的东西，实际上是该特定话语行为的独断性的表现，“现实性”（或生活事实）总是被特定的观念、概念、术语给定了意义。传统现实主义规范下的文学，一直在构造“集体想象”关系，构造理想化的存在形态，在“似真性”法则的保证下，这种“想象关系”与“现实”混为一体，并且成为现实的“本质关系”。当然，这并不是说，现实主义文学就是一种虚假的艺术，恰恰相反，它是那个时代（从观念到存在）恰如其分的实践方式。同样，“新写实主义”约简“集体想象”的做法，确立回到生活事实中去的态度，也是这个时代不得不选择的文学表现方法。

返回到个人化写作的“新写实”小说，不再有构造“本质规律”的乌托邦冲动。尽管放弃一种意识形态实践将会落入另一种意识形态的圈套，然而，八十年代后期中心化价值体系解体的现实，却也使年轻一代作家无法建立，也无法认同任何一种明确的“集体想象”关系。因而，他们才会那样无所顾忌地回到生活事实中去。1987 年，方方发表《风景》，就此拉开“新写实主义”① 序幕。这篇小说以一个夭折的死魂灵的眼光来叙述一个家庭极端贫困的生活。令人惊异的并不仅仅是作者讲述的那种与经典文本相去甚远的生活，更重要的是如此冷静不动声色的叙事和把生活事实和盘托出的那种态度，而观念性的升华在这里为全部事实所消解。没有关于人性的道德评价，没有关于生存命运的理性思考，以及个人与家庭、社会的冲突等，在这里没有现实主义文学惯有的那种强调和暗示。那些生活事实如此倔强地涌溢而出，它不企图完成任

① “新写实”的边界被不断拓宽，有的甚至追溯至王安忆的《小鲍庄》，笔者以为“新写实”应有必要的时间标界和群体标记。另外，本文的使用“新写实”与“新写实主义”两种说法时，并不加以区别，之前国内有讨论“现代派”与“现代主义”的区别，笔者以为没有必要陷入这种似是而非的咬文嚼字的游戏。

何观念性的升华，也不想给时代提供文化镜像，它仅仅是一些纯粹的生活事实，一种纯粹的现实性存在。当代小说从一系列的“反省”、一系列的文化冲动中，从庞大的“集体想象”关系中，跌落到如此简陋的生活状态中。《风景》的特殊意义，与其说写出了当代生活的最粗陋状态，不如说把当代小说拉回到这个原始的起点。

回到生活事实的“新写实”小说，把目光投向普通人的生活。“新时期”之初关注人的命运，从中发掘出“人性”的闪光（例如刘心武的《如意》等）。它与整个思想解放运动强调“人”的生存价值，倡导“人道主义”的历史意识相关，“普通人”的形象中其实寄寓着知识分子的人文理想。而在这里，凡人琐事就是生活的一个块面，作家并没有在这些普通的生活上强加某种历史法则。“新时期”那个“大写的人”，现在已经萎缩成“小写的人”，他们过着自己的生活。1987 年，池莉的《烦恼人生》以平实的手法描写普通工人平淡无奇的日常生活。小说的叙事在那些烦琐的生活小节之间纠缠不清，充斥着家庭纠纷、窘迫的居住环境、难弄的孩子、拥挤的交通、微薄的奖金、各种人际关系以及暧昧的感情等等。印家厚忙于扮演各种社会角色：丈夫、父亲、工人、情人、回忆者——每一个环节他都无比吃力，无所作为。然而，这就是生活，这就是普通人必须过的日常生活。那个忧国忧民的思想主体，那个寻找民族的文化之根的历史主体，现在却跌进一大堆毫无生气、毫无诗意的日常琐事之中，现在仅仅是无所作为的丈夫、忙碌的父亲、勉强的情人。《烦恼人生》以平实的手笔写出的平实生活却有令人震惊的力量。我们这个时代的生活已经严重缩减了乌托邦冲动，人们为日常生活所左右，为眼前的利害所支配。生活本身进入了一个散文化的时代，我们的文学如果不以顽强的想象力进入一个绝对的语言乌托邦，那就回到平实无奇的日常生活，亲临其境，去咀嚼那些无聊的快慰和别有滋味的苦涩。

池莉随后的作品《不谈爱情》（1989），虽然故事、写法与《烦恼人生》相去未远，但是这篇小说的篇名别具象征意义，它不仅仅表示家庭琐事和社会网络将爱情全部淹没，而且坦率地表现了这个时代理想化价值的彻底失落。“爱情主题”一直是“新时期”思想解放运动的核心主题，伴随着“人的解放”的命题被强调，新的爱情观一直在创造我们这个时代崭新的或理想化的价值观和超越性的感觉方式。只要把张洁的《爱是不能忘记的》与《不谈爱情》置放在一起，人们无疑会对生活发生的巨大变化惊惧不已。“不谈爱情”既是一种拒绝，也是一种宣告：我们这个时代已经没有精神超度的可能性了。一个没有爱情（不谈爱情）的时代，还有精神幻想吗？那滋生着的超越意向已经被合并入无所不在的日常现实中，它注定要失去支配生活的征服力量。

关注普通人或“底层人”的故事，当然不新鲜，现代以来的无产阶级革命文艺就强调要反映劳动人民的生活。然而，这种“反映”一直是在讲述经典（权威）话语，或者是以知识分子群体充当叙述人，讲述知识分子的历史愿望。所谓“劳动人民”的形象，一直是主导观念确认的“集体想象”，它一直用以贬抑知识分子的形象，它是一种“阶级的”精神的镜像。“新写实”小说对所谓“底层人”的关注，其实是在消解经典文本确认的精神镜像，还“底层人”以本来面目。刘震云的《塔铺》（1987 年）以尤为冷静的笔触，写出了“底层人”的实在生活：一群来自农村的高考补习生为了考上大学而艰苦奋斗。显然，刘震云并没有着力去刻画所谓“底层人”生活的艰辛，而是写出了生活（和人生）的方方面面。“艰辛”与“不易”被推为背景，偶尔才在那些钩心斗角的间隙，在那些想入非非的瞬间流露。不是去发掘生活的深层意蕴，细细咀嚼生活的复杂滋味；恰恰相反，刘震云仅只满足于给出一种生活状态，一种“艰辛的尴尬”的状态。在这里，悲剧性情感涌流总是为那些尴尬处境所消解，为无聊的快乐所冲散。在叙述人的叙述意识中没有任何悲天悯人的企图，他把自己当成一个等距离的观看者，那些心态不点自破。“底层人”的心理为希望所怂恿，也为莫名的绝望所困扰，他们企图摆脱一种命运，但总是为另一种命运所支配，然则他们也在“奋斗”。这使他们进入了一种状态，而这种状态正是刘震云感兴趣的所在。比较路遥的《人生》，就不难发现二者存在根本不同的文化立场和写作法则，这两篇小说貌合而神离。高加林作为青年一代农民的代表，试图通过个人奋斗来改变自身的命运，这个关于农民摆脱土地的主题，又与爱情婚姻之类的伦理道德主题相混淆，然而，它都契合“新时期”关于“人”的解放与道德观的更新这类时代命题，它为历史及时提供了集体想象的模本。不管路遥作为写作者个人如何凭着“艺术经验”来讲述这个故事，他的“讲述”只要被阅读，立即就表达着那个时期知识分子主体讲述的话语（对历史、对“人”的思考），它不可避免地被思想解放的诉求所放大。而刘震云的叙事已经没有明确的集体想象“背景”，个人化的写作使刘震云保持了一种超然的眼光，笔力所济不过是尽可能给出一种生活状态或心态，直陈式叙事把生活的定义全部交付给人物本身。生存的意义是有限的，因为它只限于自身的那些微不足道的事实，那些恩恩怨怨，那些悲欢离合，那些沮丧和憧憬都不过是转瞬即逝的生活之流，它们并没有永久驻步领会生存的要义。这就是生存的本身，一种状态中的生活或生活的一个状态。在这里，现实的东西和可能的东西之间的紧张冲突被自然化解，生活本身并没有作出关于“幸福的承诺”，生活的事实倔强而傲然地存在，那些由“父法”（历史法则或权威话语），由集体的乌托邦冲动建构的想象关系也就自行缩减。

刘恒早在 1985 年就写下《狗日的粮食》这种关注最低生活欲求的作品，这表明刘恒一开始就避开了“本质规律”的叙事。当主流意识形态的实践功能减弱之后，刘恒的写作自然就具有了“开拓性”的意义——它打开了一个远离精神期待，而单纯关注最低（或最基本）生存欲求的向度。刘恒的《伏羲伏羲》（1988 年）虽然还可看到“寻根”的流风余韵，甚至不难推断还可能受到莫言的影响，但这仅仅是这篇小说的外在因素给人的印象，实际上，这篇小说带有明显的“反寻根”倾向。刘恒未必是一个明确的“新写实派”，却是率先挣脱“寻根”的写手。正如前面提到的《狗日的粮食》，刘恒一开始就固执己见，把生存的基本欲求置于写作的中心而拒绝那些繁杂的深邃的文化（观念）附加物，他正是以与“寻根”不相干的态度表示了对“寻根”的逃避。尽管《伏羲伏羲》被大多数人读解为“性文化”的代表作，然而，在我看来，这篇小说恰恰有一种摆脱“文化的动机”。这个关于乱伦的故事，更具体一些，可以看成是在描写“欲望”是如何滋生并支配着人们的全部生活事实的。

在那个垂死的历史性的欲望（杨金山）的边缘，这个年轻的，活生生的现实欲望正在不可遏止地生长。这个充满真实生命渴求的欲望在降临的时刻就被推到一个危险的境地，欲望在压制/诱惑之间，在合法性/合理性之间艰难行进。在杨金山无止境虐待年轻女人的背景叙事中，这个不合法的欲望逐渐有了合理性。这个欲望同时在优雅（充满感伤和温馨的描写）与拙劣（道德禁忌的恐惘）之间徘徊，那个“窥视”的动作终于使这个欲望的表达找到了一个诡秘的、透彻的、拙劣的突破口，同时也使欲望的实现变得无法抗拒。

这篇小说写出了人们企图越过伦理禁忌界线的那种艰难处境，那种不合法的爱欲倔强生长却又终于破灭。生命交织着雄奇瑰丽和脆弱丑陋，它在希望与恐惧之间游移，杨天青失败的一生不过是道德史（或父权史）上的一个粗糙的祭品。人们也许可以从中读出各种各样的文化寓言或象征意义——它可以很恰当地置放在“寻根”的流风余韵的历史序列之下。然而，我更多地看到刘恒摸索到一种新的叙事法则，他如此细致地审视这个“乱伦”事件的各个逻辑环节，如此详尽地叙述这个不合法的欲望增长和衰变的全过程，不能不说他对生命存在的基本欲求有着特殊的关注。那些纯粹的环节和状态无比真切地呈现出来，它以自身充分而绝对的实在性反抗被既定的文化秩序俘获，而那些基本的（原初的）生命欲求则是对庞大的制度化的写作法则和阅读法则的改写和戏谑。

正是因为“文化整合”背景的变化——准确地说，是文化的整合作用正在丧失，那些即使在创作方法上与经典现实主义相比几乎没有多少区别的作品，它们的美学意义也发生相应的位移。例如储福金的小说，在叙事方面相当本色，平淡故事，从容叙述。然而它不再有（关于人性之类）形而上升华的思想冲力，却具有深入到生活本真状态中去的那种美学力量，其价值定位在对日常生活惊人的洞察力上。在刘毅然讲述的那些军旅故事（《回首往事》系列）中，可以看到一个意识形态活跃的生活领域如何变为一些日常琐事，那些远大的理想现在变成青春期想入非非的拙劣欲望，变成天真无邪的纯朴情怀，变成个人生活的单纯回忆。甚至莫言近年的作品也表现了惊人的变化。《父亲在民夫连里》（1990 年）中还可以看到莫言试图改写经典故事的那种动机，但是故事的谐谑气氛已经全然替代了“镜像化”的文化实践功能。而像《怀抱鲜花的女人》（1991 年）、《梦境与杂种》（1992 年）这种虚构性强的作品，其叙事也充满对日常生活及其体验的洞察力，虚构性与日常性恰当结合而引人入胜。事实上，莫言的这些作品在艺术上更趋成熟，它未能引起应有的关注，并不仅仅是时尚趣味作梗，更表明文学写作在历史实践中发生了位移。

第三节　反抗虚构：刻骨的真实

当然，小说叙事归根结底是“虚构性”的，所谓“反抗虚构”，不过是指：其一，不是在观念性和理想性上讲述历史（现实）神话；其二，不再提供超越性的文化镜像或文化远景；其三，拒绝远离生活经验的叙事。回到生活事实中的“新写实”小说当然要反抗虚构，它要写出生活的本来面目——所谓生活的“原生态”。确实，“原生态”这种说法容易招致怀疑，进入作家创作视野的生活，怎么会是“原生态”的呢？任何叙事都是有选择、讲策略的。“还原”这种说法则使人想起“现象学”的术语。在胡塞尔的现象学中，“意向性还原”是一种绝对主观化的认知方式①。当然，语言的意义都是约定俗成的，概念和术语未尝不可这样。所谓“原生态”“还原”在当今流行的批评中，大约是指“新写实”小说追求一种不同于经典现实主义典型化原则处理的生活的原始真实性。显然，八十年代后期出现的“纪实文学热”影响了年轻一代作家，他们偏爱写实手法；而“先锋派”远离现实，在艺术探索的道路上铤而走险，他们孤寂的背景已经昭然揭示了虚构化的困苦；二者在八十年代后期文学的低谷里并驾齐驱，也互相引以为戒。“新写实主义”不再受观念化和超越性的支配，就可能写出一种“刻骨的真实”，它至少有以下几个特点：

1. 粗糙素朴的不明显包含文化蕴涵的生存状态；不含异质性的和特别富有想象力的生活之流。

2. 简明扼要的没有多余描写成分的叙事，纯粹的语言状态与纯粹的生活状态达到统一。

3. 压制到零度状态的叙述情感②，隐匿式的或缺席式的叙述。

4. 不具有理想化的转变力量，完全淡化了价值立场。

5. 尤其注重写出那些艰辛困苦的，或无所适从而尴尬的生活情境。前者刻画出生活的某种绝对化的状态，后者揭示生存的多元性特性、被

---

① 现象学“还原”所描述的是一种“纯粹的内在之物”——一种绝对的、不提供任何超越的被给予性，一种绝对的、摆脱了任何超越的知觉，是关于“我的知觉的知觉”。参见胡塞尔《现象学的观念》，上海译文出版社，1986 年，第 40—41 页。

② 王干曾经使用“零度的情感”这种说法（《近期小说的后现代主义倾向》，载《北京大学》，1989 年第 6 期），显然这一说法来自罗朗·巴特《写作的零度》一书。在巴特这里，“写作的零度”表示拒绝意识形态，拒绝“文化承诺”的写作，它指的是纯粹虚构化的反现实主义叙事的那种构造语言乌托邦的“先锋派”写作。显然，王干改变了其原意。

客体力量支配的失重的生活。

受过“现代派”洗礼的李锐，在 1988 年（可能还更早些）就意识到要走出“现代派”的阴影，意识到“我们需要的是自己生命的真实记录者”；“需要用刻骨的诚实来面对自己，面对我们身处其间的双重的幻灭”①。李锐一直致力于写出中国本土的那种坚硬存在的生活，在那种极度贫困艰辛的生活中，发现类似海德格尔在凡·高的“农鞋”敞开的口子里看到的那种生存的诗性。1987 年，李锐的《厚土》系列就已写出一种简洁的粗粝的生活样态，这些场景式的生活断片展示了西北农村贫瘠土地的尤为干涩的情景。李锐“反叙述”的写作法则追求一种客观化的绝对真实效果，有意削减想象的作用和艺术冲动，人物的自我意识被压制到最低限度，因而，整个生活具有一种物性化的力量。这里只有物象、事件和行为，行走的人们也像物体一样移动，他们的动机目的似乎也无关紧要，要紧的仅仅是现实的这种客观化存在，连那些情感记忆也变得物象化。李锐自我抑制式的写作写出了一种抑制状态中的倔强生活。不露声色地超距叙述，尽可能将叙事转变为物性的自我呈示。这些生活的断片之流，甚至只能感受、体验，而难以概括，它们本身是反语言的存在。1987 年前后，李锐在偏远的山西另辟蹊径，试图写出“厚土”般的存在，写出“刻骨的真实”，正是刻意剔除那些“内涵”或“积淀”一类的东西。这或许是一种“后山药蛋”或“后乡土”文学，它使“新写实主义”具有回到真实的生活中去的那种倔强性。

显然，西北作家对粗粝的生活有着特殊的敏感度和表现力，新一代的西北军有一种木刻般的笔法。相比较李锐的凝练冷峻，杨争光显得瘦硬奇倔。1987 年，杨争光发表《土声》。也许黄土地练就了一种对生活

---

① 参见李锐《现代派：刻骨的真实而非一个正确的主义》，载《文艺研究》1989 年第 1 期。该文署期为 1988 年 9 月。我对“刻骨的真实”这一词的偏爱，某种程度上受到该文的影响。

的块状感觉方式，《土声》的叙事就像干结的土块一样，一块一块往下掰，干脆而硬实。把视点压制到“零度”的叙述也排斥了感情的介入，无我之境，以物观物，不以物喜，不以己悲。这当然不是超然性的庄禅态度，与其说它靠近中国古典美学，不如说它深谙“现代派”要义。在某种意义上，“新写实主义”得益于西方现代主义之处，要远远大于传统（经典）现实主义，他们的那种追求原生态客观化的写真态度，未必是在认同现实主义原则，而更有可能是在向“现代主义”（乃至后现代主义）暗递秋波。只不过年轻一代的作家大都能入乎其内，出乎其外，抓住中国本土生活的真实状态，以生活存在的坚实性化解（乃至消除）外来文化的蛛丝马迹。

杨争光的《老旦是一棵树》（1992 年）再次显示了杨争光擅长刻画日常生活中潜伏的扭曲状态。贫困粗糙的生活总是被杨争光磨砺得有棱有角，它看上去平淡无奇却险象横生，莫明其妙的仇恨和低劣的阴谋把人物的命运推到无可救药的粗糙地步。这种莫须有的仇恨支配了老旦的全部生活，它扭曲了老旦的心理。杨争光的叙事注意去发掘悖论，那些戏剧性的局面总是使生活、使人物处在一个被颠倒的位置，或者说处在一种错位的状况。老旦的仇恨尚未来得及发泄，赵镇却以一个恩人的姿态出现在老旦的面前。然而，这个偏执复仇的故事，总是使复仇的主体自我颠倒，动机与效果永远无法统一。复仇的荒谬导致了整个行动过程的不断异化，正是在动机与效果的来回错位中，杨争光写出了一种盲目的生活，其中蕴含的荒诞快感却也趣味无穷。

贫困中养成的愚顽偏执的性格被杨争光刻画得淋漓尽致。显然，基本的生存欲求难以满足，是中国农民的心理向着蛮横狭隘一路任性发展的基本动力。确实，杨争光的叙事一直就有双重态度：他对中国贫困农村生活的深刻洞察和尖锐的描写无疑具有顽强的现实主义精神；而他从其中发掘的喜剧效果和黑色幽默一类的反讽趣味却又具有特殊的后现代性。也许杨争光的写作真正立足于中国当今的现实，他的双重态度喻示着当今中国在思想意识方面和美学价值方面的分离，这种“分离”具有特殊的历史深度。

李锐、杨争光有着很好的小说意识，在企图返回绝对真实的叙事中，他们却奇怪地在压制叙述作用，从而创造了一种切入客观世界中去的真实；然而西北异域文化的背景和特别贫困的生活，却也使那种“刻骨的真实”（或诚实）产生一种富有艺术性的“陌生化”效果，这种结果与叙事动机及其方法是相悖的。这种“真实性”属于特殊的生活层面，在大多数情形下，它会被生活于现代文明中的，或生活在城市中的阅读者视为“艺术性”的真实，而不是“生活性”的真实。相比较而言，方方的《落日》（1990年）在叙事方法方面完全承袭经典现实主义手法——在阅读经验中没有任何艺术上的“陌生感”，这样它所描写的生活就占据了全部的阅读视野。方方没有任何压制叙述作用的企图，当然也没有强调叙述作用的预谋，这使得她的叙述和盘托出生活本相（所谓的原生态）。显然，《落日》是以其描写的生活本身获得真实感，它在阅读经验中引起的是关于“生活的”（现实性的）幻想，而不是关于“艺术上的”联想。后者可以说是“写得很真实”，而前者则是“写的很真实”。《落日》与传统（经典）现实主义的区别仅仅表现在，它拒绝任何先验性的观念，逃离总体性的规训。这部据说是取材于真实“案例”的小说，几乎没有回避现实矛盾（而经典现实主义显然是要“回避”很多东西），它写出了生活的困苦和被迫放弃的道德感。传统的生活原则和道义原则在贫困的日常生活中已经全面瓦解，连最后一点“孝道”也都丧失了，足可见生活所面临的根本危机。

显然，物质生活的极端贫困仅只是人们丧失道义责任的一部分理由。丁如虎在极其拥挤的生存空间里能尽到赡养老母的义务已经算是“圣人”了，祖孙三代五口人挤在一间小平房再加一间“披屋”里，这里很难产生更高的道德水准，况且丁如虎鳏居多年，还想续弦，这种生存困境轻而易举地就把他造就为一个同谋。如果说，在整个阴谋事件中，丁如虎是被迫的、无奈的，为他的整个最低限度的生活欲求所困扰，他不过仅仅以默许来充当一个配角，那么，丁如龙则以他“见多识广”的经历和多年的工作经验，积极主动地策划了这次阴谋。恶劣的物质生存环境和凶险的社会生活体系，是扼杀善良品性和人伦道德的两把铁钳，丁如虎和丁如龙不过象征性地喻示着相畏相成的两个方面。方方的叙事，看上去平实无奇，却锐利无比，直接剖析生活最本原的那个层面，显示最本原的生存欲求与最低限度的道德承诺相冲突的状况。在这里，她没有流于一般性的道德批判，也没有关于“人性”的任何理性思考，而是全盘给出一种生活，一种不容置疑的、刻骨真实的生活。也许，道义的力量就蕴含于刻骨的真实之中。

事实上，“新写实主义”本身并没有明确的艺术法规，个人化的技巧风格，当然造就了大相径庭的“写实性”。于是不仅有返回到“艺术上”去的“真实性”和返回到“生活中”去的真实，甚至像余华这样绝对虚构化的作家，他的叙事也可能产生奇怪的真实——一种返回到个人化经验深处去的真实。也正因为此，余华这个标准的“先锋派”实验小说家，竟然也经常被拉到“新写实”麾下。与其说“先锋派”与“新写实”之间的壁垒并不森严，不如说它们之间本来就有交叉之处。尽管这种做法容易引起混乱，但是，余华的写作一直在追求那种刻骨的绝对真实性——从理论上说，没有理由不认为余华的写作也是一种“新写实”。余华有着非常特殊的“真实观”，对于他来说，想象的、心理的真实远远要大于客观存在的真实；而事实上，余华已经拆除了“想象界”和“实在界”的界线，在他的知觉范围内，无法区分虚构与真实。余华的虚构被他推到极端而自行消解，因而，在那些纯粹的幻想瞬间，在那些玩味语词感觉的临界状态中，却总有一些极其锐利的真实感觉涌溢而出。他的《现实一种》《河边的错误》，尤其是后来的《呼喊与细雨》（1991 年），无疑具有非同凡响的真实效果。这部长篇小说仍然保持余华惯常的叙事风格和语言经验，特别是对语词表现力的追求，也依然保留有余华偏爱的乖戾的幻觉经验。但是，在这种虚构性的、幻想性的叙事掩盖之下的是极其真实的生活，对童年和少年的孤立无援的心理的刻画淋漓尽致，在那种极端的生存状态里，生活露出了它的坚实的绝对本质。那些拙劣的行径、愚蠢快乐、无助的内省意识以及总是被粉碎的愿望，却有一种回到生活深处去的真实力量。

有时候，刻意写真与刻意虚构并无本质区别，特别是当这种“刻意”定位在语言（或叙事话语）层面上尤其如此。“刻意写真”的叙事——绝对客观化切入生活世界的叙事总是处在一种临界状态：处在艺术与生活的中间区域，或者说它总是具有返回到艺术想象力与返回到生活经验中去的二重性。这种情形并不只限于前面已经提到的李锐和杨争光早些时候的作品，就在张炜新近的长篇《九月寓言》（《收获》1992 年第 3 期）中也不难体验到。显然，从这部小说中可以看到张炜艺术上的重大突破。曾经写过《古船》那种具有深厚历史意蕴的作品，张炜现在却在追求一种返回到纯粹的日常性生活中去的效果。他试图刻画一个绝对客观化的世界，一种标准的“原生态”生活——这个词如果在经验上与张炜的创作无关的话，也并不能抹去它们在理论上的天然巧合。张炜刻意追求的那种艺术效果，也就是“新写实派”批评家一再鼓吹的“原生态”理论。张炜在刻意给出非常原始、粗糙的生活样态（当然也是一种语言样态）时，那种绝对客观化的东西，确实有一种令人惊异的真实感，同时也有一种无法抑制的虚构性——这样双重性的根源在于，所谓“原生态”式的叙事，实则是瓦解传统（经典）现实主义的语言规范和经验表象，在揭示出一直被掩盖和压制的状态时，它给予了“陌生化”的生活经验和语言经验。“真实性”，甚至“刻骨的”真实性，说到底是一种经验范畴，而不是客观化的本质（它与我们既定的生活秩序、符号系统、日常经验和阅读习惯密切相关），因而“新写实”主义的“刻意求真”也是一个开放性的经验领域，它在不同的经验范围、不同的经验水准上，给予不同的“真实”。

随着“新写实”的经验被广泛认同，随着“先锋派”向写实退化，当代小说趋于形成“刻意写实”与“刻意虚构”相混合的写作法则。但是至少有两点是肯定的：其一，这种趋势不再虚构“历史神话”，而是虚构阅读快感；其二，刻骨真实的笔法依然是虚构的基础，它透过虚构洞察人情世故，给出生活的本真状态。

说到底，反抗虚构而刻意求真不过也是一种叙事策略，而任何写作法则最终都具有意识形态性质。正如“先锋派”企图用绝对的虚构来反抗既定的（经典的）符号秩序一样，“新写实主义”之刻意写实也不过是要重新制作我们这个时代的符号系统，给出另一种经验表象。在这一意义层面上，“新写实主义”试图与经典现实主义迥然相异，而与“先锋派”相去未远。历史总是在“写实”中被重新虚构，这种“写实观念”作为历史给予的法则，也反过来给予历史以新的面目。叙述法则是在虚构文学的严酷考验中演进的，但它既变成了现实的记号，也变成了现实的证据。正如巴特所说的那样：“它实际上代表了一种根本的意识形态的转变：历史叙述正在消亡；从今以后历史的试金石与其说是现实，不如说是可理解性（intelligibility）。”①

第四节　拆解历史：宿命论与传奇化

在现实主义文学的写作制度中，总是存在提高历史意义的永久压力。全部现实的合理性就存在于历史的必然性之中，历史是现实之父，经典现实主义通过强调历史的意义而给予现实以革命本质。“新写实主义”也盗用了这一手法，他们全面改写历史（神话），把历史引入一个

---

① 罗兰·巴特：《符号学原理》，李幼蒸译，生活·读书·新知三联书店，1988年。

疑难重重或似是而非的领域。

历史总是被不断改写，每个时代都依据掌握话语权力写作“客观的”历史，以至于历史的事实“这一概念在各个时代都是值得怀疑的”，尼采从来就不承认“事实”的优先权，在他看来根本不存在事实本身，事实要想存在，必须先引入意义，我们不会注意那些没有意义的历史事实。这种说法明显背离历史唯物主义原则，历史总是有一些基本事实，只不过人们总是根据不同的利益来描述和解释这些事实。或者说，有时候人们看到这样一些事实，而在另一些时候，人们看到另一些“历史事实”。正是在“回到生活事实”这一总体纲目之下，“新写实”小说也试图抓住一些不同的“历史事实”，不仅改写了（或重写了）经典文本和权威话语认定的历史，而且试图发掘不同的历史法则。在这里，“新写实主义”明显地区别于经典现实主义而具有某种特殊的历史意识。

当然，这里的“历史”并不是指非常久远的往昔，而是与现实紧密相关的“过去”——作为现实的起源加以讲述的那种历史神话。与方方的《风景》相去未远，池莉的《你是一条河》（1991年）重新讲述了二十世纪五六十年代（乃至七十年代）的故事。这个故事讲述年轻守寡的妇女拉扯一大群孩子所经历的艰辛困苦，他们不仅在贫困线上艰难挣扎，而且在政治运动中随波逐流。那些在经典文本中被描绘成在阳光下茁壮成长的孩子们，在这里或像狗一样蜷缩在黑暗的屋子；或者因为偷窃40元钱被打得半死；或是轻易死去；或者随便下嫁瞎子；或者发疯。池莉在写出生活的贫困恶劣时，也写了人的倔强性——当然不是什么远大的理想支持辣辣在她倒霉的一生中充满信心，而仅仅是求生的本能，一种活下去的简单的权利和愿望。这个家庭的命运，贫困与政治是一枚硬币的两个面，或者说是一条坚硬的绳索，它显然轻而易举就勒死了关于幸福生活的奢望。也许人们会指责池莉把那个年代的生活写得过于灰暗；在另一方面，人们也许会为池莉辩解，说她不仅正视了历史事实，改写了虚构的历史神话，更重要的在于，她为改革开放的现实寻求不容置疑的历史依据，难道不是因为我们曾经有过那种生活，我们今天才如此信奉、拥护和珍惜“以经济建设为中心”的伟大真理吗？

“历史”之所以不容置疑，是因为它由铁的必然性逻辑支配决定。李晓的小说《相会在K市》（1991年），致力于发掘革命历史故事中隐含的那些偶然性因素，从而使“革命历史故事”变得不那么完整。《相会在K市》似乎在澄清刘东的革命者身份，这使人想起方之的《内奸》，后者辨明“内奸”的革命者身份是叙事的根本目的，它使“革命史”变得更完整和完美；而《相会在K市》通过辨析刘东的“革命者”身份，却使“革命历史故事”变得疑难重重，那些偶然性的细枝末节却造就了一系列意想不到的后果，令人震惊的不仅是革命者的冤屈，还有“历史”所掩盖的那些偶然环节——它们使“历史”解构。

苏童这位当年“先锋派”打头阵的人物，进入九十年代的竟然也成为“新写实”的干将，这不仅因为“先锋派”与“新写实”的界线愈来愈模糊，而且在于苏童在1989年底发表《妻妾成群》，显然引起多方面的惊奇。人们不仅看到非常老道的传统笔法，而且可以读出十分新颖的叙事风格；而在另一些人看来，《妻妾成群》是当时写实小说的奇葩（王干语），当然也是“新写实”的力作。而他的《米》，一方面发掘出人类生存在历史中神秘不可知的决定因素——他给叙事配了一个深邃的历史宿命论；另一方面，他放开手去讲述这个几乎是“复仇”的故事，这里面充满了惊险、阴谋、暗算、凶杀，具有引人入胜的传奇色彩。把历史“宿命化”然后再进行“伟奇化”，不管从哪方面来说，这部小说都值得读解，它不仅能满足最玄奥的理论，而且可以令最猎奇的阅读如愿以偿。

二十世纪九十年代，“新写实”小说强化了向“历史”领域进军的势头，这一点上，与“先锋派”殊途同归。如果说，“先锋派”进入历史是一次退却的话，那么“新写实”则可以看成是一次冲刺——抛掉那顶所谓“认同庸俗化生活”的帽子，而获得某种厚实感。事实上，讲述历史故事一开始就是“新写实”的一个取材向度，只不过进入九十年代后这个向度备受青睐而已。叶兆言一直就以善于讲述旧式生活故事著称，他的《追日楼》（1987年）、《状元镜》（1990年）当推这方面的精彩之作，与范小青的《顾氏传人》等描写旧式生活的作品平分秋色而各有所长。叶兆言更多的表现旧式生活的文化韵味，而范小青则倾向于观察旧式妇女的心性与命运。显然，他们的叙事平实明晰，不刻意追求故事之外的效果。当然，叶兆言的某些小说颇有“先锋性”，例如《枣树的故事》（1988年）和近期的《换歌》（1992年），显然带有很强的形而上的历史意味。

刘恒的《苍河白日梦》（1993年），以一位百岁老人回忆的口吻重述二十世纪初的历史。这个老人的个人经历显然就是一部中国现代史，一部现代史起源的民族性寓言。这个叙述人是一个回忆者，在叙事中则是一个旁观者。这个在故事中绰号叫做“耳朵”的仆人，他以偷听者和窥视者的双重身份保证了叙事的真实性。同时作者为了加强现实感，以实录的时间标记来划分段落。现在时间侵入叙事本文，多少打破了故事的封闭结构，把历史作为现在的“他性”，作为已死的过去来观照。

主人公曹光汉，留洋回来琢磨着建火柴厂，以科学实业救国，是那个时期的进步理念。曹家二少爷是被作为一个典型的现代知识分子的形象加以书写的，在他的家人和周围的群众看来，这是一个不中用的家伙。他显然不能完成中国传统社会赋予一个男人的任务，这个性无能的家伙不仅在物种学的意义上阻断了中国宗法制社会的发展，而且他异想天开地要从西方借来火种。不管刘恒是有意还是无意，“火柴厂”具有象征的意义，现代以来的中国知识分子正是试图扮演鲁迅所说的“普罗米修斯”式的英雄，孜孜以求从西方盗来“火种”，照亮处于黑暗和蒙昧状态中的群众。作为物种学意义上的“人”，曹光汉丧失了生殖力，他表征着这种文化的延续性所面临的危机。那个充满了勃勃生机的洋人大路，及时填补了这个空缺，他与少奶奶偷情而生下一个蓝眼睛的儿子，结果大路和这个孩子都死于非命。这个濒临解体的宗法制度不会接受外来的生命能量，就是那个超出物种学范畴的曹光汉也没有好下场，他的失败不过是中国现代性期待的早期落空的象喻。刘恒重新讲述了一个"现代性"的神话，即启蒙主义理想在现代中国遭遇到的困境和失败。刘恒对中国宗法制社会的垂死状态一直有着惊人的洞察力，因而他能把那种制度化的压抑力量与非常个人化的情欲动机巧妙结合，在那些极端的状态中给出末世学的图景。

李锐的《旧址》脱胎于他的中篇小说《传说之死》，显然，这是一部极有力度的作品，它对一个家族的衰败历史进行了令人震动的描写。这是一部深重而尖锐的新民主主义革命的历史，革命的内涵隐没到故事的底层，若隐若现，但是它在历史的变迁中，在人物的命运抉择中，起着至关重要的作用。李氏家族率先面临的压力，来自洋买办白端德和军阀杨楚雄，李氏家族的掌门人李乃敬始终在夹缝中求生。在这个意义上，李氏家族是半殖民地半封建社会的写照。革命终于把李家推向灭亡之路，李家也有革命者，并且有大义灭亲的后起之秀，李乃敬的天灵盖最后被革命的子弹打飞，一个旧式家族也就在新中国的诞生之际彻底消亡。无可挽救的历史命运和几代人事与愿违的选择相对应，《旧址》冷静地展示了一幅奇特的中国近现代的历史图景。

也许李锐怀有回到本土文化中去的愿望，他试图以本土化的眼光来重新理解中国现代历史的命运和它的后果。这使得李锐不无怀念地表现了旧式人物的悲剧命运，也许这里面真有他的家族史实，他对李乃敬的刻画充满了挽歌的意味，而对赵朴庵的愚忠居然也有肃然之意。李锐的叙事环环相扣，他在这里发掘出中国妇女无可逃脱的自戕命运。李锐尤为巧妙地描述了投身于革命的青年知识分子的遭遇，李乃之在革命的变动岁月几经波折，他如此倾心的革命，却又给他以各种莫须有的惩戒。李锐的叙事十分凝练，他尤为擅长选择那些奇崛的事件来构成故事的硬核，那些动机总是被不经意埋下，又被自然而然发掘。他的叙述给人以精细瘦硬的印象，看似平实却透着冷峻的力度。

刘震云的《故乡天下黄花》（1991 年）无可争议是一部优秀作品。这部长篇小说并不仅仅以它庞大的生活容量而达到某种历史深度，而且它抓住了历史的特殊轴心，完成了对历史的精彩刻画。贯穿于故事始终的动机，就是争夺“村长”，“权力”是支配历史的辩证法。不管什么时期（民国、抗战、土改或“文革”），不管什么人（地主、土匪、贫民还是干部），权力永远起支配作用。显然刘震云重新讲述了“新民主主义”革命以来的历史故事，他用“权力法则”消解了“阶级斗争”的经典模式。与其说人们如此容易为“权力”所诱惑、所支配，不如说权力就植根于人们的本性之中。因而权力无所不在，无时不在，它深刻渗透在人们每时每刻的日常生活中。刘震云善于抓住为权力所支配的人们所处的失重状态，人们期望谋求权力却又总是为权力所愚弄——这就是生存的辩证法。权力颠倒了一切，抹去了那些经典性的等级模式。权力使所有的人都变得愚蠢可笑，使历史本身变得荒唐不经。由于刘震云抓住了这道历史轴心，他的叙事便极其自由地穿行于那些细枝末节之间，让人们在最简单的日常性生活中露出可笑的嘴脸却无琐碎之感，那些无聊的快慰也具有某种耐人寻味的意蕴。总之，历史在权力的更替转换中延续轮回，因而权力意识也就是历史的“宿命论”和“末世学”。刘震云确实开拓了理解历史的特殊角度，抓住了片面的历史辩证法，但也因此把“历史”弄得面目全非。刘震云巧妙的笔法却能无伤“大雅”，可见功夫到家。

刘震云的《故乡相处流传》（1993 年）显然是一部令各种人群都吃惊的书。如果说《故乡天下黄花》不过是小试锋芒，对现代以来的中国历史进行反讽性的改写，那么，这部长篇小说则是把几千年的中国历史打碎，通过人物的死而复生的手法，使历史场面不断重复出现，促使历史在重复中自行解构。从曹操到隋唐五代，到农民起义，直至“大跃进”等等，历史轮番变化，而那已逝的历史人物改头换面重新登场。历史的绝对存在及它的确实性和独一无二性被戏仿，历史本质上是由权力的运作构成，是英雄和群氓在推动权力的运作，个人的存在已经变得十分可疑，只有行使权力的人、追逐权力的和被权力支配的人。当然，刘震云的叙事并不是仅仅表明这些反叛性的观念，那些具体的情境是刘震云所感兴趣的东西——每一个人物都被扭曲、变形，他们被强制性地推到那些表演性的历史情境，以夸张而荒谬的姿势自我戏谑，乃至自取灭亡。刘震云的叙事机智而幽默，那些东拉西扯而随心所欲的表达，是对杂乱历史的贴切模仿；那些乱糟糟的场面，处处洋溢着反讽的快乐。这是一次对历史及其乌托邦神话的全面嘲弄，一次后现代主义式的戏仿游戏，历史在这个戏仿中变成了一种“后东方”式的文化奇观。

向着“历史”纵深地行进，“新写实”小说虽然保持原来求实的叙事法则，却也更多寄寓了对“历史”的特殊理解，当然，这种“理解”完全是叙事本身呈现出来的。其总体特征在于热衷表现“历史”的神秘性和宿命论；特别是把隐秘的历史宿命论与惊心动魄的传奇故事相结合。显然，与苏童的《米》相去未远，杨争光的小说热衷于描写土匪和“复仇”一类的主题。杨争光对“仇恨”有一种特殊的爱好（或观察力），他那冷峻的笔法尤为适于描写“仇恨”莫明其妙的发生和迅速膨胀的细致过程。《棺材铺》作为杨争光应苏童“打擂台”之战的作品，极见功力，他的冷峻瘦硬和苏童的优雅从容相映成趣，难分高低。对于杨争光来说，生活、历史、个人的命运，已经全部萎缩成“仇恨”，它成为支配生活的绝对力量，杨争光因为拒绝历史感（或历史观）而毫无顾虑写作非理性的生活史。他的那些生活于粗陋贫困状态中的人们已经没有任何绝望感，相反，他们充满热情，盲目地与命运搏斗，他们在疯狂自虐中，在把自己推向绝境的路途中，体验到生活的全部快感——这使人想起卡缪的西希弗斯推动石头的那种姿态。

九十年代，中国文坛历史传奇全面复活。稍加浏览几种作品就不难发现这点，例如《当铺》（季宇）、《卧槽马》（熊正良）、《妩媚归途》（廉声）、《民谣》（李晓）、《十九间房》（苏童）等等，池莉的《预谋杀人》中也对“复仇”心驰神往。一度聚集在“新写实”旗帜下的作家，不再向平实的生活去发掘意蕴，而是走向它的反面，更乐于在传奇性中去构造惊心动魄的故事。新写实群的小说意识的这种变化是令人惊异的，它既是对当代潮流的趋同，也是对自身历史的回归。因为传统现实主义的小说就热衷于传奇性。当代小说家周梅森在《孤乘》中大开杀戒，而在《心狱》这篇描写旧军阀公馆里女性命运的故事里，再杀掉一个大少爷垫背，以此使一个几乎类似《妻妾成群》的故事，迅速转变为探究那些偶然的疏忽如何改变了人的一生命运的故事，甚至变成重新解构历史的思索。也许有人会怀疑说我所列举的这些作品在当今批量生产的小说市场上不过屈指可数，即使再加上部分类似题材的作品也形不成主流。可问题在于，引人注目的（被认为最有才能的）那批作家不约而同地在讲述这类故事，这就成为某种值得重视的动向。而且问题的严重性还表现在，这些作品恰恰写得极其出色。不管是叙事，还是对人物性格心理的刻画，或是对生活情境的描写，对一种命运的透彻表现，都达到相当高的艺术境界。如果不是我们时代最有才华的一批作家已经走火入魔，那么就是文学本身发生故障；当代小说这棵垂死的树上，已经结不出丰硕的现实果实，却频频开放血腥气四溢的奇花异葩。连“新写实”都误入历史歧途，那么谁还留恋现实？

社会的“中心化”价值体系解体的时代，是一个类似列奥塔德（Lyotard）所说的“后现代时代”——这个时代充满“稗史”，堆满各种并列排比、反论和悖论叙述。“新写实”小说讲述那些充满偶然性和各种意外事故的故事，刻画那些莫明其妙增长的“仇恨”，以及通过一系列拙劣的暗算、谋杀来毁坏历史——所有这种叙事都是下意识去完成的；他们仅仅关注那些引人入胜的生活状态和故事本身的组织结构。正因为此，这种在无意识水平上完成的叙事，转喻式地表达了他们的现实感受，他们不仅试图摆脱历史必然性逻辑的支配，而且下意识地表达了这个时代正在解体和正在丧失的历史感。那些暧昧不清的历史宿命论和把历史传奇化的做法，不过是找不到现实位置，找不到文化的时间流向坐标而做出的暧昧反应。

第五节　反悲剧：反讽及其价值标向

悲剧一直是现实主义的核心美学范畴，英雄人物的“悲剧命运”，一方面唤起人们对英雄的情感认同；另一方面表达正义战胜邪恶的伟大信念。“新时期”文学一度表现知识分子的悲剧命运，凭借悲剧的内在化力量，推出“大写的人”作为文学的最高纲领。随着历史主体和中心化价值体系的分解，“悲剧”失去了“永恒正义”的绝对价值标准，“大写的人”变成“小写的人”。历史前提发生变化，人们的精神状态和价值标向也随之改变，人们的美学趣味必然改变。作为这个时代文化危机的表征，“新写实主义”恰如其分地表现了这个时代的美学趣味及其处理生活的方式。

这是一个相对主义盛行的时代，人们随机应变，见机行事，从而在“一体化”的裂缝之间游刃有余。相对主义是总体文化的零度（A. 王尔德语），消费社会已经抹去了各种文化的绝对价值，而流行时尚成为最高的美学趣味。尽管“新写实派”基本上还属于负隅顽抗的拥有艺术信念的艺术家群体，然而，他们在总体上不可能摆脱这个时代文化潮流的支配，事实上，他们的文化态度和价值立场是不谋而合的。意识到对一个无法修补的世界做出努力纯属徒劳，“新写实主义”在表现无所作为的平民化生活的同时，有意识地表现出反英雄特征。面对当今生活的随意性、多样性和机会性，它为生活规定了那种悬而未决的态度，表现了对我们所置身的世界间的事物之意义和关系的一种根本易变性的宽容[①]。在这一意义上，“新写实”小说经常表现出一种“后现代性”倾向。因此，并不奇怪，“新写实主义”普遍远离悲剧，而寻求用“反讽”（irony）手法——对某一事件的陈述或描绘，却原来包含着与人的感知表现的（或字面的）意思正好相反的含义——来刻画人们所处的“类喜剧式”的生活状态。它不仅拆解了那些虚假性的价值，使它显得尴尬，而且也使那些普通寻常的事物变得非同凡响而妙趣横生，甚至使那些平淡无奇的小人物也拥有一些特殊魅力。

当然，“反讽”作为一种修辞手法在文学写作的历史中由来已久，在中国现代，鲁迅就是卓越的“反讽”高手。不过“新写实”小说普遍运用“反讽”手法在继承鲁迅的光荣传统以及中国古典笔记小说的同时，更多的借鉴了西方“黑色幽默”一路的风格。“反讽”在“新写实主义”这里不仅仅是一种修辞手法，也不再具有强烈的批判性和理想化改造的意义，它已经是一项根本的美学法则，乃至是处理生活的方法和文学的生存法则。显然，刘震云当推这方面的代表。正是在把“反讽”的触角伸向整个生活的网络的同时，刘震云揭示了日常琐事中令人震惊的事实。通过把“权力”与“反讽”捆绑在一起，刘震云多少解开了人类本性与制度化存在结合一体的秘密。那些习以为常的生活小事，那些凭着本能下意识做出的反应行为，因为它们与权力构成的暧昧关系而显得滑稽可笑。《新兵连》之所以能把军营生活写得如此真实而亲切，在很大程度上要归结于刘震云的反讽手法剔除了生活的虚假面具。年轻的兵们为了求“上进”，争“骨干”，陷入窘境而妙趣横生。褪去“灵光圈”的兵们，露出各种尴尬面目却显得亲切可爱。刘震云或许受到契诃夫的影响，他对钩心斗角与卑躬屈膝相结合的官场生活有着特殊的洞察力。权力是一个巨大的网络，庸俗的官们同样逃不脱权力

---

① 这种描述参照了 A. 王尔德对后现代主义的分析。在我看来，“新写实主义”在很大程度上表现了与“后现代主义”相通的美学趣味和价值立场。参见 A. 王尔德《一致赞成的视野：现代主义后现代主义与反讽想象》，巴尔的摩，1981 年。

运作的愚弄，崇尚权力者总是事与愿违，不过更全面深刻地为权力所控制。《一地鸡毛》则在写出日常生活的困窘，以及琐碎的生活细节侵蚀个人的意志和热情的同时，刻画了主角是如何在世俗权力网络的运用中被任意摆布的状况。没有任何权力的人们，总是生活在一个不断“屈从”的世界，然而一有机会，他们就会自觉使用权力。因为把反讽与权力结合为一体，刘震云的叙事轻松幽默却具有特殊的力度。他的那些主角，不管是小人物还是掌握部分权力的“官人”，总是自觉把权力庸俗化，最精彩的反讽效果正是在他们自觉确认被权力歪曲的社会角色时产生，刘震云巧妙运用人物自己的语言给出人物的社会位置——这些位置被角色自己看成是天经地义的、合理的，甚至是理想化，然而实际上，正是这些自以为是的“位置”把人物置放在一个失重和尴尬的戏剧性边缘。

显然，“反讽”手法在“新写实”小说中，因人而异呈现出不同的类型和特征。最常见的描写性反讽可以在各种“新写实”小说中看到。李晓通过“重写”历史故事而嘲讽了严整神圣的“经典神话”，他那种解构式的反讽损毁了某些根深蒂固的观念。而刘恒则善于在人物的那些关键性动作发出瞬间给予反讽性评价，使人物所处的尴尬境地更加暴露无遗（例如《伏羲伏羲》《白涡》），他的《逍遥颂》则可以看成“反讽性叙事”的经典作品，在这里，话语式反讽把每个人蛮横地置放到失重的、与自我本质极其不相符的状态，话语欲望为了满足反讽效果而无止境播散，话语制造的反讽快感成为叙事的内在动机。显然，王朔走红文坛与他的小说采用反讽性对话大有关系。尽管迄今为止人们还拿不定主意是把王朔划归在“先锋派”或是“新写实”，还是“个体户”之列，王朔因为有“老实本分”和“胡作非为”的二重性，因而他可以划归任何派别，也可以不属于任何派别。显然，王朔在他那些打情骂俏或坑蒙拐骗的故事里，加入了嘲弄一切，也嘲弄自己的对话，而意趣横生。尖刻、机敏、温情和无赖都因为反讽穿针引线而结合得天衣无缝，这使王朔在煽情的时候，不至于给人以任何肉麻的感觉；而他在攻讦污蔑某些现象事物时，则又机智灵活。王朔的“反讽”令人神往却又叫人望而却步，因为他不仅专门拆毁神圣性的偶像，而且撕破自己，这需要技巧和智慧，需要无畏和无耻。

对“反讽”手法的普遍运用，表明了青年作家驾驭生活和把握叙事的能力。在当今时代，文学一方面要探寻生活发生的种种变动，在日常性生活中发现某种诗性；另一方面，文学却又必须去挖掘利用自身的素材所固有的可能性来制造“本文的快乐”。现在，人们已经不得不相信，——正如卡尔维诺所说的那样：“全部文学都被包裹在语言之中，文学本身只不过是一组数量有限的成分和功能的反复转换变化而已。”①反讽在这个“反复转换变化”的过程中充当了最后的动力装置。事实上，新一代小说（当然包括“新写实”小说）的价值在很大程度上取决于阅读快感，那些凡人琐事，那些几乎没有什么重要意义的故事，因为叙事的效果，特别是因为“反讽”性描写的大量运用而变得生机勃勃，妙趣横生。也正因为此，“新写实”小说可以远离意识形态中心，甚至不需要多少深厚的思想，而是凭着它讲述的故事和对故事的讲述确定自身的存在价值。在这一意义上，“新写实”小说与经典现实主义小说迥然不同；它是一种本性论意义上的文学，而不是意识形态实践意义的文学。显然，反讽给这个“本体论意义”奠定了牢固基础。

“反讽”当然不仅仅创造了一种美学法则，它同时表达了一种文化态度和价值立场。——“反讽”因而成为我们时代缓解文化危机的万应良药。作为“相对主义”时代盛行的手法，“反讽”表示了一种“中性化”的价值立场，在这一意义上，它的另一说法就是“调侃”，一种浅尝辄止的玩笑、适可而止的攻讦、轻松随便的谩骂、并不认真的语言战斗，它使那些严肃神圣的原则性对立顷刻之间在语言的快感中化为乌有。反讽既恰当宣泄了人们的“批判性”，又维系住了社会和谐统一的外表。它是社会稳定和快乐的佐料。显然那些追求绝对意义的文化批判

① 参见卡尔维诺：《叙述的神话》，转引自《走向后现代主义》，王宁译，北京大学，1992 年，第 163 页。

者，对此大为不满。在霍克海默和阿多尔诺看来，文化工业创造的所谓“美”，就是通过幽默，通过对一切不能实现的东西的讽刺而获得的胜利。“对没有什么东西可以引起人们欢笑的状态进行嘲笑。往往是在恐惧消失时产生调节恐惧的欢笑。……当卑贱者战胜了可怕的有权势的当局时，调节的欢笑是摆脱权势的回声，它意味着卑贱者战胜了恐惧。欢笑也是不可摆脱的权势的回声。”① 作为坚定的（自诩的）马克思主义者，霍克海默和阿多尔诺奉行“知识分子最后的英雄主义”立场，对资本主义文化工业有着不可调和的批判精神。对于青年一代的中国作家来说，他们置身于一个“文化失范”的文明情境，旧有的偶像已经破灭，而新的准则远未确立，他们无法固执己见，文化的严肃性和认真性也已丧失，他们除了借助万能的“反讽”（或调侃），除了以廉价的欢笑来掩饰内心的惶惑之外，还能捍卫什么更高的准则呢？

第六节　走出危机：走向从容启示的时代

试图用一个流派来统合一批风格独特的作家是非常困难的，——大部分“新写实”小说家会对这种做法不以为然，甚至愤愤不平。然而人们总是试图理解历史，总是要在那些个别现象之上强加历史法则。说到底，“新写实主义”不过是一种命名，不过是人们谈论的一个话题，不过是对理论匮乏的一次勉强满足。在八十年代后期中国文学落入低谷的岁月里，“新写实主义”这面旗帜似乎鼓起了重新聚集的勇气。也许人们非常偶然走到一条历史栈道，然而因此酿就的新型文学经验则是不难看到的。在“新写实”的名下，我们至少可以看到这样一些变动。

① M. 霍克海默，T. W. 阿多尔诺：《启蒙辩证法》，洪佩郁等译，重庆出版社，1990 年，第 131—132 页。

1. 文学写作不再依循意识形态推论实践，写作者不再有充当历史主体的欲望。

2. 那些凡人琐事成为写作的中心素材，文学回到单纯的生活，因而对生活的洞察力显得十分重要。另一方面，故事也朝着“传奇性”方面发展，制造远离乌托邦冲动的阅读快感。

3. 故事变得至关重要，并且故事的讲述同样重要，当代小说在这两方面的高水准要求，使得小说叙事具有相当的难度。

4. 小说叙事不再是专注于构造方法论活动或制造修辞效果，而是促使“故事”变得引人入胜。对小说叙事更高水准的要求表现在：不露痕迹而尽得风流，所谓语言包裹生活。

5. 当代小说倾向于描写生活而不是评价生活，写作是一种快乐，而不是一项教育事业；作家是语言的工艺匠，而不是灵魂工程师。

6. 当代小说因此创造出中性化的价值取向，一种随遇而安的态度。在文化危机时代寻找一种新的适应性，寻找调和而不是激化生活矛盾的后机会主义哲学或新保守主义立场。

“新写实主义”预示当代中国文学最显著的变化，就是开始形成个人化的话语。正是因为集体想象的失落，文学写作不再追逐意识形态实践，F. 杰姆逊所说的那种“第三世界话语”正在退化，所谓“民族的”“社会化的”宏大寓言已经趋向于改变为个人化的写作。文学的群体效应正在丧失，越来越具有个人化特征：个人化的经验、个人化的讲述、个人化的效果。文学写作寻求的是启示而不是教诲，摆脱八十年代后期文化危机的中国当代文学，有可能并且不得不走向一个从容启示的时代。

正如《钟山》在 1989 年亮出“新写实”旗号并不表示“新写实”才刚刚诞生一样；1991 年“新写实”小说联展偃旗息鼓，也并不意味着“新写实”就此销声匿迹。作为一种群体效应，作为一个理论话题，“新写实”可能已经告一段落；然而与“先锋派”走向常规化一样，“新写实”创造的文学经验也必须被广泛认同和传播。事实上，“常规化”也表明新的文学格局正趋于形成，“后新时期”（或者说九十年代）

的文学形势无疑是在最大可能的程度上吸取了“新写实”的经验而加以建构的。当然，作为文化危机时期的产物，作为适应这一危机而创造的文学经验，在九十年代肯定要面临新的挑战，肯定要做出某些根本修正。新一轮的经济浪潮不仅来势凶猛，而且显得后劲十足。社会主义市场经济将替代过去的意识形态实践，丧失了历史重负的中国文学将变得更单纯、也更单薄。文学因此真正被排除于历史之外，不仅“民族性的”“社会化的”寓言意义全部丧失，而且文学根本就不具有社会化的实践功能。个人化的经验将成为文学写作的全部根本，个人化的写作因此可能处在“不能承受之轻”的状态。

九十年代的文学写作者别无选择，处在经济市场化，乃至工业文明挤压之下的人文知识分子不得不把自己打碎的文化偶像重新拼贴起来。为了摆脱文化真正的失败地位，文化（文学）的神圣性被再度唤起（否则人们在文化上将没有立足之地），“新写实主义”曾经鄙视的理想主义卷土重来。然而，不管如何，文化不再会有群体效应，理想主义之类的文化信念也不会是集体的乌托邦冲动，而仅仅是个人化的精神准则和职业道德。大部分的文学写作者跃跃欲试，向商业主义摇尾乞怜；而另一些人则以个人化的姿态奉行所谓“知识分子最后的英雄主义”立场，走向从容启示的时代——某种意义上说，这也是历史强加的法则。许多年前 J. 克里斯蒂娃在一篇题为《人怎样对文学说话》的著名论文里写道：“在那些遭受语言异化和历史困厄的文明中的主体看来……文学正是这样一个场所，在这里这种异化和困厄时时都被人们以特殊方式加以反抗。”① 文学写作者总是处在“困厄”的怪圈之中，只不过不同的历史时期将以不同的（特殊的）方式进行反抗而已。人只能这样对文学说话。

---

① 参见罗朗·巴特《符号学原理》，李幼燕译，三联书店，1988，第 212 页。原译罗兰·巴尔特，依现在译法罗朗·巴特。

第三章　不安的视线：转型期的城市状态

第一节　引言：都市的历史与形式

当代中国的都市文学一直不够发达，所谓的“都市题材”总是向着“人”“生存”和“命运”等文学惯有的普遍命题转化，它那形而上的深刻意蕴，其实吞并了所谓的都市风情。“都市题材”徒有其表，那里面很少看到都市的精神形态、对都市的感觉、真正的都市故事和诱人的都市景观。尤为令人不可思议的是，当今最有才能的一批青年作家，大都不写都市故事，他们宁可去讲述那些莫名其妙、年代不明的“历史”，或是不断重复五六十年代那些陈年旧事，也不去表现这个正在深刻变动的都市现状。对乡村的怀旧情绪和所谓的“荒原意识”，是文学界徘徊已久的两大幽灵，它们当然怀疑而且恐惧现代都市。一些习惯的态度依然有蛊惑人心的力量，人们对文学与现代都市构成所谓的天然敌对关系，居然深信不疑。

似乎文学永远只能以它古旧的腔调吟诵旧时代的挽歌。

“一切伟大的文化都是市镇文化。”二十世纪初，一位德国文化狂徒斯宾格勒如是说。这个自称最早的反欧洲中心论者，在他的文字中充满了对欧洲市镇的赞赏。但是，人类的文化也确实是在城市的空间里迅速扩张繁殖，民族、国家、政治、宗教，各种艺术以及各种科学都以人类的一种重要现象——市镇为基础。在那本惊世之作《西方的没落》里，他写道：“由于各种文化的一切思想家自己都生活在市镇中（虽则他们的身体可能住在乡村），他们完全不觉得市镇是一种多么奇怪的东西。要获得这种感觉，我们必须无保留地设想自己是个被奇迹所震动的原始人，他初次看到嵌在景色中的这堆木石，其中有用石头围成的街道，有用石头铺成的广场，一个形状多么奇怪而又多么奇怪地挤满了人的住处！”①

确实，久居城市，人们已经失去了对城市景观的敏感性，早已触摸不到城市心灵的存在，忘却了从乡村的茅舍和农田中出现的这样一个伟大的整体。从另一方面来说，更有可能是东方民族从来就没有形成关于城市的概念。中国一直没有真正意义上的城市，那些庞大的建筑物不过是乡村放大的夸张形式而已。那些在城市居住的人群，多半是来自乡村

① 斯宾格勒：《西方的没落》，商务印书馆，1963年（内部）版，第199页。

的寄居者，他们保留着完整而无法抹去的乡村记忆。而现代以来的中国的社会组织形式和权力运作方式，一直包裹着传统宗法制社会的基本内容。改革开放以来，中国已经不可避免地走向世界，在西方发达资本主义的经济和文化的双重刺激下，一个在物质和精神两方面走向“现代化”的中国城市正趋于形成。八十年代后期以来，中国的城市建设突飞猛进，第三产业和高科技产业迅速发展，一个超前的消费社会日益扩张。进入九十年代，中国的城市俨然初具规模，这个狂妄自大的庞然怪物，这个无所不包的荒谬的整体，正无法拒绝地呈现于人们面前。对这个新兴的城市的感觉，对它的狂怪外形和骚动的内心加以切实把握，正构成这个时代最生动的文化景观。也许正如斯宾格勒所说：“一种文化的每个青春时期事实上就是一种新的城市类型和市民精神的青春时期。前文化的人在这种他们与其不能发生任何内在关系的类型面前是深感不安的。”①

某种意义上，在古旧中国的黄土地上，一种新型的城市文化正在崛起，它显然与传统社会相去甚远，它那混乱却生气勃勃的状态混杂了现代工业文明甚至后工业文明的诸多因素，它显示着正处在转型期的中国社会所特有的精神情状。文学显然是传统社会的文化遗产，它那古老的书写形式已经失去了昔日的神秘光辉，正怀着惊惧注视着这个光怪陆离的文化形态。对于大部分从事书写的人们来说，怀恋传统社会是理所当然的文化本能。这些“前文化”的人是如何观望这个文化的青春时期，在这种新的文化类型面前又是如何深感不安的；并且另一部分摆脱了“前文化”状态的人们又是如何表达他们对这个文化的青春时期的特别感受的，这一变动的轨迹和文化的两种形态给出了这个时期文化转型的全景图。

---

① 斯宾格勒：《西方的没落》商务印书馆，1963年（内部）版，第201页。

第二节　都市情绪：景观与状态

试图从理论上严格定义“都市文学”（或都市小说）是困难的，因为“都市题材”就是一个极其暧昧的说法。在大多数小说里，所谓“城市”仅仅是一个徒有其表的空间或背景；而那些“小巷深处”不过是都市里的村庄而已。人们经常以街道小巷来冒充城市的基本内容，那些故事延续了“勾栏瓦肆”的市井气，它们充其量也就是“市井文学”。显然，要把“市井文学”与“都市文学”作些基本的区别：前者主要是在农业文明的背景上来展开叙事，其价值取向、认知方式以及语言形式，都定位在传统社会的象征秩序谱系内；后者显然是在工业文明乃至后工业文明的背景下展开叙事，其价值标向、感觉方式及其语言形式，都表现了这个变动时代最有生气的情状。因此，对都市文学（小说）作些具体的定量或定性规定依然是必要的：在整个叙事中，城市空间有必要被强调，那些城市特有的文化代码（标志）、都市景观应该成为小说叙事的天然成分；在其叙事动机上，应有比较明确的“都市意识”，对城市的感觉、对城市生活状态的把握，以及某种城市的节奏和情调应该有明显的表现。这些因素使“都市小说”不仅仅只有题材的外壳，更重要的是具有了文化上的和美学上的特定含义。

试图描述当代中国都市小说的历史行程同样十分困难，正如前面所言，新时期的那些讲述都市题材的小说多半背负着思想解放运动这个巨大的外壳，它们没有自己明晰的历史起点和发展过程。“改革文学”多半讲述城市里发生的故事，但是关于“现代化”和“现代人”的主题，完全压倒对都市的表现①。“知青文学”也曾经触及都市主题，但是，

① 例如蒋子龙的《乔厂长上任记》等一系列关于工业改革题材的小说。

知青返城更多地流露出对城市的陌生感和对农村的眷恋之情。[1] 八十年代中期，刘索拉的《你别无选择》和徐星的《无主题变奏》轰动一时，但是，关于“个性”“自我”等现代派观念被无限制放大，它们是在“大写的人”的纲领之下讲述的现代人的故事，而不是表达现代城市的故事。只有当意识形态的功能有所弱化时，都市景观才会原形毕露。

这当然并不仅仅是巧合。八十年代后期，中国都市初具规模，与之相适应的市场经济和市民社会也已初步形成，城市里高大的建筑是经济发展的卓越见证，它穿越意识形态的地表而成为时代的象征。以至于八九十年代之交，超级强大的意识形态实践也终究压制不住以“经济建设为中心”的历史需求。人们可以回到某种更单纯的生活状态，不是在历史总体性的范围内来表述某个社会集体的愿望，而是在文化分化的多元性或失重的格局中来表达个人化的感觉方式。在这一意义上，刘毅然的一些城市小说率先切入都市的空间，捕捉都市那不安分的精灵，描摹都市那全新的生活状态、特有的紧张而热烈的情绪节奏。1988 年，刘毅然的《摇滚青年》风行一时，它显然契合了当时正在流行的歌厅舞厅文化，霹雳舞、摇滚乐正是当时城市文化的最新景观。城市总是不断创造出它的年轻而又不安分的群体，然而城市本质上又是新的整合，它显然是以空间的武断形式来控制居住的人群，同时又以文化时尚的复制形式来使群居的人们就范。于是反抗城市的整合统治就成为城市青年文化群体的存在方式，给那种追求时尚的娱乐注入反抗的激情，这就是摇滚乐的“后革命”精神所在。《摇滚青年》写出了亚文化状态中的城市青年新的行为方式和内心需求，揭示了一种最尖锐的城市状态：对个性和自我的急切认同，充满了草率和任性，却也洋溢着青春的诗情和快乐。

刘毅然那些讲述都市故事的小说，总是以第一人称直抒胸臆，这使他的叙事带有自传的色彩，又能自如地把握富有张力的情绪节奏。《流

---

① 如张辛欣的《在同一地平线上》等作品。

浪爵士鼓》（1989 年）写了一群处在青春期焦灼状态的城市青年，他们急于获得自我认同，选择音乐作为他们自我表现、发泄青春热情的手段，这当然是非常有刺激性的方式。在这篇挥洒自如的小说中，在那些激进的社会行为掩盖之下的，是青春期对走向成年的内心自我的反复辨认。大块状的城市奇景与青春期迷乱的自我镜像互相重叠，使这篇小说散发着奔腾的张力，又像是一部如歌的行板。主人公“我”在青春年少的时候一度迷恋成熟的女性，这里面掺杂了某种“恋母情结”，畸形的爱恋弥漫着诱惑的欲望，也散发着奇怪的感伤情调。在少年人走向社会的经历的背景上，投射的更多的是对女性的幻想，它与浪漫情愫相混淆，给那些欲望化的叙事蒙上了一层优雅的面纱。总之，城市奇景、亚文化群体、欲望化的场景以及温馨的伤感，构成了这部心理自传。这里面当然有不少矫情的成分，也颇有些“为赋新词强说愁”的味道，对个性和自我的急切认同，充满了草率和任性，却也洋溢着青春的诗情和快乐。那种流畅的叙事、自由变焦的主观化视点，特别是对城市亚文化群体的生活状态的表现，依然给人以崭新的感觉。

也许吴滨是九十年代最容易进入“城市状态”的青年作家。早在 1988 年，吴滨就写下《城市独白：不安的视线》这种城市感很强的作品。对于吴滨来说，城市是一个武断的居所，人们被划定于它的某个位置，并且由此确定一系列纠缠不清的关系。家不是温馨的角落，不是永久的归宿，而是女人的牢笼、男人的暂时领地。吴滨如此真切而耸人听闻地揭去城市生活美好的面纱，露出它令人窒息的本质。因此，吴滨的都市故事，整个说来是“反都市”的精神漂流故事。生长于都市中的男女，却难以忍受都市的生活规定，他们企图越过都市的制度，因而，他们在都市的空间四处漂流。“反抗家庭”不过是他们的基本步骤。《城市独白：不安的视线》非常直率地写出现代城市人的“家”的危机。一个表面和谐的家庭，某天由于一个不速之客的来临而趋向于破裂。那个自称诗人的赵逢中四处流浪，他不仅仅在祖国各地游荡，也时常在城市的某个家停留。这是一个职业“第三者”，他见缝插针，游刃有余，足以表明城市里的“家”的相对性。当然，吴滨并没有简单处理“家”，相反，“家”是现代城市人无法拒绝的居所。因而，“漂流”并非是到处野合，四面出击，随便掠夺。“漂流”是一种状态，是一种内在的超越性需要，它是都市生活必要的浪漫精神。因此，逃离家，逃离都市，在吴滨的独白中不过是与生俱来的城市白日梦。那个诗人与其说是个闯入者，不如说是“我”的想象的对象化，是“我”的内在的精灵，是“我”对家的一次想象逃离。“流氓”据说是一些没有家的人，而文化流氓不过是一些有文化而不想回家的妄想狂。

从《重叠影像》中可以再次看到吴滨是如何拆穿城市生活的欲望法则的。吴滨一直追求的那种多视角、多结构的叙事，在这篇小说中运用得更加娴熟自如。现实与幻觉、生活与写作、生与死等命题，在这里被最大限度混淆，吴滨力图制造一种城市生活的虚幻感和不真实感，揭露欲望的虚假性，给出当代城市生活的一种“后现代”情况。乔亚，像吴滨大多数城市小说中出现的那个主人公一样，一个城市的蛰居者，多少抱有古典情结的“后知识分子”，然而，他身上的“文化”也还若有若无，他周围则是一群利欲之徒。在乔亚与一些女人的故事中，又套着力与静的故事。力这个有着一双迷人眼睛的男子，对静投去温情脉脉的注视，那些浪漫主义遐想迅速为简明扼要的床上运动所消解。矜持的外表掩盖着诱惑与被诱惑的愿望。

吴滨试图揭示城市生活的根本性质：现实与期待相互替换、转化，也许现代城市已经没有真实的欲望，只有对欲望的假想，那些死去的女性却又复活，不过是重复出现的性幻觉而已。即使如此，人们宁可去设想那些欲望化的场景，也不去幻想爱情。吴滨显然是把他的叙事当作都市的现实来处理，叙述人的欲望被作为城市男女的普遍欲望来推广。叙述人乐于认为都市里已经没有爱情，只有诱惑与勾引，就像力这种多少还有浪漫情调的男人，也在为情欲奉献他最后的一点勇气。显然，“文化”正在这个城市里变成欲望之流，“诗”也变成商品，王本、赵红红和那个披肩发不仅仅是这个时代的文化掮客，同时也是这个时代文化的葬送者。而乔亚反倒像个文化守灵人，在当今时代落落寡合，为那些莫名其妙的死亡讯息和失踪或复活的女人所困扰。

文化死亡与欲望之横溢，正是城市末世学的互为因果的注脚。城市充满性爱游戏、偷情和冒险的欢乐，而文化正在默默死去，这就是后现代时代的都市奇观。尽管吴滨的叙事多少有些夸大，但是，他的叙述本身构成了这个时代的一种文化态度、一种欲望化的叙事法则。九十年代，小说叙事的动机扎根于这些欲望化的场景中，在这里，阅读和写作共谋完成了一次假想的满足，它们在快感这个层面上给出了消费时代的幸福承诺。

黑马的长篇小说《混在北京》是一部很有力度的作品，写实的手法细致而尖锐地展示了城市知识分子的生存困境。作者描写的是一群文化人在这个历史转型时期的困惑，在很大程度上，它表现了一种文化理想主义的破灭。作者对人性的洞察力、对城市生活不断错位的那种把握，以及对变动时代的知识分子复杂心态的描写，都显示了这部小说在叙事方面的穿透力。在都市背景上展开的这些叙事，可以看到新一代的中国作家对转型期中国社会的尝试性捕捉，尽管这种表态有时难免有夸大之嫌，也并不十分深刻，但他们率先把视线投向一种新的生活样态、新的生活经验，这无论如何是值得关注的。

第三节　都市意识：对都市的质疑或嘲弄

正如中国的都市未必是从中国的传统社会脱胎而来的那样，中国都市文学所表达的“都市意识”则更有可能是西方现代派观念的挪用。

事实上，都市题材的作品一直笼罩着现代派的阴影，对都市的反省、对都市生活的质疑和逃避、超越都市的愿望等等，构成了“都市意识”的核心内容。某种意义上，这种思想主题也是在反省现代性，它当然也构成了现代性的一个有机部分。然而，在八十年代后期中国特殊的文化背景中，现代性的宏伟规划遇到困难，启蒙主义文化或人文精神已经面临合法性危机，尽管人们试图把它们全面纳入合理化的历史工程。现代主义式的绝对和偏执，也不会在当代文化潮流中扎下根，或者说它被广泛流行的机会主义和投机主义所消解。与之相呼应，那些“对都市的质疑”就不可能附加上现代主义式的偏执的反抗精神，而是经常倒向后现代主义式的随遇而安。当然，这里的所谓“后现代主义式的”态度，不过是个意外的副产品，它是八十年代后期“中心化价值”解体的历史情势强加的结果。

《花城》自九十年代以来极力推举城市文学，身处广州这样一个开放城市，《花城》当然能感受到现代城市生活的强烈气息。纵观九十年代以来《花城》的都市小说，可以看到那种“都市意识”从现代主义的思绪中艰难退化。从观念回到纯粹的现实当然不可能，更加有效地切进本土化的生活境遇，也显得困难重重。乡村似乎就存留在人们的内心深处，它是如此自然以至于和人的本性融为一体，随时都可以唤起亲切的回忆和真实的情怀；而城市总是外在的异己存在，你永远无法把握住它那无边的空间。关于城市人们能够说出什么真实的感受呢？这不仅对于小说叙事来说是这样，对于阅读来说同样如此。这也就是“都市意识”很难到位，很难找到本土化的真实感觉，当然这也是都市小说写作的困难所在。正因为此，对那些似是而非的“都市意识”或那些勉为其难的感觉态度，我们要给予必要的宽容和恰当的理解。

林坚的《别人的城市》（1990 年）从题目上看就很有些现代派的味道，而情节和观赏性场面的通俗化制作，又使它具有大众读物的特征。这篇小说描述了沿海开放城市光怪陆离的生活场景，作者着意刻画的是各种人的生活态度。这里有暴发户、打工仔、时髦的公司小姐、雅皮士和殉情者，他们的活动构成无序的都市生活的主要部分。叙述人“我”处于无法进入都市生活的困扰之中，“我”的犹疑徘徊不过是固守住内心的道德理想的另一种表达方式。“我”的那种拒绝和不参与在都市混杂堕落的人群中显得落落寡合，那类似局外人的“城市孤独感”与欲望横流的周边环境产生强烈的反差。作者致力于发掘小说的现实理由、个人历史的依据、精神信仰等等，“我”和吴良、齐欢和齐乐，被置放到传统与现代对立的二元关系中来表现，那种寻找精神家园的现代主义意识与怀恋传统社会的情绪相混杂，给人以十分勉强的印象。在另一方面，作者写到吴良和齐乐则显得生气勃勃，这些人在都市里如鱼得水。都市是唯利主义者的天堂，它是反历史主义者的乐园，齐乐迅速成为都市的新贵而游刃有余，她本身给出了从传统步入现代社会应有的态度和抉择。这篇小说试图去思考传统社会与现代城市的根本冲突，尽管作者力图表示出对现代城市的质疑，这些观念显然已经没有多少新意，但是作者对特区打工仔的生活境遇的描写、对开放城市的交往方式的表现，都还有其敏锐之处。

王树增的《禁止忧郁》（《花城》1990 年）看上去是写都市之外的故事，如抓鸟、玩鸟和情感道德之类的纠葛，但是，隐藏得很深的“都市意识”是小说叙事追踪的思想底蕴。如果说林坚的《别人的城市》把都市看成一种外在框架和生活场所的话，那么，王树增则更注重探索“都市”如何构成生存无可摆脱的内在阴影。林坚的那个“我”面临的是进入“别人的城市”的困难；而王树增的那个于援朝则是陷入摆脱“都市”的困境。都市生活具有如此巨大的构成力量，道德沦丧和虚假伪善构成都市人的基本行为方式。于援朝在浑浑噩噩的都市生活中，企图不染污泥，他是唯一有“自我意识”的人，然而他也只有在想象中超越自我。

如果说在八九十年代之交，现代主义的流风余韵还纠缠着“都市意识”的话，那么，九十年代初的都市小说则显得轻松自如，回到更为单纯的生活事实中去。蒋文的《雨过天晴》（《花城》1992年）看上去是在讲述一个市井青年改邪归正的故事，但我感兴趣的是它对市井生活进行的原始记录式的描写，那些依然破旧的街景，修车铺子，个体饭馆，市井男女们的野合、打斗，以及他们的改邪归正和一些情感纠葛。阿毛这个备受虐待的底层青年，以对父亲的一次谋杀未遂的行径度过五年的监狱生涯，他那劳改释放犯的身份令人生畏。作者细致刻画的是他对两个女人的感情态度，令人奇怪之处在于，这个沦落为生活最底层的穷光蛋，却有着温情脉脉的艳遇，更加不可思议的是，他对到手的女人还有所不满，对那个卖报的姑娘想入非非。在诱人的肉欲和清香的苹果味之间，这个劳改释放犯展开了微妙的心理活动。

确实，我们可以对这个故事的生活依据进行质疑，但同时也对作者处理生活的独到之处给予某种理解。对于作者来说，可能是出于煽情的叙事需要，但他无意中触及了一些有趣的生活情景。人们在任何时候都没有放弃超越生活的梦想，像阿毛这样的“市井无赖”，也有他对生活所怀有的精神祈求。准确地说，这是一篇“市井小说”，作者讲述的故事大多没有超出市井的范围。只不过阿毛所迷恋的那个白雪，终究走向城市，她是城市的精灵，她在那个小街上卖报不过是暂时栖身于市井，而阿毛对她的向往，对那种苹果味的迷恋，是市井对都市的向往。这个故事隐含着某种轮回宿命的意味，有些落入俗套。在某种意义上来说，它又表明那些对命运生存之类的本源问题进行深度思考的困窘，实际上支撑小说叙事的是那些简单的生活状态，那些潦草的街景、欲望化的场面构成的城市和市井的表象。这是一次对市井生活的告别式的书写，它表明市井在它的原始代码（阿毛之流）那里也已失去了意义，这是一片终究被城市遗弃的街景。

九十年代是一个文化迅猛扩张的时期，中心化价值解体，文化不得不走向多元化。这种文化情境甚至使八十年代后期的那些稍微偏执的前卫立场都难以持之以恒，没有任何思想意识可以在当代语境中扎下根来。文化的整合功能丧失之后，文化的背后也没有多少深邃的意蕴可以捕捉，对于小说叙事来说，它只能对这个含义暧昧的时代进行表象概括，对于那些企图表现当代城市生活的叙述者来说尤其如此。在这个时期，所谓的“都市意识”已经蜕化为都市表象，对都市表象的书写构成了都市小说的显著特征。

罗望子曾写过《白鼻子黑管的风车》（《钟山》1991 年），以舒畅而富有反讽的笔调，对城市和乡村进行一次二元对立的描写，乡村景色随着那种抒情气氛而不断流入城市，这是一次对城市的嘲弄，可以看到罗望子对城市一直有着敏感的意识。对城市的嘲弄是一种更加切近后现代性的“都市意识”，它与当今中国处在巨大反差和错位状态中的都市情境可能更加贴近。这种叙事不再对城市进行独断论式的质疑，也不再怀着现代性的恐慌试图超越城市，而是在对城市进行表象的拼贴中完成一次快乐的书写。

罗望子的《婚姻生活的侧面》（《花城》1993 年）再次讲述了一个试图超越城市的故事。城市生活在这里被“婚姻生活”加以重新规定，以家庭为单位而构成城市的组成部分。城市生活是如此硬性地给定人们以狭窄的空间，人们彼此为邻却形同陌路。西环是城市的流动人口，他当然也是城市里的不速之客，人们对他不屑，就像他蔑视城市的硬性空间一样。如果说婚姻在乡村的意义主要是传宗接代，那么在城市的功能主要是规定秩序。婚姻与城市的合谋产生了家这种空间。这篇小说出现的两个男人都不安分，他们随时具有侵入他人家庭的倾向。那个“我”进入西环的家却对他年轻的妻子（或情人）情有所钟，而且对其他女人也想入非非。即使像西环这样的流动人口又如何能逃脱城市给定的位置呢？他可以把自己的“家”搞得非常舒适，家里有一位叫作鲁冰花的漂亮女人，然而，他还是充满了对对面楼上的那个读书少女的好奇与渴望。不断地冲出家庭，不断地侵入他人的家庭，这就是婚姻生活的侧面，这就构成现在城市男女的日常生活。在“我”和妻子之间、和西环，以及鲁冰花、白菊诸个人物之间，“我”一直在扮演各种虚假而不称职的角色。婚姻生活的内在性其实被它那些似是而非的侧面所消解，除去这些侧面，婚姻生活剩下的最浪漫的内容就是讲述一些毫无意义的故事，而且它是根据《爱情知识读本》这类的书籍复制出来的东西。罗望子并不关注那些深邃的思想，那些有关城市、婚姻和人的生存之类的高深问题。他的叙事不过是一些松散的片断、一些随意跳跃的富有诱惑力的场景，以及一些关于城市生活的表象拼贴。

婚姻生活的侧面一如城市的侧面，它是如此暧昧而难以把握。在作者夸大其辞的叙事中，第一句话就开诚布公：“我们对于城市的印象，总是会发生一些时代性的错误。”这个所谓“时代性的错误”不过是一些记忆倒错，作者无论如何也把握不住城市的印象，他能把握住的仅仅是婚姻生活的一些侧面“表象”，一些由故事构成的婚姻生活，它们由城市的街景、人群、行走、观望、秘密幽会构成。现在的叙事人不能或者也不愿意给出更明确的思想承诺，他们只能去拼贴一些散乱的表象，给出这个时代无法规定的生活状态。罗望子的叙事过分散乱，它们像是随意组合的音乐小品，缺乏尖锐的东西。关于城市与婚姻的侧面，可以表达出这个时代非常令人震惊的生活状态。没有制造奇观性和在表象的拼贴中隐藏一些锋利的东西，不能不说使这篇小说有所减色。尽管深度性的意味很难构成当今城市小说的叙事要旨，但是城市小说无疑需要力度，即使是对表象的拼贴式的叙事，同样可以表现力度。

比罗望子稍早些，张梅的《殊途同归》（《钟山》1990 年）可能是对城市最早行使反讽性描写的作品。八十年代后期，人们被“伪现代派”搞得心神不宁，对城市故事怀有本能的偏见和拒绝，关于城市生活的快乐和苦恼，总是容易给人以无病呻吟的感觉。事实上，这在很大程度上也是因为经验的隔膜，直到九十年代过去几年，中国的城市迅速扩张，城市经验也变得普遍化，人们也就多见不怪，不以为奇。

《殊途同归》正是在对城市进行嘲弄的同时，切近后现代性的“都市意识”，它与当今中国处在巨大反差和错位状态中的都市情境可能更加贴近。这种叙事不再对城市进行独断论式的质疑，也不再怀着现代性的恐慌试图超越城市，而是在对城市进行表象的拼贴中完成一次快乐的书写。

这篇小说没有现实主义意义上的完整故事，它对城市的亚文化群体进行了一次嘲弄性的描写，这种嘲弄同时也投射向城市本身。每个城市都有一群文学爱好者，一些自称为诗人的人，他们已经构成一种独特的文化，构成城市里不可或缺的奇景。如此集中地在城市的背景上来描写这个“亚文化”群落，就这点而言，这篇小说也有它的独到之处。这些人自命不凡，怀才不遇而追赶时髦，寻求新奇并故作姿态。这些人没有一个不是神经质、妄想狂，他们是城市蛰伏的幽灵、垃圾。圣德是城市里的现代精神教父，一个把生活和观念领域胡乱混同的后理想主义者。杂乱无章的生活，浸透了反社会的情绪。圣德是一个典型的“边缘人”，出身于平民阶层却崇尚英雄主义，这注定了他只能把自己放逐于正常的生活边界之外。那份《爱斯基摩人》杂志并不奇怪，这种东西在八十年代中国城市的文化角落随处可见，那些面容苍白的文学青年对文学和各种现代思想充满虔敬之情，倾其所有自行制作各种粗劣的油墨印制品，进行毫无效果的交流。这种爱好经常和青春期的其他骚动混为一谈，诸如失恋、酗酒、斗殴等等。思想和情欲就在这种文化实践中涌现。圣德长于思想而拙于行动，对娜娜情有所钟却无所作为。娜娜生动而神秘，热衷于伪造历史，虚荣心旺盛且不乏浪漫风情。米兰痴迷而伤感，无望地歌唱“夏日最后一朵玫瑰”，直到《诗刊》发表她的一首自由诗，才受到这个群落的重视。莫明是一个杰出的骗子，一个典型的现代诗人，他把超前的思想和兜售伪劣产品以及勾引女人融会贯通。

张梅描写了城市里这样一个亚文化群体，他们的形象夸张而怪诞，但依然非常真切地表达了被正统文化排斥的青年群落的生存方式及他们特有的想象力和反压抑的情绪。张梅的叙事夸张而犀利，那种叙述语调正适合于表现这群自以为是的精神狂徒。在对生活进行变异的描写时，张梅把人物推到错位的情境中加以漫画化的表现，嘲讽城市，也创造了都市奇景，甚至还稍带挖苦了一下文坛的时尚。张梅的叙事随心所欲，洋溢着诗意的快乐。就是今天看起来，这篇小说提供的经验，它所表现的状态（生活的和小说叙事的）都无疑有可取之处。

叶曙明近年的作品如《女巫之歌》《阿龙史诗》《死岛》等等，风格老道并且妙趣横生。叶曙明的小说始终自成一格，颇有反潮流精神。早在1987年他就说："我不承认自己是什么现代派，我不认为我能反传统，任何自以为反传统的努力，一旦被社会承认，它就变成了对传统的补充。"对现代和传统（企图）的双重跨越，使得叶曙明很有一些后现代主义的倾向。

他近期的《蒙尘之都》又是一次对城市的绝妙反讽。阿罗是一个并不得志的小报记者，职业逼迫他到处去搜刮这个城市的新闻。精神病院的暴动事件给这个城市注入兴奋剂，疯子和警方的对峙创造了这个城市激动人心的景观："成千上万赶来看热闹的人翻墙越壁，涌入院区。树上、屋顶全爬满了人。有些人还带来了望远镜；有些人戴着耳筒收音机，一边听流行音乐，一边东钻西窜；卖早餐的小贩趁机摆开推子，出售包子、炸油条、甜豆浆；连乞丐也捧着饭碗赶来了……"

这个场面洋溢着第三世界的廉价欢乐，疯子闹事像是在举行一次盛大的狂欢节，围观给人们带来的快乐既安全又实惠，围观永远是城市的一个伟大的场面，这是城市自己导演并上演的保留剧目。所谓记者，就是各种围观的记录者，阿罗就是这样的一个职业围观者。疯子和围观者构成的城市背景，使城市生活变得异常生动，阿罗这个性功能障碍者，却显得郁郁寡欢。这个曾经燃烧着雄兽欲望的家伙，现在却对经营猪肉买卖的老婆无能为力，他对邂逅相遇的女记者阿菲极尽勾引之能事，从弗洛伊德谈到荷尔蒙，面对女记者的果敢干脆，阿罗再次无地自容。另一方面，做出口猪肉生意的阿妮也面临困境，肉体的交易并不一帆风顺，那些转瞬即逝的情感也只在买卖中起到有限的作用。阿妮远走高飞，阿罗消失在城市的灰尘之中。

叶曙明抓住了城市最富特征的景象——“围观”。本雅明曾分析过城市街景的“围观者”与“游手好闲者”的区别，他认为前者是没有个性，没有自我的群盲；后者则是保持个性本位的个体。本雅明显然带着现代主义者的立场来看待这种城市景象。但是“围观”确实表明一种没有目的，没有意义的娱乐行为。如果对比一下鲁迅当年对“围观者”所持的国民批判态度，则可见到历史的巨大变化。叶曙明的叙事已经没有那种民族“寓言性”的意义，他仅仅是在寻求反讽快感的原材料。对国民性的伟大批判转化为个人化的风格叙述。围观的景象给出了都市民众的原生状态一种未被“现代性”的启蒙规划浸洗过的生活面目，它是城市自在而自得其乐的表象。

当然，叶曙明并不是一味简单地堆砌城市的表象，他也注意表现人物的某些多重复杂而微妙的心理变化，阿妮与阿尊上床也还是需要一些理由说服自己，那个故作天真其实老道的阿菲，对阿罗也有些真情实感。叶曙明的叙事随意却不失紧凑，犀利而机智，一些抒情性描写和感伤意味流露于其中，反讽性的描写不时制造快乐。叶曙明嘲弄了城市的自以为是的庞大空间，对城市滑稽表象的概括，是对城市外形状态的一次粗略勾勒，从而揭示虚空实质，对它的扩张形态和霸权主义进行一次有效的解构。

对城市进行质疑，站在城市的边界上，对城市和乡村进行双重书写，从这些都市小说里可以看到现代主义的流风遗韵，以及那些切进城市内心的小说叙事特有的深度。刘恪的《孤独的鸽子》与那些表现城市景观的作品大相径庭，他不是去表现城市的生活状态，也不是去表现城市的动荡不安的心灵，而是去表达乡村心灵对城市的质疑。刘恪无法摆脱乡村记忆来描写城市，在城市与乡村交错的边界上进行一次彻底的自我反省。这使他的城市故事徒有其表，而其中掩藏的都是乡村的情绪。《孤独的鸽子》是近年来城市小说中少有的保持实验倾向的作品，那些形式探索与站立在乡村边界眺望城市风景构成某种对应关系。这篇小说没有明晰的故事，那些人物飘云、“我”和 K 等等，也捉摸不定，叙述人声称在写作一部名为《梦中游人》的书，而事实上这正是一部关于人生的忏悔录或充满忧伤的抒情诗。主人公 K 正是《孤独的鸽子》中的叙述人“我”，甚至可以看作刘恪本人。那部名为《梦中游人》的书，在叙事上不过虚晃一枪，它其实也就是那个在都市的夜色中游走的“我”关于过去在乡村的记忆。因此不难看出这部小说在结构上由两部分构成，即城市的现在叙事和关于乡村的过去回忆。

主人公 K 在都市的人生像在沙漠里跋涉，他的脚步被大千世界淹没而不留痕迹。K 在黑暗中翻开自己人生的扉页，那上面没有伟人的题词。“K 不知道自己应该在哪个位置，找遍人间每一个角落，没有栖身的寓所……足迹在任意的地方，都不是自己的台阶……”异乡人的感觉如此深重地困扰着 K，这使得他像只“孤独的鸽子”在城市的空间游走，找不着真实的归宿。叙述人的目光穿过时间之网，在乡村那片风景中才找到真实的记忆。田野、山林、树木和夏日的阳光等等，存留于 K 的心中，是一片永远的风景。那些初恋的回声和成年的苦楚，穿越过城市和乡村的双重背景，留下抹不去的感伤气息。

刘恪这篇小说的叙事过分强调形式和自我表白，这与九十年代务实的小说潮流格格不入。关于人生、城市和乡村的形而上思索，有着某种无边的拒绝的力量。但是，在另一方面来看，前者表示了小说形式残留的一点探索，它也就显得难能可贵，那种与城市直接对话的叙述方式虽然尚不成熟，却也显示了当代小说的多种可能性。后者则因为刘恪的思索带有非常真切的个人体验，他的那种异乡人的感受、在城市的孤独感、对逝去的情感生活保留的苦涩而温馨的记忆等等，熟知刘恪的人都可以读出极为真实的人生内容。不管怎么说，这些松散的叙事是一些真实的内心独白，那些略显抽象的议论也不失哲理的深邃，而那些碎片式的描写也给人以精致生动的印象。刘恪试图找到更具有后现代性的城市小说形式，他的探索尚显生硬，应该说这种探索在九十年代显得尤为困难，也尤为必要。当代小说在生活层面上创造都市奇景，在形式方面也应该继续打开一片神奇的世界。

总而言之，当代中国小说在“都市意识”里，表达了一种新的生活状态和情感思流。在八十年代后期以来的文学实践中，“都市意识”有着各种不同的阶段性含义，它开始表示了对都市的怀疑和逃脱，多少还带着现代主义的流风余韵；多元化的文化情境给人们造成强烈的感觉冲击，对都市的怀疑糅合进表象的书写和嘲弄的风格，使当代小说的“都市意识”更加接近后现代性。

第四节　都市话语：王朔的城市痞子与市民社会

现在攻击王朔已经成为一种证明，坚持精英主义立场，维护文化的纯洁性的证明。谈论王朔当然要冒风险，它很容易被归到“渴望堕落”的人群中去。但是，谈论当今中国的城市文学，不触及王朔有失基本的公允。不管如何，王朔对当代中国都市生活作出最有力的，也是最有争议的表达，他无疑制造了当今中国都市文学最生动的景观。不管人们承认与否，王朔第一次讲述了“都市话语”过渡时期的试图摆脱意识形态推论实践的“城市边缘人”的话语，这种话语终究形成了过渡时期城市普遍化的价值标向。

当然是王朔率先抓住“城市痞子”这个族类的生存方式，由此来构造富有挑战性而又富有观赏价值的“都市话语”。王朔的那些都市痞子，当然与社会的主流文化背道而驰，他们乐于在边缘状态随意游走。这些人携带着个人的原始需求步入社会。他们的行为准则、他们的自我的形成，以及反抗性冲动的自由发挥，都形成了纯个人的经验。这些人在社会中没有确定的位置，他们既怀着不能进入的嫉恨，又带着逃避的蔑视，因而他们注定是“边缘人”。他们油嘴滑舌，对那些一度令人热血沸腾的神圣格言和标榜时髦的流行术语冷嘲热讽，指桑骂槐。他们当然不只是口头革命派，而且身体力行。《一半是为焰，一半是海水》里的张明，《浮出海面》里的石岜，《橡皮》里的丁建，《顽主》里的于观、杨重、马青等人无一例外都不是循规蹈矩的正人君子。他们不是干着敲诈勒索的勾当，就是玩弄倒买倒卖的冒险游戏，或是笨拙地替人排忧解难。他们在当时方兴未艾的市场经济潮流中应运而生，这些“个体户”或“倒二爷”，构成了八十年代中国最新奇的“城市街景”。他们表征着另一种生活方式和新的生存状态，对于依然生活于制度体系内的中国人来说，他们是一种诱惑和奇迹，而且还是一种邪恶和威胁。

王朔的叙事携带着大量新型的城市文化代码：诸如饭店、酒吧、歌厅、舞厅等等，这些“痞子”或“边缘人”出入于这些我们的制度无法严格控制的场所，事实上，与其说这是一群游手好闲之徒，不如说他们存活于制度体系之外。经典话语之所以难以捕捉他们，因为这些人属于另外的空间城市正趋于形成的“市民社会”。王朔的特殊之处在于，第一次给出了“都市话语”，更准确地说，是“市民社会”的书面语。八十年代后期，人们一再惊叹“文化失范”“文化脱序”之类，实际的情形不过是在制度化的体系内部出现断裂，而一个在文化价值、社会行为及其实践方式方面另有准则的“市民社会”如期而至。王朔一开始就把立场定位于此，他是这个“市民社会”最初的子民和天然的代言人。① 王朔的作品引人注目，并且被赋予了某些激进的叛逆色彩，主要

① 事实上，评论界对王朔的评价经历了不同时期的立场变化。当王朔初露头角，人们过多地关注了他对政治的调侃，而在八十年代后期，这毫无疑问是要承担很大的政治风险的，加上他无所顾忌表征的价值观念，这些足以把他视为先锋派。事过境迁，人们完全忘记了八十年代后期的文化语境，仅仅把王朔定位为俗文学或大众文化的炮制者，这是远远不够的。

得力于他对那些经典格言和流行术语的反讽性运用，而这种叙事最早给出了市民社会的语言和价值立场。王朔的那些作品实际上并不具有政治解构的功能，他的“非中心化”的立场与“精英文学”的区别在于：后者致力于反主流意识形态，总是试图替代填补那个被解构的意识形态中心；而王朔仅仅停留在嘲讽性的对话水平上，保持边缘性民间位置。怨而不怒、哀而不伤的调侃背后，不过是浅尝辄止的游戏态度。

中国的市民社会当然不会是葛兰西所描述的具有政治功能的民主空间，它是以随机应变的方式拓展出的一块临时区域。市民社会充其量不过是为了获得一种距离感，以使经济实用主义能够顺利推行；因此，这个市民社会理所当然与正统社会构成相互寄生的关系。它们之间既相分离又有共谋的双重关系，当然全部折射到王朔的小说写作中去。实际上，“调侃”在嘲弄对方的时候又制造了一种亲热近乎的气氛，二者的关系在适当的时候就同谋共处。随着王朔的那种嘲弄姿态被广泛认同，成为城市民众日常经验的一部分，他的挑战意义也就消失殆尽。尤其是当王朔获得巨大的成功之后，他更倾向于寻找一种安全温和的方式，给公众输送一些抚慰和润滑剂。不管如何，王朔创造了这个时代规模最大的城市景观，把握住新的城市生活状态，概括并且强化了这个转型时期的价值立场。他的那些小说篇名，诸如“千万别把我当人”“玩的就是心跳”“爱你没商量”“过把瘾就死”等等，是对这个时代的行为方式和生活状态的最精当的表述，它们已经成为我们这个无所不能的时代的经典格言、座右铭和启示录。

王朔一直是在意识形态的背景上被读解，历史之手不断给他涂抹上各种颜色，他那过于强烈的社会效果也使他在文化上的象征意义被无限度放大，这当然迅速透支了王朔超越自己的动力。事实上，王朔是被这个健忘的社会透支了他的挑战性意义。人们一开始被王朔的大胆惊呆，继而从他那里感受到最新的文化刺激，随即就开始讨伐王朔。人们对王朔的政治反讽功能装聋作哑，而只看到他描写的一群城市边缘人。正统的人们当然敌视这类人，把他们称为“痞子”就足以消解王朔的革命性意义。显然，王朔玩弄政治反讽要付出代价，当这种“政治反讽”变成日常生活的一部分，并且为日益衰退的民众政治参与性所缩减，王朔迅速被人剥去了挑战者的外衣。当代中国文学史上，王朔是一个在精神上被出卖的人，公众分享了他的外衣，却指责他衣衫不整。

第五节　新的生活状态：欲望化的都市奇景

九十年代的小说叙事，面对着是一个远为空旷的场所。这使得小说叙事既不需要去攻克形式主义的高地（像先锋派那样），也不需要去表达激进的生活态度和价值观念（像王朔那样）。新一代的作者如履平地式的写作，既是优势，也是劣势。他们可以直接进入生活，却又把握不住锐利的东西。不管是在小说的叙事艺术上，还是在当代生活的内在性方面，那种锐利的东西已经消失殆尽。

更年轻的作者显然怀着直观的经验化的意识去构造他们的小说叙事。他们没有被赋加任何文化象征意义，他们也远离流行的意识形态，这使他们能够更加轻松自如地表现他们置身于其中的现实生活，随心所欲、无所顾忌地表达他们的个人感受。他们对文学史的“剩余的意义”，对当代现实的“剩余的意义”一概弃之不顾，他们的兴趣在于抓住当代生活的外部形体，在同一个平面上与当代生活同流合污，真正以随波逐流的方式逃脱文学由来已久的启蒙主义梦魇。那些赤裸的生活欲望使粗鄙的城市街景变得更加生气勃勃，捕捉住当今为商业主义粗暴洗礼过的城市生活外形状态，就足以令人快乐，也令人惊叹不已了。

显然，何顿是这股潮流的代表。仅仅是在 1993 年，何顿就抛出几篇很有分量的东西：《我不想事》《生活无罪》《弟弟你好》。这些小说无一例外写城市小市民的生活，准确地说它们是关于处在原始积累阶段的城市无业游民进入社会主义市场经济的故事。这些人开始可能比较穷困潦倒，或刚从监狱里放出来（柚子），或是无所作为的小学教员，再就是发了点财的小老板。他们的“脱贫”愿望相当急迫，对在公有制的体系内生活毫无兴趣，总是像逃脱牢笼一样摆脱那个困境。通往“致富”的道路也并不一帆风顺，坑蒙拐骗、偷税漏税、违法乱纪、黑吃黑是这些人的基本生存之道。就此而言，也可以把何顿的小说看成“城市黑幕小说”。它表现当今中国原始积累阶段的商场黑道，它虽无黑社会凶猛惊险，但具有社会主义初级阶段的显著特征。十分有趣的是，何顿小说的主角经常是中小学教员，他们对所谓“人类灵魂工程师”的头衔弃之如敝屣，对成为小商人则趋之若鹜。尽管这可能与作者个人的经验有关，但是它无意中具有了象征意义：这个社会的最基础的文化秩序业已崩溃，而对金钱的奢望已经成为人们全部的生活梦想。那个大毛靠走谋私贩毒一夜暴富，浑身上下都透着喜悦和得意。那个何夫（《生活无罪》）被一条骆驼烟打中，被曲刚屋里的摆设震撼，几天之后就到曲刚店里打下手。当他沦落为一个拙劣的票贩子时，钱包和略好些的香烟使他保持了心理平衡。

这里的生活主要由喝酒、搓麻将、找女人以及斗殴构成，这种生活与文化无缘，这是一群反文化的城市寄居者，多少有些文化的主角，显然被这种生活淹没。作者的叙述视点几乎不带有任何先验性的观念，也不怀有发掘生活意义的明确动机，作者的兴趣仅只在表现这种生活的外形状态、纯粹的生活之流。王朔的那些“痞子”（同时也被王朔命名为社会主义新人），身上其实被附加了反社会的叛逆含义，这些人物随着历史背景之改变，甚至还被添加进适者生存随遇而安的内容。至于所谓的新写实主义，对市民价值的认同和某种程度的批判性，始终难以摆脱精英主义的视点。何顿的叙事既没有这些复杂的文化背景，也没有这些自以为是的个人态度，他笔下的城市故事是一些真正解放的生活“原形”原始的外形状态。那些男女凭着本能生活，只为自己生活，没有信条，不需要任何规则，我们可以指斥他们为行尸走肉，但是他们生活得很快活，潇洒走一回，过把瘾就死。在王朔那里，这是一种宣言、一种口号，而在何顿这里则是实际的生活状态，在九十年代中国彻底商业化的历史背景映衬下，显得尤为真实。

这个时代的生活已经没有内在性，人们为脱贫所困扰，为暴富所怂恿，何顿抓住这个时代的趋势，把这种混乱不堪而又生气勃勃的生活性状不加雕饰地呈示出来，它们是一些不加深究的表象之流。湖南土语粗话的大量运用，强化了粗鄙生活的本色形状。何顿热衷于去表现那些赤裸裸的欲望、那些寻欢作乐或偷鸡摸狗的情形，这些解放的欲望四处泛滥，很显然，这些场面构成九十年代小说叙事的阅读焦点。纯粹观赏式的阅读期待，也促进了小说叙事对观赏场面的强调。何顿算是参透了这个时代新的写作法则，只要制作一些具有观赏价值的欲望化的表象，就足以支撑起小说叙事，而且作为一个意外的收获，这些欲望化的表象又恰好准确地概括了这个时代的生活面貌。

当然不止是何顿，这种叙事方式、生活态度和文化立场已经构成九十年代文学最生动而富有表现力的动向。一大批年轻的作者迅速崛起，他们对商业社会新的生活形态有着敏锐的感觉。述平的一系列小说与何顿相映成趣，对商场、男女之事和城市暴力有着惊人的表现。

《凸凹》把城市男女之间的暧昧情感、相互诱惑和逃脱的困境刻画得淋漓尽致。现代城市家庭是如此脆弱，其实是过时的问题，迅速导致危机。出走的红玲带着报复动机找到罗尼，结果却投入罗尼的怀抱。周昆与邂逅的林草完成了一段浪漫故事。这一切与其说是因为“报复”动机在起作用，不如说是这些城市男女一直就在寻求逃离家的浪漫风情。“报复”在这里有双重的功能：一方面它是故事中人物的自我欺瞒，他们夸大了“报复”的含义，这使他们在捕捉那些浪漫的机会时可以找到心理平衡，可以无愧于所谓的“良心”。另一方面，“报复”在叙事方面具有转化功能，那些男女相互诱惑的故事，都在“报复”的名义下一步步走向危险的区域，并且达到高潮。甚至连红玲的疯狂都在“报复”的形式下具有了某种悲壮性。那些欲望化的观赏场景因为“报复”的精神品格，而具有了合法性。由于“报复”与欲望的混淆，那些观赏场景植入具有了人本主义的内容，它们成为某种对人物性格的有力表现。

述平的叙事笔法精细锐利，十分善于把握人物在特殊环境中的性格侧面和心理层次。这些人物都处在某种临界状态，一些细节的改变促使他们背离预期的目标，而事实上，这又契合了他们隐藏的无意识。在那些场景中，人的那种复杂的内心世界表现得十分深刻而细致。那种家的气息一直是红玲的渴望，她的理想被破坏了，但是作为理想的象征，作为她现在为之徒劳努力的生活标志，她无法采取任何行动。这使得红玲成为感伤的理想主义者。述平的叙事极富有立体感，这不仅表现在人物内心活动的多侧面，同时使故事本身交织着多种元素。罗尼这个偷情老手却不失儒雅，甚至还有一些同情心，他在旅馆见到红玲还很有些怜香惜玉之情。显然，那次引诱是在一个古典而浪漫的情调中展开的，它的高潮是情欲的表达，结果却是所谓的“报复”行动的实施。他甚至成了红玲的情欲和“报复”的双重牺牲品。

述平十分讲究情境和行为的互动关系，那些不断改变人物本来存在规定的选择，其实是特定的情境在起作用。周昆和林草的故事，一个典型的城市偷情行为，却被叙述得美好而纯真。在那些微妙的时刻人们是如何摆脱生活原有束缚，而拥有了无始无终的自在性？对于周昆来说，这是一次在报复的名义下进行的合理背叛；而对于林草来说，这纯粹是一次闲暇中的出游。人们其实是在一些情境中偶然地作出各种选择，这些选择了的行为又如何能说明人的本质呢？事实上，这些复杂微妙的情感及生活的意味，不过是述平叙事的副产品，对于他来说，对一些男人或女人的情欲和那些欲望化的场景的处理，才是他叙事的原动力。然而不管如何，述平的小说在具有观赏性的同时，也具有了耐人寻味的诸多意蕴。

当然，这种“城市生活之流”并不仅仅表现在那些描写城市粗鄙生活的作品中，新的都市状态与都市的新状态是同步的。随着都市中白领阶层的大批量涌现，描写白领阶层的小说开始在都市文学中占有一席之地，并且显示出它的强劲势头。在这方面张欣近年来的一系列小说值得关注，例如《绝非偶然》《永远的徘徊》《无人倾诉》等。这些作品写出了白领丽人别具一格的生活情状，那些时髦和浪漫、艰辛和感伤在写字楼与家庭之间徘徊不定。改革开放在中国发生的那些最新奇的变化、新的生活方式和交往方式，以及价值观念，在白领阶层这里具有了准资本主义的特色。

钟道新的一些作品则是去追逐另一种城市生活，对都市白领男女新的交往方式和生活状态给予了充分客观的表现。《单身贵族》从篇名来看就在标榜一种姿态，过去人们耻于提起“贵族”，这是一个令人生厌的族类，他们自以为是，脱离群众，更是叫人嗤之以鼻。然而进入九十年代，小康生活已经不再让人心满意足，奔“大康”才是这个时代的新的理想生活。对“大康族”的生活，人们投去艳羡至极的目光，对这种生活的表现似乎不再会陷入矫情的尴尬，而是在展示一种期待已久的奇观。

许前飞、赖明当然是现在最时髦的“大款族”，驾着豪华轿车，拎着大哥大，出入宾馆酒店，上宴席或下舞场，周围美女如云，调情搓麻将，打保龄或赌钱，何其快活潇洒。当然钟道新并不是仅仅展示这些大款的生活场景，他的笔锋同时深入到大款们的情感生活中去，对这些男女之间的暧昧关系进行多方面刻画，为那些官场商场的周旋争斗增添了诱人的色彩。大款们的生活其实也经常陷入苦恼，许前飞和妻子为了事业就天各一方，他们只有通电话来联络感情。不过分居的寂寞很快就被填补，同样处在分居寂寞中的关莉在许前飞这里找到了感情的暂时栖息地。当然，关莉投身于许前飞，并不仅仅是因为寂寞，因为许前飞给她打开了未来生活的大门，关莉的选择是时代的选择。关莉并不是一个轻浮的女人，恰恰相反，她受过良好的教育，气质高雅，但许前飞给她提供的生活她无法拒绝，那种生活令她兴奋，她的失败不过是暂时的挫折，走出制度化的体系，她显然会大有作为。

与单身贵族们的生活形成对照的是陈旧呆板的机关和科研单位，这里是小权术和可笑的阴谋横行的地方。穷困，无聊，为一些蝇头小利苦费心机，连偷情都显得猥琐，那个主任的行径可以概括制度化体系的主要内容。单身贵族们的生活却潇洒而豪放，它表征着当今中国新的社会面貌和生活力量。一种无法遏止的市场化趋势，在改变中国社会的生活秩序和价值观念。当然，钟道新尤为直露地描述了商道和官道的共谋寄生关系，那些应酬周旋的场景掩饰不住官员们的贪婪和商人们的狡猾。至于这些大款族多为“高干子弟”，则更可见当今中国走向“市场化”的社会本质。

总之钟道新在展示单身贵族的生活方式的同时，也不避讳揭示当今中国商业社会的种种弊端。对官场的怨而不怒的讥讽与商战的明争暗斗相配合，使钟道新的小说堆满了各种现实经验，它不仅趣味横生，而且不失为初涉商道的启蒙读物。这当然不是在贬低钟道新的小说，恰恰相反，钟道新的小说提示了一种新的小说经验，或者说它表明小说又回到日常经验。这对于充分务实的九十年代来说，正是如愿以偿的结果。钟道新的叙事明晰而舒畅，《单身贵族》制作了这个时代的城市奇景，一种超前的都市状态，它是一种诱惑、许诺和怂恿，它是这个时代如期而至的精神镜像。

第六节　结语：都市小说的前景与小说的新趋向

从总体上来说，中国都市小说依然方兴未艾，就其处理的生活及其叙事方式而言，还未完全摆脱市井气；就其表达的观念而言，还沾染着现代派的流风余韵；仅在对城市的反讽性描写和对更粗鄙的生活状态的表现方面，才展示了新的都市景观。九十年代的中国小说处在一种十分尴尬的境地，一方面都市小说很不成熟，另一方面作家们热衷于复制一些年代不详的历史故事，摆足了姿态等待着某个伟大的导演加以改编。就连初出茅庐的新生力量，也去写些滥而又滥的民国故事，纯粹的仿制品和复制品，掩饰不住奉献文学初夜权的急切姿态。因此，强调都市小说，强调面对我们置身于其中的现实，强调文学应有的当代性，则是改变文学被动和从属地位的必要立场。从这个角度看，都市小说无疑有着极为广阔的前景。

中国都市小说亟待开阔视野，应该对当代中国的都市状态有更为强劲的表现。就传统的城市文化与农村文化冲突的主题来说，写作者们应给予必要的关注，并且可以作出更深刻的表现。显然，对当代中国都市的“半成品”状态给予恰当的表现，它是在工业文明和后工业文明的双重空间里，在对发达资本主义的狂热模仿和对传统的勉强眷恋的矛盾境况中，制作的“半成品”。因而我们意识到当代中国文化的历史境遇，在某些方面它所具有的后殖民化特征，强化一种“后东方视点”则显得尤为必要。以个人化叙事强行进入这个多元混杂的都市空间，以“反寓言”战略对全球化渗透的民族境遇进行解构。从这个视角切入，并且在小说叙事方面汲取一些当今高科技手段，制造某些多媒体的空间效果，这一切当然转化为一种感觉方式，以文字书写的形式给予强有力的表现。这样，中国都市文学也许有可能创造新的都市文化景观，并且提示当代小说可能达到新的高度。

第四章　无法确证的自我：女性主义意识的崛起

二十世纪七十年代初，西方一位极著名的女权主义者来到中国，她发现中国的妇女解放程度在当时属于最高水平，超过西方和其他发展中国家。确实，在当今世界上，没有任何一个国家的妇女能像中国的妇女这样解放，也没有任何一个国家的妇女像中国的妇女这样不解放。如此自相矛盾的判断同时适用于当今的中国妇女，这并不仅仅基于城乡差异，更重要的是就妇女的社会存在形式与妇女的自我意识之间的巨大反差而言。西方那位女权主义者忽略一个重要的事实：中国妇女的解放是以贬抑男权为前提的。男女平等，同工同酬，通过对男性经济地位的抑制而达到男女平等。男性的经济优越感的丧失，则使他们在家庭中的权威地位全面瓦解，他们没有理由自以为是，而谦恭驯服逐渐成为他们的天性。不难设想，这样的男性适合于被管理。在某种意义上，妇女解放成为一项卓有成效的管理策略，妇女无意中成为驯化男性的有生力量。解放的中国妇女终于要为此付出代价，她们一再慨叹中国没有真正的男子汉，呼唤“强悍的男性”是八十年代以来中国妇女的自虐情结。八十年代的“个性解放”与妇女解放混为一谈，结果却不断扩展关于“勇猛的男性”的想象。

说到底中国妇女并没有真正解放，妇女解放不过表现在外在的社会组织形式方面，而没有落实在女性意识的深处。“解放的”妇女一直没有自己的话语就足以表明这点。中国的女性写作由来已久，但迄今为止还没有“女性文学”这门学科，所谓的女性写作归属于男性写作的总目之下，甚至完全被男性写作所淹没。尽管女性写作的阵容庞大而有力，但她们一直是按照男性的格式，使用男性的语言写作。她们关注父权制度设定的主题、视角和风格，她们的写作也一直被诠释为男性的话语。直到八十年代后期，我们称之为“后新时期”，父权制确认的中心化价值体系陷入危机，那种个人化的女性话语才逐渐出现。当然，中国到现在为止还没有成气候的女权主义运动，也就不可能有西方理论家设想的那种女权主义文学。因此，我设用比较中性的“女性主义”和更加弱化的“女性意识”，来描述那些以女性为主角并且注重审视女性的心理特征和生存境遇的女性写作。不管从纯粹文学的还是大文化的意义上审视当今中国的女性写作，清理新时期以来的女性写作，都显得尤为必要。这种读解当然不仅提示当代中国妇女写作的一幅历史草图，同时也是对当今中国的文化转型的最内在的精神流向进行透视。

第一节　误置的前驱：新时期的同路人

新时期的女性写作一直处在时代的前列，女性以她特殊的敏感表达了这个时期最迫切的历史愿望。在意识形态推论实践的每一个插入点上，女性都触及精神的底层。新时期反“文革”的历史叙事以“人性论”为美学出发点，一代中国知识分子走出极“左”路线的历史阴影，急切抚平精神创伤，肯定人的存在价值。对“人”的肯定推演出一系列命题：人性、人道主义、个性解放、主体论、自我实现，等等。女性作家、诗人则在这一推论实践中与男性作家并行不悖，而且时有惊人之举。

舒婷的诗在七十年代末具有感人至深的力量，女性温馨而细腻的情怀，给予饱受压抑的中国人以最初的抚慰。那个小小的“自我”，那些淡淡的忧郁和感伤，无异于匕首投枪，给集体主义和整齐划一的“我们”以强有力的损毁。舒婷的声音汇入“朦胧诗”的集体合唱，它呼唤着那个“大写的人”出场。显然戴厚英的《人啊，人》喊出了时代的最强音，它把反“文革”的历史叙事与“人”的主题最鲜明而有力地结合在一起。1979 年，张洁发表《爱，是不能忘记的》这篇多少有些自传体色彩的小说，它那纯净的忧伤在当时具有振聋发聩的效果。关于女性爱的权力，关于婚姻与爱情的冲突等等，被放置在伦理学的范畴加以讨论，并且被打上了浓重的意识形态印记。这是对贬抑人的伦理学发起的一次前所未有的挑战，张洁的感伤情调却成为思想解放运动的敏锐触角，它给“大写的人”注入了情感内涵。

张抗抗的《夏》《北极光》等作品中对个性和人性的寻求，无疑显示了女性的隽永风格。但是女性对自我的朦胧意识为“文学是人学”

的时代母题所抹去，女性特征在那个时候只能为更为庞大的知青叙事所消解。也许张辛欣是新时期最早具有女权意识的作家，这个自发的女权主义念头只能一闪而过。她的《在同一地平线上》把视点对准男女之间的冲突。这种冲突第一次被放置在性别文化的背景上来表现，正是女性对自身的意识导致了冲突，这两个世界不像往常那样温情脉脉，而是坚韧地对峙，性别的鸿沟在对人的价值和个性的追寻中划定，且不可弥合。刘索拉的《你别无选择》在八十年代风行一时，这篇被称为“现代派”的小说，无疑抓住了这个时代最尖锐的感觉方式与那种对个性和自我的狂热追求，却少有自觉的“女性意识”。那些富有“个性”的女性，她们充满了对男性的依附感，甚至是男性欲望化目光的产物，是多少有些放荡不羁的性感尤物。由此却也不难看到，男性占据这个时代的话语中心，最激进的女性作家也无法逃脱男性的视角和男性的话语。

“新时期文学”具有强大的创造（重建）历史的愿望，它显示了男权话语的那种“目的论”的和“决定论”的特点。在现代性的意义上确认的文化目标，决定了这个时期的话语推论实践，它当然也规定了这个时期的话语的意义指向。很显然，父权制设定的历史动机和目的轻而易举就统合了女性话语。“新时期”的女性写作可能一开始就试图表现女性自身的感情，但是父权话语给定的意义改变了女性初始的意向，那些本来也许是女性非常个人化的情感记忆，它们被划归到父权话语的语境中重新指认现实意义。在另一方面，国家（民族）代码异常发达的时期，这一传统从古延续至今，不可能有个人话语，当然就更不可能有所谓的女性叙事。正如弗·杰姆逊关于第三世界的寓言性写作所说的那样：“第三世界的本文，甚至那些看起来好像是关于个人和利比多趋力的本文，总是以民族寓言的形式来投射一种政治：关于个人命运的故事包含着第三世界的大众和社会受到冲击的寓言。”[①] 这种民族性寓言，

① 弗·杰姆逊：《处于跨国资本主义时代的第三世界文学》，张京媛译，《当代电影》1989年第6期，第48页。

显然也是父权制设定的具有整合功能的中心化代码，它当然吞没、压倒以个人存在为前提的“女性特征”。新时期的文学在“大写的人”的纲领之下，去完成与现代化进程相适应的启蒙主义规划。这个时期的意识形态功能具有强大的整合力量，时代共同的历史愿望压倒了任何个人的价值标向，当然也不可能在男性、女性之间划下任何界线。那些急切鼓吹“个性”“个人价值”的话语，它们都植根于集体的乌托邦冲动，并且指向思想解放那个宏大的民族性寓言。毫无疑问，在这个整合的意识形态氛围中没有“女性”的立足之地。

突破这种寓言性的写作模式，逃脱父权制设定的象征秩序，则有待于“在公与私之间、诗学与政治之间、性欲和潜意识领域与阶级、经济、世俗政治权力的公共世界之间产生严重的分裂”。当然，这种分裂按照杰姆逊的看法，只存在于西方资本主义文化中。但是，“现代性”的企图已经植入中国文化，把中国纳入西方文化的这种设想，长期困扰着现代以来的中国知识分子。“现代化”的神话是八十年代中国社会从上至下的意识形态，改革开放的历史进程不仅把中国的经济与西方拴在一起，而且不可避免使两者在文化上结下不解之缘。“西化”尽管在理论上难以自圆其说，在实践上行不通，但是“现代化”的历史进程使中国远离传统社会，至少在文化的表达形式方面与早期乃至晚期资本主义文化有某些类似。八十年代后期，一体化的社会组织结构有所破损，意识形态的整合功能也趋于解体。特别是与市场经济相适应的民间社会趋于形成，导致社会的意识形态发生三元分离的格局，官方、民间、知识分子若即若离。如果说前两者还经常相互寄生的话，那么，第三者（知识分子）则无从插足，它实际被抛离出这个宏伟而诡秘的历史实践之处。整个社会的政治、经济、文化实践，实际处于形式与内容、动机与效果、名目与其实的巨大差异之中。这种差异造成文化秩序的紊乱，脱序的个人由此而产生。当今中国社会既是一个组织结构严整的国家，又是一个纪律极为松散的场所，它是脱序的个人游刃有余的最好去处。

很显然，“解放的”个人并不是文化发展到更高形式水准上的现代人，而是从中心化价值解体中被抛出的碎片。尽管其内容和实质不尽相同，但形式和效果相去未远，那种“在公与私、诗学与政治、性欲和潜意识领域与阶级、经济、世俗政治权力的公共世界之间”产生分裂也成为可能。

在新时期的文学范式面临危机的困境中，反寓言性的写作（反父权制的巨型话语）成为可能。残雪可能是最早具有女性自我意识的作家，她以超验性的奇特方式表达女性意识的内省经验。在她的作品里，女性对周围世界的反抗采取了否定性的超越方式。与张贤亮的那些完整的女性形象相反，残雪的女主人公既没有预期地充当男性的从属物，也没有产生对男性权威的消解式的颠倒，她们是先验性的破裂的存在物，她们生来就是失语患者（对父权制的宏大叙事的抗拒）。她们无法解读周围的外部世界，只能任性地混淆外部世界与内心世界，她们有如一堆破裂的符号，在父权制度的“阳物中心”的边缘毫无着落地漂移。残雪总是把每一个女性的自我世界当作一个绝对孤立的封闭世界。欧茨的女主人公在饱经肉体的和精神的磨难之后还有明确的未来目标，残雪的女性形象则彻底丧失了生活的动机和目的，或者说混淆了动机和目的，因而耽于白日幻想而没有任何积极的行动。

在残雪的女性世界里潜伏着来自男性世界的暴力和各种危险，然而这并没有使任何一个女性屈服，她们一如既往地沉浸在深不可测的内心世界里而无法自拔。残雪当然过分夸大了日常生活里那些精神乖戾的现象，但是她也确实暴露了女性用她们怪异的精神反应来对付来自男性权力的压制的特殊方式，妇女只能用她们的幻想形式来扰乱父权制的象征秩序，她们把外部世界的秩序全部心理化从而使之变形。但是对于妇女是否有可能超越父权制度，残雪依然感到迷惘，她所提示的双重世界意味着妇女永远无法摆脱“阳物崇拜”的心理。“我”所厌恶的不过是世俗的“阳物”，男人扮演的角色或者暴戾或者萎缩，表明我对日常世界里的男权的厌恶和鄙视；那个“公牛”的意象隐喻一种强有力的男性，这个雄壮有力而又令人恐惧的“阳物”是所有女性崇拜的超验的能指。残雪的主人公充其量也只能用她们的心理幻想的形式来破坏现存的男性权力秩序，对于她们来说，全部外部世界都是充满危险的男性世界，只有滞留在自我意识的深处才可能有安全感。然而她们的心理世界无法转译成现实，她们拒绝外部的父权制度之后，永远也无法构造一个真正的超越的世界。

因此，残雪的叙事不过是走了一个虚无的圆圈：从内心的幻想中走出来，然后再回到心理的幻觉经验中去。如果说女性只能停留在自我的内心世界里才能反抗父权制的象征秩序，那么这种“反抗”的方式是否又意味着对男性、女性等级的重新默认呢？男性永远是外部的理性秩序（他永远在场），而女性仅仅是内部的非理性的幻想之流（她永远不在场），只有当她“不在”（absence）时，才构成对男性“在场”（presence）权力秩序的有效否定。残雪在当代被注定了是一个浪迹于内心世界的孤独的旅行者，她唯一的去处就是那个根本不存在的“山上小屋”，她对我们这个奋发有为的美妙时代视而不见，她除了饱尝寂寞的苦果还能祈求什么呢？

残雪的女性意识不是来自社会化的妇女运动，而主要是基于文学话语的革命。她用非常个人化的女性语言，损毁了依附于父权制巨型话语之下的温情脉脉的女性叙事，那些乖戾的女性感觉，打破了传统的以“菲勒斯”（男性阳具）崇拜为中心的女性经验。与其说它昭示着中国女权运动的先声，不如说它仅仅意味着女性写作的朦胧觉醒。随后，赵玫的《展厅》（1989 年）把形式主义实验和女性心理意识流混为一体，颇有伍尔芙的味道。那个可以六面打开的盒子，似乎象征着存在的牢笼。与残雪一味表现女性外部（男权社会）的压迫有些不同，赵玫却严密注视到男性也处在自我压抑的困境。他像困兽一般在那个笼子（展厅？）里移动，疯狂地描画（还是幻想？）妻子自杀的情景。某种恋母情结以及对女性的怀念、欲望、期待和恐惧，把这个男人推向存在的深渊。那些“隐藏的心灵秘史”，关于少女青春期的颤抖、朦胧的性意识，它们依然是在“菲勒斯中心主义”的意义上加以书写。但是，那个“菲勒斯中心”在赵玫的叙事中已经岌岌可危，这个困兽般的男人心灵上满是女人划下的伤痕。如果说残雪重新书写了女性的神话谱系，那么赵玫试图改写男性神话谱系。显然，这篇小说带有浓重的形式主义和存在主义相混合的现代派遗风，而其中折射出的女性主义意识，虽然暧昧，却也是“物以稀为贵”。

第二节　无奈的退却：回到日常生活的女性写作

残雪的写作一方面导源于中心化价值体系解体的现实，另一方面植根于非常个人化的女性经验。就其两方面都不具有社会化的群体效应，因而初露端倪的女性意识不会酿就“女权文学”，充其量是摆脱父权巨型语言的控制而讲述个人的话语。八十年代后期（后新时期）的文学写作，不再受制于意识形态的整合实践，更主要立足于个人化的经验。在这样的转型期，女性写作十分活跃，但并没有锐利果敢的女权主义立场出现，这确实是个难解之谜。从意识形态中心退出的文学群体，向着两极分化：一极倾向于语言和叙事结构的实验，另一极退回到日常生活的故事中去；前者被称为“先锋派”，后者被称为“新写实”。值得注意的是，“先锋派”明显受到残雪的影响，至少马原和残雪对他们起到暗示和怂恿的作用；而被命名为“新写实”的作家群中则有不少女性作家。不管人们在理论上如何解释“新写实主义”，有一点似乎是应该重新发掘的：关注日常生活及其价值，这得力于女性视角，它是女性作家在意识形态衰弱之后，回到妇女生活本位的自主选择。很显然，新写实主义的旗帜遮蔽了日常生活“原生态”上的女性印记。

“新时期”的解体意味着反“文革”的历史叙事趋于终结，同时也表征着“现代性”企图及其巨型语言的危机。在后新时期的非中心化的语境中，女性的经验才有可能浮出历史地表。女性对日常生活有着特殊的敏感，既然这个时代的文化已经无力给出伟大理想的承诺，那么认同平实普通的市民价值，对于女性来说则是顺理成章的事。退回日常生活无疑是这个时代的普遍选择，也是文学的潮流之一，女性文学无疑在这一潮流中独领风骚。当然这一时期依然有关注社会问题的女性写作，被推许为“新写实”代表作家的方方，在 1987 年发表《风景》，随后发表《落日》。方方的作品确实有很强的社会批判性，她的叙事冷峻而犀利，她更关注那些人类性的和社会性的普遍问题，而不陷于单纯的女性意识。相比较而言，同样关注社会问题的池莉，则具有更多女性意味。1987 年，池莉的《烦恼人生》描写一个普通工人的日常生活，那些琐碎的细节、平淡无奇的纠纷以及一些暧昧的感情，构成小说叙事的主体，这个故事就像生活的流水账，平实说来，随意流去。就大的文化语境而言，它表达了“大写的人”向“小写的人”转化的时代趋势，这个时期的人们不再追随远大的理想，他们乐于为日常生活所左右，为眼前的利害所支配。然而对这种转向的敏感把握却无疑显示出池莉的女性眼光。如此直率地认同日常性价值，这可能是女性特有的勇气，它当然表明了女性的认知方式和特有世界观。

1989 年池莉发表《不谈爱情》，尽管这部小说不具有方法论革命的意义，但是，由女性作家提出这一口号具有挑战性。“爱情主题”一直是新时期文学的核心母题，它在现代性的意义上以启蒙主义的手笔书写，这个主题勾画了一部“文学是人学”的生动历史。现在池莉明确提出“不谈爱情”，这不仅仅喻示着她对市民价值的某种程度认同，更重要的在于其标明对父权制巨型话语的断然拒绝。无可否认，在认同市民价值与追寻超越性理想两方面，池莉多少有些模棱两可，她试图把她的倾向压到最低限度，理想主义的失败还是透示着感伤意味。尽管如此，我们还是可以看到女性作家对生活和文学意义的重新定位，它们一道被拉到最朴实的和原初的平面上。那个市民女性对知识分子男性的俘获，既表明庶民的胜利，也象征性地表达了一次女性写作的成功。尽管池莉一直被置放到“新写实”的男性话语系列中去理解，但如此明确而平静地回到日常生活的方式和心态，都显示了鲜明的女性特征。它表明了女性在意识形态衰落之后对生活的选择，是对女性自己所关注的“微弱的”社会主题（那些女性的生活琐事，最简单的生活愿望）的反映。池莉逃避的当然不仅仅是中国文学惯有的巨型叙事、中国文学从古以来的“载道”传统，也是男权文学惯有的文化霸权。

同样被称为“新写实”代表人物的范小青，她的叙事始终别具一格。在退回日常生活这方面，她似乎达到某种极致境界，也正是这点显示了她的叙事的女性特征。身居姑苏古城，淡于世事，远离外界的喧闹，这使范小青尤为容易沉浸于怀旧情调。与残雪那种乖戾的、充满叛逆性的女性话语不同，范小青的叙事平实清淡，真所谓“还原”日常生活的本来面目。《顾氏传人》讲述一个旧式女子的故事，从青春年少到孤寂老年，淡淡说去，却有世事沧桑之感。女性的视角在这里不仅仅表现在对一个旧式女子的命运的关注，而且在那些极为琐碎的生活场景的描写方面，用女性的单纯性给生活重新编目。不是以尖锐的社会观点和激进的挑战姿态，而仅仅是以风格化的女性叙事与父权制话语分庭抗礼。“女性风格”这种说法一直受到一些女权主义者的怀疑，因为这种风格始终是由男性命名的，她们与男性风格相对（阴性的、柔弱的、细致的，等等）而处于从属地位。但是我这里强调的“女性风格”，是指逃脱父权话语命名的女性视角，它表现了女性对生活的特殊处理方式。例如，《杨湾故事》描写“文革”期间二个少女的命运，《没有往事》表现小城镇女性的生活情态，就其故事而言，与苏童和储福金笔下的小城妇女的生活无大差异；但在对生活的单纯性和朴素性的表现方面，范小青就显出女性独有的那种感觉方式：把生活处理为不附加明显意识形态含义和超越性意向的本真形态，生活具有自明的自在性。

王安忆在诸多的女性作家中无疑出类拔萃，她在各式各样的潮流中都能游刃有余，这与其说得之于她的机敏，不如说得力于她的沉着。任何变化她都能洞察其中奥妙而有惊人之举。当然在某种意义上，也要归结于批评家的好事本性，任何潮流如果没有王安忆加盟，似乎大为逊色。也许王安忆始终关注变动的现实生活，并且不断寻求自我突破的途径，这使王安忆在每个转折关口都能切入其中而不被淹没。刚走出“寻根”潮流的王安忆，迅速写下“三恋”（《小城之恋》《荒山之恋》《锦绣谷之恋》），这是对知青题材的重温和对女性心性的特别审视，当然也可以看成是对当时朦胧觉醒的“女性意识”以及方兴未艾的“性文学”的应答。尽管“三恋”的那股潮流已经过去，但我以为“三恋”还是相当出色的。女性的潜意识、她们的敏感和不知所措以及她们的微小愿望得到满足所要承受的社会的压力，这一切都被王安忆刻画得淋漓尽致。事实上，那时王安忆已经看到中国妇女最内在的压力，那就是“自我”的压迫。在这里，外部社会并不仅仅由男性构成，妇女也在积极充当同谋。

很显然，王安忆在更多的时候并不刻意表达“女性意识”，对变动的社会现实的关注，使王安忆的作品具有历史叙事的广度和力度，王安忆的作品是一种女性的“宏大叙事”。进入九十年代，王安忆的视野显得更为开阔。告别八十年代及其意识形态实践，对理想主义失落和商业社会来临的感悟，使王安忆再次抓住时代的脉搏。九十年代初，王安忆连续发表几篇小说，如《叔叔的故事》《歌星日本来》《乌托邦诗篇》等等。这些作品在叙事方面有其显著特色：以主观化视角完成个人记忆与时代记忆的重合。这些再次强调第一人称“我”的视点和感受的小说，重新发掘了“个人记忆”。对于王安忆来说，“个人记忆”并不是沉迷于内心幻想或某些形而上观念领域的个人经验，而是活生生的历史故事。叙述人“我”的记忆特征打上了鲜明的历史烙印，那就是“知青记忆”。恰恰是对“知青记忆”的重新审视，把知青记忆与五十年代的理想主义串通在一起，王安忆重新写作了知青故事，并且重构（解构?）了五十年代和八十年代的理想主义。这是一次系统性的追问，《叔叔的故事》对“叔叔”那辈人的理想主义提出质疑。历经生活的磨难，叔叔那辈人的精神世界里依然存贮“古典浪漫主义”情结。而在“我们”这辈人看来，那种理想却更多显示出悲凉之感。《歌星日本来》则把知青时代的生活记忆放置在当今商业化现实中，这个看上去是表现了艺术与商业相冲突的故事，实则是重新审视了知青一代人的理想。那些作为叙事背景而存在的“知青记忆”，虽然几乎被现实的故事所淹没，但是它倔强地存在着，它所散发的浓重的历史感伤气息，绵延而至，贯穿了两个时代。尽管王安忆对知青记忆怀有深挚的情感，却也不得不给予它以失望的基调。王安忆在讲述“我”的故事的时候，文本里面始终涌动着那个时代的愿望和梦想。因而，那种失败主义的感伤情调从王安忆的亲身经历中透示出来，却是把个人记忆与历史记忆融合一体。“我”的故事向着“我们”，向着“他们”，向着变动的历史过程开放。

并不有意关注女性本身的问题，更主要是关注那些人类性的普遍事项和社会历史动向，这些在很大程度上依然构成女性写作的主要方面。从文学的角度来看，强行在文学写作上打上性别特征是毫无必要的，没有理由认为与男性话语并驾齐驱的女性叙事有什么缺憾。长期以来，中国的女性写作是处在文学的纲领之下。至于这个纲领本身包含意识形态的推论实践又当别论，而不是在妇女运动或女权主义理论指引下写作，因此，女性写作以及对女性写作的理解都不具有性别的观点。中性化的写作融合在文学性的统一规范里，所谓女性特征只是在非常有限的侧面才有所表现（例如风格化的叙事方面）。女性作家被置放在男性作家的水准上，这当然使中国女性作家的写作特别具有力度和深度，其代价是使女性话语特别欠发达，女性作家对自身世界漠视与逃避。

第三节　迷惘的自省：超现实的女性修辞学

中国的女性写作只有依赖文学范式的改变才能找到立足之地。如果说残雪的极端个人化的话语因为没有大语境为依托而稍纵即逝，那么到了九十年代，文学的“宏大叙事”再难起整合作用。王安忆的历史叙事与其说重温了一次理想主义，不如说最后消解了理想主义。并且她的“历史叙事”特别强调“我”的视点和个人的内省经验，抒情意味的长句式也表明她的形式主义倾向。个人经验和美学趣味上的写作已经重新划定了文学的规则，这使女性写作可以比较自如地去探究女性“自我”的世界。一种真正反寓言的后个人主义式的写作开始酿就女性主义的叙事。

陈染在八十年代后期就开始写作，九十年代初期就引起多方注目。陈染如此不顾一切地回到个人的内心生活，这使陈染在当今中国的女性主义向内转的趋向中率先地表达她的特殊经验。从陈染的那种叙事和她刻意要表达的超越外部现实经验的那种倾向，她与苏童、余华、格非、孙甘露是非常接近的。如果用男性习惯的目光来看，很可能会认为陈染的小说“生活面”过窄，缺乏广度和变化。然而我们也许应该意识到，陈染第一次如此执拗地表现这样一种“妇女生活”在逃避和渴求男性的狭窄的中间地带踟蹰。陈染一直试图描绘那幅“美丽而忧伤至极的”自画像。

纯粹的女性写作只关注女性自身，它把那些极端的女性经验作为叙事的核心，它必然蔑视经典的文学法则和现行的道德准则。正如那些锐利的企图穿透现实社会的女性写作需要胆识和才略一样，回到女性自身的女性写作同样需要勇气和才情。不管人们愿不愿意承认，陈染的写作是一种存在，一种极端的女性主义存在。这些年来，她一如既往地冲进女性经验的那些幽暗领地，不断地说着“自己的故事”。

什么东西一直在困扰着陈染？什么东西在激发着并且推动着她的叙事？这就是爱欲女性最内在的自我经验。表达、呈现、歪曲那些女性的爱欲，使之变形，难以实现，由此构造极端的妇女生活，这就是陈染写作的基本特征。《与往事干杯》是陈染最具代表性的作品，当然也是理解陈染写作的入口处。一个少女经历的心灵磨砺被刻画得淋漓尽致。少女青春期的躁动、渴望和恐惧，毫无保留呈现出来。面对“纤弱、灵秀、永远心事重重的少女……”，生活是如何在这样一张白纸上涂抹印记的？家庭、社会、性和政治？总之肖蒙这个纯净而灵秀的少女，来到一个废弃的尼姑庵安家。我无法断定这是陈染的真实经历（部分真实），还是纯粹的虚构作为一种写作行为，我宁可把它看作虚构。这个尼姑庵是一个适宜于灵秀而心事重重的少女生活的地方，这个场所宁静、封闭，它本身就是一个绝望的内心世界。现在，陈染回到了她的内心世界，正如回到她的精神家园一样。她无法在外部世界找到适宜的去处。父亲与母亲的离异，学校里的冷漠，她无法找到平静的个人的生活。她在逃避、躲藏，而外部的生活也不断地离她而去。父亲离去，随后母亲与一个混血的外交官开始了约会，她与外面的生活越来越疏离。这个心事重重的少女现在回到了她的自身，她拿着一本教科书，拿着一面镜子在认识自己的身体。执拗地回到自身，执拗地自我确认，终究导致了童贞的丧失。

“童贞的丧失”是这个故事的核心部分，它以病态的形式来表现它的美感。在这里，“童贞的丧失”既不像浪漫主义小说惯有的故事那样浪漫温馨，也不像经典现实主义叙事那样惊天动地。它在这里是一次内心深化的结果，一次无怨无艾的自我探索。它没有恨和懊丧之类的后遗症，只有略微的失望。它不过是青春期必经的一个事件。一方面，它被表现得尽可能“必然”；另一方面，它又是以病态的形式给它以独特的意义。一个年长二十岁的男人，占有了她的童贞，这件事被彻底渲染，却没有必要的、明确的价值判断，这是令人惊异的。与其说这是一次被客观化的夺取，不如说是主观化的呈现。那个诱奸者医生，在小说的叙事中实际是充当了一个客观化观众的角色。通过“他”的行为和视点，展示了一个女性自我探求的绝对行为。

在这一意义上，可以说《与往事干杯》是一个关于女性爱欲的故事，讲述女性的爱欲是如何异化、分裂和移位的。小说的叙事从一个受阻的情爱故事开始，里面包含的依然还是受阻的情爱故事，并且具有传奇性。自我的爱欲在小说叙事中始终处于中心位置，不断地审视自我的内心世界，审视爱欲的生长和变异的全部过程。在这里，母亲，男人，都不过是外在化的叙事支点，他们起到的是反射和反观作用。陈染感兴趣的是不断的自我观看、不断的自我呈现。当然，并不是说陈染的叙事是超历史的，而是说，她最关注的是纯粹的爱欲本身，历史在这里充当了一种结构的脚手架。呈现是主观化的、积极的、主动的、赞赏性的；而受阻则是无意识的，是被迫的和客观化的。在《与往事干杯》里，女性的爱欲在最初萌发时就被历史误置了，她从历史社会逃到女性内心世界，然而，逃避是无用的。因为历史、社会和政治已经深植于女性的历史发生学之中。这就是女性写作的奇妙之处，她愈是想逃脱外部世界，回到纯粹的女性爱欲，却愈是更深地回到历史之中。不管有意还是无意，《与往事干杯》揭示了女性爱欲的历史发生学，是如何具有第三世界的寓言特征。个人的利比多冲动，却是不可避免地为历史所裹挟。它越是尖锐地表达女性爱欲的困境，越是深刻地反映了爱欲与历史（政治）的辩证关系。

以第一人称，自我表白式地叙述女性的爱欲困扰，这在陈染绝大多数的小说中随处可见。这种表达方式构成陈染小说叙事中激动不安的内在质素，它使陈染的叙述总是不断地回到女性自身的问题。对于陈染来说，“爱欲”不是现实赤裸裸的感官享用，而是纯粹的内心生活，一种完全抽象化的通灵论。《与往事干杯》是女性爱欲的发生学，也是陈染写作的历史发生学。陈染的叙事在这里与历史相遇，这完全是一个巧合，她这个人整个说来是拒绝历史的。除了《与往事干杯》，陈染的小说很少触及真实的历史事件（或历史过程）。《与往事干杯》作为女性爱欲的发生学，作为女性个体存在的历史情结，只有在那些触及内心生活深处时，才偶尔浮现出来。令人奇怪的是，《与往事干杯》所创造的情调，所表达的人生意味却总是在陈染所有的小说中弥漫开来，它像是音乐作品的动机，总是倔强地在不同场景中呈现出来。这也就是为什么陈染的小说在不经意的阅读中，像是在重复一个永远的故事。事实上，陈染后来的小说越来越偏执地拒绝历史，拒绝社会同化。她的主人公以更加尖锐的姿态去完成妇女的自我（身份）认同。

《与假想心爱者在禁中守望》显然是一篇极为心理化的小说。如果说《与往事干杯》在女性与外部社会进行最简单的交往关系中，触及历史无意识；那么，《与假想心爱者在禁中守望》则是在纯粹的观念意义上写作一种绝对的妇女生活。一个独居封闭世界的女人，不断地与自己对话，形成她奇特的日常生活。陈染的主人公总是先验地拒绝外部生活，她们倾心的男子要么失踪，要么根本就是一些不存在的假想者。与这些失踪者和假想者的对话，则是陈染返回到女性内在自我的叙述方式。现在，这篇名为《与假想心爱者在禁中守望》的小说，可以说是陈染最极端的回到女性意识深处的小说。这个叫作“寂”的小姐，“是一位国家级的优秀报幕员。她的面容把沧桑与年轻、热烈的性感与冷峻的清醒这些最具矛盾冲突的概念，毫无痕迹地结合起来”。她的人物已经难以使用“性格”这种概念。按照经典现实主义的原则，人物性格不过是全部社会关系的总和。在这里，外部社会和客观事物都被降到零度。人物不过是一个角色，一种符号。重要的是她是一种内心生活的表达者。这个美丽的女人却奇怪地独居，并且想入非非。一个少年的死亡与其说给她以震动，不如说使她更深地回到冥想的幽暗地带“颠来倒去想问题”。于是“声音是一种哲学……”她重复想。于是“请为我打开这扇门吧，我含泪敲着的门，时光流逝了而我依然在这里……”她思索着生与死这些哲学命题，设想着与镜框中的男人对话。女人的“爱欲”只是高度抽象的灵魂活动，它一旦现实化就要变形，就要变得怪诞。

陈染的叙事总是在幻想与现实的两极展开，爱欲“终究”是要现实化的，它使陈染的叙事具有某种奇妙的破坏性，即对一种理想（假想）状态的摧毁，陈染的叙事因此又具有了某种转折的力量。正像那个一直“与假想心爱者在禁中守望”的寂小姐一样，她居然要求与一位修理钢琴的五十多岁的男人做爱。爱欲的现实化总是变形的，按常规的眼光来看，是病态的、异化的。这些女人有什么必要如此顽强地拒绝生活？这种追问对陈染是不合适的，她笔下的女人命定就是遗世孤立，落落寡合。她们是纯粹的女人，是一些关于女人的绝对概念，是高度抽象的女性生活。陈染的那个叙述人，那个纯粹的女性，一直试图在“与往事干杯”，然而，往事并不是一段具体的记忆，它是一开始就被误置的爱欲，它是生活的谜和死结。陈染（或是她的叙述人）总是想去解开那个内心最深的困扰，她们只能不断地自言自语，不断地在禁中守望。

在当今的女作家中，林白也许是最直接插入女性意识深处的人。她把女性的经验推到极端，从来没有人（至少是很少有人）把女性的隐秘的世界揭示得如此彻底，如此复杂微妙，如此不可思议。我无法推断这里面融合了作者多少个人的真实体验，但有一点是不难发现的，作者给予这些女人以精湛的理解和真挚的同情，甚至不惜融入自己的形象。这种坦率和彻底在某种意义上构成妇女写作的首要特征。在讲述女性的绝对自我的故事时，女性作家往往把眼光率先投向自己的内心，正是对外我的反复读解和透彻审视，才拓展到那个更为宽泛的女性的“自我”。这些故事在多大程度上契合作者的内心世界并不重要，重要的是它们是真实的女性独白，是一次女性的自我迷恋，是女性话语期待已久的表达。不无夸大地说，林白的小说以它特殊的光谱，折射出那些文明的死角。

1990年林白的《子弹穿过苹果》以其异域色彩和尖锐的女性意识而引人注目。这个似乎是恋父的故事在叙述中却透示着异域文化的神秘意味。那个终身煮蓖麻油的父亲偏执而古怪，他煮颜料的爱好显得毫无道理，生存的不可言喻是所有异域文化的根本特征。那个马来女人蓼神出鬼没，她像一个精灵四处游荡，却迷恋上煮颜料的父亲。父亲与蓼若即若离的关系与“我”和老木这对“现代”青年的情爱相混合，这二者似乎迥然相异却又有某种关联，它们是为一种习惯的叙述模式所支配，还是为随意跳跃的叙述视点所关联，或是为一种巧妙的隐喻结构所支撑?《子弹穿过苹果》，一如它的题名，在异域生活状态与现代人都市情爱纠葛的散乱关联中，表达了某种不可理喻的宿命意念和奇怪的女性文化谱系。那种随意跳跃的主观视点重在表达独特的女性情感记忆，它们是一种感觉之流，纯粹的女性话语之流。也许这篇小说还可以读出“寻根”的流风余韵和魔幻现实主义的痕迹，但是，这些都不足以抹去女性的文化记忆和表达方式。

林白的小说习惯采用“回忆”的视点，它并不仅仅引发怀旧情调，同时使她的叙事带有明显的自传特征和神奇的异域色彩。那些往事，那些回忆的片断，都指向特殊的文化意味，散发着热带丛林的诡秘气息。林白的女主人公们无一例外都是来自南方边陲地带，她们有着特殊的性情、心理和行为方式。因为异域文化的前提，那些多少有些古怪或反常的女性，也变得不难理解，她们超然于汉文化的正统禁忌之上而别具魅力。《同心爱者不能分手》《回廊之椅》和《瓶中之水》是林白近年来颇受好评的作品。这些故事多少有些离经叛道，其令人惊异之处，可能在于它们隐含着“同性恋”意味。林白着眼的那些微妙的女性关系因为附加这样一个系数而具有惊心动魄的效果，令人望而却步或想入非非。林白的叙述细致而流利，女性相互吸引、逃离的那些环节委婉有致。女性的世界如此暧昧，而欲望不可抗拒，这使得她们之间的关系美妙却危机四伏。林白笔下的女性以从未有过的绝对姿态呈现于我们文化的祭坛之上，她们具有蛊惑人心的力量和引人入胜的效果。

《一个人的战争》（1994 年）显然是林白最出色的作品，无疑也是这一时期中国女性写作最出色的作品。由于林白的存在，中国的女性写作与男性话语有了鲜明的区别，林白的女性叙事对女性的绝对的故事性、女性的特殊感觉以及语言对现实的重新编码方面都构成强有力的冲击。《一个人的战争》令人惊异之处在于，它如此彻底地讲述了一个女人的内心生活，那种渴望和欲求，那些绝望和祈祷。一个逃避生活的女人，又是如此挚爱生活，因为只有她才是如此倔强，几乎是不顾一切回到内心生活深处。这是一个纯粹的女人的故事，那些非常个人化的女性经验从狭窄的历史缝隙之间涌溢而出，它们怪模怪样而又朴实率直。小说叙事以它彻底的方式，直接从童年经验开始。那些最原初的心理欲念现在像一个绿苹果悬挂在多米的蚊帐里。多米五岁就初尝禁果，这使她过早地与周围环境区别开来。对幼年孤独感的表达与那些极端的个人心理体验相渗透，小小的多米就是以这种方式开始自我认同，开始她漫长的拒绝和逃避之旅。那顶蚊帐是同谋，是多米幼年的天堂，也是多米成年后的地狱。不得不承认，林白的叙事一开始就抓住这些超乎寻常的经验，抓住这些富有象征性和贯穿始终的代码，它们潜伏于叙事的最初的角落，使整个故事具有无法分隔的内在力量。多年之后，在轰轰烈烈的大学校园，多米依然躲在她的蚊帐里，透过蚊帐的网点观察她置身于其中的环境，她一如既往沉浸在她的故事里，漠然地看着她们在她的蚊帐之外来来去去。

多米是一个内心有力量的女孩（尽管她一再自我表白说她内心没有力量），这就像二十世纪初易卜生所说的那样，谁最孤独谁就最有力量。多米不怕孤独，不害怕被孤立，躲进她的内心，就像躲进那顶白色的蚊帐一样，那是她回归自我的乐园。我说过这部小说是一次彻底的倾诉，它无须回避，它没有什么需要掩饰，这是一次类似卡夫卡所说的自我埋葬式的写作，彻底的倾诉就是彻底的埋葬。幼年的快乐与孤独，十九岁时的辉煌与惨败，多米总是执拗而怪模怪样地走着自己的路。“她拿着手电筒走在漆黑的乡道上……”，这是多米在农村生活岁月的象征性的描述。这个不肯深入群众的孤僻之子，居然也想入非非要出人头地。看来那时的多米并未六根清净，她还是期望获得社会的认同。多米就是这样一个人，她总是在孤僻与虚荣之间徘徊。林白能把多米的孤独感刻画得起伏跌宕，就在于她并没有一味沉入内心世界而无法自拔。多米在孤苦伶仃的岁月中很容易滋生一些不切实际的念头，她打着手电筒走在漆黑的乡道上，想到了“奋斗”，她甚至异想天开要写“电影”或“诗”。这个被群体遗弃的人，寄望于用笔和纸一步登天。十九岁的多米聪明，出类拔萃，她当然也渴望成功。改稿的喜悦还没有来得及品尝，这个年轻的文抄公不得不咽下身败名裂的苦果，多米迅速退缩进她的封闭世界。作为一次对内心生活的全面梳理，林白没有回避记忆中的那些暗礁。那些在生活的尽头滋长起来的希望，那些无法正视的挫折，那些绵延不尽的悲哀，它们尘封于内心生活的深处，那是无法逾越的存在，那是绝对的存在。我说过这是一个纯粹的女人的故事，只有纯粹的女性写作才会正视这种存在，才会彻底倾诉这种存在。

当然，这还是一个绝对的女性故事。它如此偏执地去发掘反常规的女性经验，那些被贬抑、被排斥的女性意识，从女性生活的尽头，从文明的死角脱颖而出，令人惊奇而又惶惑不安。林白的小说在当今文坛给人以兴奋，又颇有非议，大约与她独辟蹊径去揭示那些怪异的女性经验不无关系。她近年发表的一系列小说，诸如《同心爱者不能分手》《子弹穿过苹果》《瓶中之水》等等，都对一些怪异的边缘性的女性经验加以发掘，它们展示了一个女性的奇观世界。《一个人的战争》在这方面则是大胆地往前走，它是如此深邃地沉醉于自我的经验世界，它是如此绝对地埋葬自己，以至于它无所顾忌地倾诉了全部的内心生活。结果，这次返回内心的倾诉，不得不变成一次超道德的写作。它对男权制度确立的那些禁忌观念，对那些由来已久的女性形象，给予了尖锐的反叛。多米三岁就没有父亲，无父的感觉在她的心里很可能是一片抹不去的阴影。小说没有提到渴望父爱，但不难感觉到多米内心的祈求，她的逃避、她的片面的自我认同，在这里可以找到最初的线索。小说的结尾处，多米以她奇特的婚姻形式填补了最初的缺失。

残雪曾经表现过女性封闭的世界，在残雪那里，女性以她极端自虐的方式表示对男性的断然拒绝，那是一个绝对封闭的女性世界，以至于残雪的小说里只有一些关于女性的片断感觉，一些始终在能指层面上滑动的话语碎片。显然，林白的叙事重新开启了女性封存已久的那些心理角落，它以女性自慰的方式敞开女性的多元性。没有人像林白那样关注女性的自我认同，女性相互之间的吸引、欣赏，女性的那种绝对的、遗世孤立的美感。北诺，美丽而奇特的女人。美丽的女人，一个多么有诱惑力的说法，她们总是有一些其他的表述方式：尤物、玩偶、伴侣、情妇等等。现在，美丽的女人满街都是，她们穿着超短裙呼啸而去，她们已经不是女人，她们是尤物、玩偶、伴侣、情妇……她们什么都是，就是不是女人。北诺，林白经常痴迷的一些女人，那是一些绝对的女人，她们在生命的某个阶段不期而至，然后又倏然消失，使我们看不清生命的真相。南丹是一个出类拔萃的女子，她显然是因为过分自以为是而对所有男性嗤之以鼻，不管在个人的经验世界里，她有真实存在的理由。在小说中，她像是一个女权主义的概念，一个妇女解放的前驱。

不管如何，在林白的故事中，女性总是经受莫名的屈辱，她们是如此容易遭受伤害，而男性触角（权力、欲望和幸福的诺言）又是如此轻易地打开女性的自我封闭之门。多米在她的青春年华像条惊慌失措的鱼在永远陌生的异地他乡游走。这一切都以犀利而流畅的倾诉涌溢而出，林白的叙述自由挥洒，极为明快的语言句式，随意且充满锐气，奔放而优雅从容，干脆利落却不失隽永醇厚。

也许人们会对林白如此详尽倾诉内心生活而感到疑惑不安，或者不以为然。然而，她彻底地表现了一个女人的生活，多米从我们庞大的写作制度体系中滑脱出来，她是这样一个女人，她在幼年时期就按自己内心深处的不可扼制的内在力量去追求更彻底、更自由的人生。很多年来，她封存于自己的内心，她被环境随意摆布，各种失败纷至沓来，然而，她不能接受社会给予她的限制和压迫，甚至不能接受社会给她安排的角色，她怀抱着那些绝对的女性观念，那种超乎寻常的女性的感觉方式，倔强地在生活的尽头行走。“她的身上散发着寂静的气息，她的长发飘扬，翻卷着另一个世界的图案。”这就是多米，一个已经逝去的灵魂。一部成功的长篇就是一次自我埋葬，林白埋葬了多米，她当然埋葬了自己。

1995 年林白发表《致命的飞翔》，与其说这是林白最后的冲刺，不如说是一次致命的写作。“北诺曾经在我的青春期一闪而过”，那些压抑在记忆最底层的印象，只在生活最孤寂的时刻偶尔呈现。也许这正是林白写作的特点。那些最奇怪的生活片断往往是她写作的起点，它们是最真切的个人记忆，又是最虚妄的幻想。关于一个女人的故事由一些忧伤而动人的场景构成，它们包裹着锐利和极端狂妄的女性冲动。在这一意义上，林白的个人记忆又是放任自流、毫无节制的女性妄想，一种致命的飞翔，而对细节和具象的关注，使她的叙事具有特殊的质感。她近期的长篇小说《守望空心岁月》（1995），这个看上去极为文弱的人，何以有如许勇气，这是令人惊异的。

不管如何，在九十年代文学的集体想象关系解体之后，文学不得不面对个人的存在经验写作，而女性主义叙事则乘机显得特别活跃。当代小说应该说是处在某种绝境，而女性叙事则试图走极端的方式走出穷途末路。制造生活奇观，发掘那些被掩盖的精神死角，甚至精心策划一些欲望化的观赏场景，对这个时代的女性的内心世界和她们的窒息而又空洞的岁月作一次彻底的清理。她的叙述锐利而惊人，打开女性自我记忆的深处，她审视那些令人绝望的时刻。一些不断被歪曲的生活事实，它们毫无留地呈现于男权的祭坛之上。这既是女性小说作出的特殊的选择，也构成了当代中国小说向心灵深处推进方面的特别经验。

九十年代中期崭露头角的虹影，由于保持着写诗的特征，她的小说写作一开始就定位在相当复杂的叙述感觉层面上，同时着力去揭示那些怪异的女性经验和人性隐秘的内在世界。通观虹影的小说，你不得不惊异她把女性的内心经验，更彻底地说是女性的白日梦，描写到极端的境地。她的《康乃馨俱乐部》（1994）则是女性白日梦的表达，毫无疑问也是颇具叛逆性的女性写作。作为虹影写作的一次概括，它当然也是当代中国女性写作的一个奇观。

作为这部小说第一部的《康乃馨俱乐部》，描写了一群时髦怪异的女子，她们开着吉普车，文身、剪寸头、时兴乞丐主义，在午夜出动。这些乖戾的女性组成的康乃馨俱乐部，主要实施对男性的报复。虹影的叙事把男女关系推到极端，它们构成妇女被压迫、欺骗、遗弃的历史，她们遭遇欺骗、压迫之后就是被丢弃。不管是作为父辈形象出现的“父亲”和“主编”，还是作为情人角色出现的“古恒”或是鹰之类的男人，都遭到根本的否定。那些困扰女性由来已久的焦虑和恐惧，现在被细致地呈现出来，“乱伦”和“背叛”构成了全部男女关系的两个死结，两个无法逾越的基本障碍。在既定的文化秩序里，女性只有服从，现在这些不安分的女性精灵，猫、债主、妖精等，开始铤而走险，她们实施的报复是对男性进行阳具切割。从表面上看，虹影的叙事显得极为离奇荒诞，那些行为方式，那些生活场景，都远离生活现实，如同梦境一样怪诞虚幻，它们确实也就是女性的白日梦，彻底的、不受现在文化秩序规范的白日梦。在这里面，女性的经验、感觉被再现得极为充分。彻底的女性叙述才具有毫不妥协的离经叛道的意味。

如果认为虹影白日梦式的叙事只是离奇古怪，那就过于表面化了，事实上，在这些放任而夸张的叙事中，隐含着相当尖锐的对两性关系历史的重新思考。这个叙事人“我”的命名，就构成对父权制的质疑。

这次命名是具有反讽性的。这个由父亲来命名的仪式，揭示了父权制的性暴力与文化史合谋的历史渊源。这一切都写在“字典”里，男权书写的历史典籍里面已经给定了女性的历史地位，并且这一切以中国文化特有的东方神秘主义的叙事加以权威性的表达，它被置放在天人合一的神圣结构里。当然，还不能说虹影的思考就非常清晰而深刻，但她的追问是有挑战性的。在迄今为止涉及妇女与男性、与社会对抗性冲突的小说里，虹影的叙事确实是最极端的。八十年代中期，刘索拉的《你别无选择》中出现的追求个性和现代精神的女性，她们还难逃男权崇拜的怪圈；随后的残雪则把男权推到一个被质问的位置上，残雪笔下的女性是以逃避的、纯粹个人幻想的形式来拒绝男权世界；在陈染、林白和徐小斌的叙事中都可以看到对男权的逃避和怀疑，但她们多少都保留了男女两性调和的最后幻想。虹影则走向极端，在她的叙事中，女性一开始就是以报复的面目出现，她们采取了最极端的行为，那就是根本否定阳具的存在。当然，我未必欣赏和赞赏这种极端，也不是说越极端就表达了越值得肯定的女性经验，我想指出的仅仅是当代中国女性写作的走向所达到的极端程度。

虹影表现了女性的极端反抗，但并不等于她认同了这种反抗的有效性。小说的结尾，那个背叛者“古恒”（他的名字本身对男权文化的历史永久性地进行讽喻）再次出现，这个和好的场景并未表明男女对抗的解除，相反，它导向对极端反抗的怀疑。显然，虹影并没有像极端女权主义者所做的那样，断然否定男女在生活世界里的必然联系，她终究意识到二者的必要关系。问题并没有解决，留下的是更复杂的和更深的疑问。

就其小说叙事来说，虹影的叙事很有包容性和立体感。就《康乃馨俱乐部》而言，可以看到虹影把纯粹的女性幻想世界与个人的直接经验加以混淆，那些离奇的、放任的行为，那些激进的场景和不可思议的女性的心理，与极为细致的个人的感觉经验随时糅合在一起，使虹影的叙事坚韧锐利而又有可感性。当然，虹影的小说叙事经常放开手对生活进行断片式的任意书写。《康乃馨俱乐部》里的那些“我”的回忆和感受、与其他女子的活动，以及幻想场景，都如同一些随意涌现的生活断片，它们没有情节上和逻辑上的必然关联，但是叙事人的内心感受始终指导着叙事的展开，把那些散乱的场景组合在一起，把现实和幻想打碎，加以重新组合。在这里，对生活进行断片式的书写与寻求生活隐秘的悬而未决的诗意达到了外在与内在性的统一。

如果说具有“女性意识”的女性作家倾心讲述非常个人化的女性故事；那么，海男则是一直在以纯粹女性化的语言去完成诗性的祈祷。海男的小说基本上没有明确完整的故事，那些片断和情境飘忽不定，稍纵即逝。很显然，海男的诗性祈祷包裹着一个关于生与死的原型故事，它植根于女性生命意识的深处，在灵与肉的撞击中撕开那道无底的深渊。在海男的诸多的作品中，始终贯穿着一个关于“父亲”死亡的故事。这也许根源于真实的生活记忆，但它也无可阻碍地沟通了女性的原型记忆——女性无可排遣的“惧父（恋父）情结”。父亲总是以死亡的形象构成叙事的起源，这道阴影笼罩着少女成年的经历，并且支配了以后的岁月。《人间消息》（1989 年）描写了一些男女性爱片断，这些走向生命欢愉的故事不断生出一些死亡的副产品。父亲的死亡似乎在叙事中断离了，但是它始终悬浮于这些性爱片断之上，它是某种不可抹去的生活记忆和叙事无法抵制的“巨型代码”。那些对爱的祈祷总是伴随着死亡的意象，“父亲”是一个无法逾越的绝对存在，一种先天性的占有和永久的恐吓。

海男偏爱“死亡”，这确实令人惊异，但是她写起女人赤裸裸的欲望来也毫不手软。《没有人间消息》（1993 年）又以一个死亡的消息为故事的开端，这是一个古旧的女人为爱而死的故事，但是那些动人的情节和古典情愫消失了，只有一些散乱的碎片，它们随着欲望的流动而脱离正常的生活轨道。海男讲述的关于女人的故事总是被那个父亲之死的故事不断侵犯，这两个故事被强制性地重叠在一起，与其说出自明确的创作构思，不如说是出于纯粹的女性叙事被女性的原型记忆所支配的女性自我表白的话语。用传统的或习惯的眼光为看，海男的小说很难把握，松散随意，没有中心，更无整体；它主要由一些内心独白和感觉片断构成。她不仅仅让那些人物随意死去，而且也让那些叙事段落任意死去。海男曾经表述过她对小说的看法："……小说便是可怕的死亡，巨大的、无可阻挡的死亡……每一个小说中的人都该平淡而从容地死去。作者必须让他们死，如果不缓慢地死就迅速地死。生者是没有的，生者便是死亡，每一个生者必须死。小说的艺术就是处置一个活人死去的艺术。"（《出发》,《花城》1992 年第 4 期）这种小说观念显得有些极端，它可能是现代主义理论与某种女性经验混为一体的产物。尽管海男的小说很难普及推广，从文学的角度来看也过于偏激；但是作为一种极端的女性话语，海男无疑是继残雪之后最纯粹的女性主义者。

这样一种女性小说可能会招致一部分人的非议，它过于狭窄，没有广阔的现实背景，一味沉浸于女性的小天地；但是如果我们适当考虑女性经验的独特性，并且对当代小说的多元化趋势持宽松态度，可能会给这种女性小说留下一席之地。

第四节　无法面对的现场：消费时代的女性侧面

当代中国的女性写作一直无法面对外部现实，这确实是一个令人困扰的问题。事实上，年轻一辈的作家普遍有逃避现实的倾向，而对那些超现实的、似是而非的历史故事倾注热情。只不过女性作家更绝对地坠入自我的深渊，这使她们讲述的那些故事片断显得尤为虚无缥缈。确实，这个日新月异的现实，这个脱序的多元混杂的、狂乱而无比生动的现实，一直是当代中国先锋文学的陷阱，是它无法面对的现实。既要保持先锋性，又要面对现实，这使当今中国最有才能的一批青年作家望而生畏。同样，这对于那些有先锋性倾向的女性作家是难以突破的困境。

于是，如何在回到内心世界与外部世界的对立方面找到一种最有力的接合方式，成了女性小说必须面对的难题。在这方面，徐小斌的写作极富挑战性。徐小斌曾经以《对一个精神病患者的调查》引人注目，据说这篇小说曾给海子以极大的震动。近年来徐小斌对女性的心理经验尤为关切，特别着力于表现女性对生命本我的恐惧心理。《末日的阳光》（1993 年）讲述一个十三岁少女的成年经历。对生命的意识使这个十三岁的少女陷入恐慌，初潮的经验成为抹不去的一片猩红色，一直困扰着走向成年的少女。这片猩红色又浸透了那个红色恐怖年代的背景，那些社会化的泛政治的恐惧严重侵入女性的本我记忆深处。徐小斌试图去解开女性个人记忆深处的那些死结，去发现妇女生活中那些最内在的东西。显然，只有非常个人化的经验，例如“姐姐”就对此浑然不觉。徐小斌刻意采用的长句式，堆砌大量的形容词和补语结构，运用语言的暴力来强化那种无法逃脱的恐惧感。从后来的《迷幻花园》（1994 年）中，则可以看到徐小斌对女性经验进行更为激进的探索。那种恐惧、乖戾、男女之间天然的博弈关系，相互的诱惑与背弃等等，被强制性地置入当代正在剧烈变动的消费社会，女性生活正在以一种全新的而又可能是变了质的方式重新组装。绝对的抽象与绝对的具体相融合，并且以一种舒缓纯净的句式叙述出来，虚幻而有某种末世学的意味。

《迷幻花园》属于实验性很强的作品，它没有明晰的故事情节，但是有着非常精致的感觉片断。写过《对一个精神病患者的调查》的徐小斌写下这种小说是一点也不奇怪的，《迷幻花园》又是一次对女性的某种接近疯狂状态的心理描写。在最低限度上，这篇小说可以看成是关于两个女人和一个男人的故事。芬和怡是一对少女时代的好友，怡着迷于高深莫测的博弈论，芬则成为一名时装设计师。金的出现使女人的世界出现破裂，芬和怡无可挽回地成为情敌。她得到了金，怡则消失了。芬如愿以偿与金成婚，金却对倒买钢材和炒股发生兴趣，迅速衰老的芬被弃置一旁。芬不得不想方设法做出各种性感姿势吸引金，芬用心良苦却徒劳无益。也可能多年过去了，怡再次以惊人的美丽出现，怡和金的故事进入鸳梦重温的暂时阶段，然而，不可避免地还是以准悲剧的形式结束。

显然，这个故事并不重要，重要的是它引向对女性绝对命运的探寻。少女之间惯有的纯真友情，在这里被处理成女人最初的“镜像置换”。芬与怡最初通过对方认识到自己的特征，并且在后来的岁月里，她们总是处在奇怪的分离和重叠的状态中，她们各自占有对方的位置，又不断迷失。徐小斌似乎试图表明女人永远找不到自己的位置，芬夺取怡的位置不过是完成了一次放逐。女人的形体与灵魂永远错位，因为中间总是插入一个绝对的男性，她们永远无法跨越这道门槛。徐小斌对女人存在境遇的书写，充满了绝望的诗情。她选择现在最有象征性的消费社会的文化代码，时装、美容、电影拍摄现场等等，构成一幅超级的现实主义场景。这使那些悲剧式的女性加倍散发着诗意的美感，她们在叙事中被那种极端的女性体验与纯粹的女性感觉所渗透，她们的形象被符号化了，同时又以异常明晰纯净的感觉片断呈现出来。这使得徐小斌的叙事虽然掩藏着形而上的意念却并无晦涩之感。

这篇小说无疑企图求解生命存在的极端含义，它是那些女性末世学或宿命论、灵魂转世学说以及玄奥的博弈论相混淆的超级方程式，这种方程式被卷入当今正在突飞猛进的消费社会，使女性的分裂变得惊人而绝望，产生如同本雅明所说的那种“震惊”的效果。从这篇小说中无疑可以看到博尔赫斯的那种魔幻色彩（博氏就写过一篇牵涉到东方中国的小说——《交叉小径的花园》），也可以看出与格非、余华、孙甘露的某种沟通。但是徐小斌显然在新的历史阶段，试图超越这些先锋，而事实上，在某些方面她也做到了。她的那种真切的女性经验、对女性双性恋（镜像置换）的朦胧书写，以及她把最玄虚的观念与当时最为流行的现实代码（例如倒买钢材、办公司、炒股票等）相混合，进入一个语言的享乐主义空间，这些都表现了一种特殊的女性经验，它是对女性主义的形而上学和最现实的女性境遇进行文学修辞学的双重穿透。

徐小斌的作品数量相当丰富，在这里难以一一展开叙述。徐小斌的小说从总体来说，越写越有女性的特点，越写越有力度和深度。她的显著特点是从女性最直接的情感经验和困扰人类的那些最玄奥的形而上学观念两方面展开她的叙事，这使她的叙事既具有直接的经验性，具有那种透明感很强的情境和气氛，又具有非常深奥的生存意蕴。九十年代中后期，徐小斌把神话不断引入小说叙事，把它和女性最内在的心理体验以及她们无法摆脱的命运相联系，这种的探索无疑极有潜力，并预示着女性写作的新的前景。

九十年代，中国社会更加全面走向市场化，随着经济的高速发展，中国社会的城市化程度也越来越高，这使中国民众的生活和价值选择、人们的感觉方式都发生相应的变化。面对变动的社会，中国女性作家如何表达她们的选择，这同样是一项挑战。在这一意义上，张欣的那些描写城市职业妇女生活的小说就有必要给予特别的关注。

身处广州特区，张欣较早感受到走向现代化的都市生活。伴随着都市的写字楼、大饭店和歌舞厅遍地而起，一个新的群体成为都市的特殊景观——城市职业妇女，张欣在这里找到她的写作源泉。过去坐办公室的妇女，她们被制度和政策所规定，和男性公民一样，不过是国家机器上的一枚螺丝钉。现在出现的这些职业妇女，这些被称为“白领丽人”的女人，是当代中国都市的精灵、鬼怪和梦游者。在都市这个充满了雄性扩张欲望的空间，在那些高大的像阳具一样挺拔的写字楼的阴影底下，这些行色匆匆的职业妇女又是如何像梦一样消失，像谜一样出现。《绝非偶然》是张欣比较出色的作品，这篇小说写出了职业妇女的艰辛和她们所承受的精神压力。这篇以第一人称叙述的小说，与那些女性意味浓厚的作品不尽相同，它十分注重故事性，叙事明白晓畅，甚至与通俗读物相去未远。张欣的叙事显然在日常经验上极下功夫，特别是写字楼里面男女之间的打情骂俏，她的作品十分真切妥帖地描述了改革开放以来建立的新型人际关系，价值观、生活态度和行为方式等发生的巨大变化。追时髦的麦星对自己的审美观念孜孜以求，她终究在这个崇尚新奇的潮流中有所收获。阿恰看上去肆无忌惮，像个彻底解放的女性，而实际上她也不过是在虚张声势。由哲学教师变成白领职员的甘锦良，似乎如鱼得水也难忘旧日情怀，他试图用名牌西服来遮蔽过去的记忆，却又对身着“朱丽纹”的糟糠之妻无可奈何。这些方兴未艾的上班族，赶时髦，拼命挣钱，高消费，玩感情，当然也不乏时有高尚之举。如果仅停留于此，张欣也不过是泛泛而谈俊男倩女的故事，充其量在城市小说方面独树一帜，与女性意味并不相干。张欣的突出之处在于，她尤为关注职业妇女所承受的精神压力和她们执拗表达自我情感的那种状态。

张欣的故事总是有一个非常醒目的双重线索，即写字楼（过去是单位）与家庭的平行交织。以她女性对“家”的特殊眷恋，来勾画女性所置身的矛盾境遇。主人公何丽英，刚强有余而柔弱不足，这大约是职业妇女的通性。然而女性依然难以摆脱“家”的束缚，这并不是说她们最终无力割舍对家的依附，而是她们终究难逃“家”的伤害，这是女性最内在和最致命的伤害。何丽英与丈夫展开一场模特儿争夺战，在这场争夺中，何始终处于劣势，女性为自己的感知方式和行为方式所蒙蔽，而男性则是以他的不择手段迅速取胜。现代社会的商业关系已经如此严重地侵入家庭，受害的则是女性。在现代商业背景上重新结构的男女关系（和家庭关系），其实构成了新的男女不平等。职业妇女不仅仅面对与男性展开激烈的竞争，更重要的是她们重新被拖入男性编制的网络，最终的操纵权总是掌握在男性手里。过去是每个成功的男人背后总有一个女人（操持后勤之类的工作），现在则是每个成功的女人背后肯定有一个男人。那个女强人谭雪航，显然是因为在赵傅二位大老板之间周旋才有一席之地，而清纯俊丽的冯剪剪当然是因为符合赵傅二位老板和男性的口味才受到特别的重视，而她这个尚未出校园的青春玉女，她的梦想、她的美貌也只有在男性欲望化的目光注视下才会实现它们的价值。

在张欣的叙事中一直洋溢着浓郁的浪漫情愫，那些男欢女爱的故事带着南方的娇媚、特区的热烈和港台的风情，如歌如诉，流畅而清俊。她的那些女主人公大都优雅多情，缠绵而执拗，总是处在剪不断理还乱的感情困境之中。与那些高雅执着而守身如玉的白领人相匹配，张欣给她们安排了一些坚硬冷峻、苦大仇深的猛男勇夫。这些都市里的不安定分子却令那些白领丽人情有所钟。从《永远的徘徊》（1992 年）和《伴你到黎明》（1993 年）中可以看到张欣的叙事更加简练硬气，并富有动作感。美女英雄的模式被一些城市犯罪和黑社会的事件包裹，温馨浪漫且又惊险横生，似乎更像电视连续剧的文学脚本。

从总体上而言，张欣当然不至于重蹈港台言情小说的旧路，对职业妇女命运的关注、叙事中暗藏的反讽机锋，以及对流行时尚和术语的随时嘲弄，使张欣的小说不失锋芒，颇有锐气。从某些方面来说，还得了一些王朔的韵味。现在，“王朔”已经成为一个文学的贬义词，攻击王朔成为一种时髦，一种有关高雅、严肃和正义的证明。毫无疑问，王朔有诸多不是，但如果连王朔的文学能力都视而不见，那就有些失之偏颇。王朔对当今中国都市生活的书写方面无疑独树一帜。这种对比仅仅是为了强调张欣的小说还是具有某种力度的，熟知流行时尚而能穿行其中，这使张欣的小说具有很强的可读性。八十年代后期以来的文学写作，无可否认在形式结构和语言感觉方面达到相当的艺术高度，远离现实和城市生活而一味在语言句法上下功夫，使这一最有才华的作家也远离读者大众。在文学范式转型的阶段，需要在艺术水准上爬高，一时盘旋于艺术高度是必要的；当那些艺术经验已经普遍被认同，小说叙事还是应该切入现实生活才更有力量。九十年代的中国文学明显处在大规模的下降运动中，这是说它的姿态和立场。精英主义式的写作已经退化，取而代之的是个人平民化的写作，是与这个社会处在一个完全平等位置上的写作。在这种历史趋势面前，对于张欣这种小说，应给予恰当的位置。她的故事就是当今正在变动的社会生活本身，她的写作行为也是这个消费社会的一种景观。对流行生活的写作，她的写作本身也具有流行的特征，这种特征构成了当今文化全球化潮流在中国的回应。这种叙事给人们以快感，以强烈的中国社会转型的多元性经验，就这一点而言，张欣的写作又处在了当代生活的前列。

第五节　结语：依然迷惘的中国女性小说

事实上，当今中国的女性写作阵容庞大，这里难以详述，而为了对历史进行提纲挈领式的扫描，也就难以面面俱到，甚至也难避免有削足适履之嫌。这样有些无疑是极为出色的女作家的创作就很难被全面顾及。例如，毕淑敏是九十年代十分活跃的女作家，由于她视野开阔，行文洒脱，关注普遍而尖锐的社会现象，也就无须把她纳入到女性主义的话题底下来谈论。又由于篇幅所限，对铁凝、迟子建、蒋子丹等人未加论述。铁凝在九十年代初以《孕妇和牛》等作品再度引人注目，而《对面》（1993 年）也可见其笔法更为精湛，而且以一个伪装的男性目光的窥视为叙述视点，欲望化的观赏与女性的命运遭遇相重叠，在可读性与叙述方法以及对现实的穿透力方面，都作了大胆尝试。迟子建近年来写下一系列的回忆往事的小说，简洁明净的叙事和淡雅的怀旧情调，却也别有韵味。蒋子丹写特区生活，对职业妇女的描写当有独到角度，正可与张欣相映成趣而平分秋色。当然还远不止这些。中国文坛历来有“阴盛阳衰”之说，尽管此说未必尽然，但也足可见全面把握这一问题的难度和所需要的篇幅。

从总体上来说，中国的女性还是承袭中国新时期以来的现代主义的传统，只不过在后新时期宏大寓言解体的历史情境中，女性叙事可以更彻底地回到女性的内在经验。那种女性的焦虑感经常具有观念性的意义，它和现代主义的一系列命题还是构成一种潜在的对话关系。也正是在拒绝现代主义的那些明确完整的关于信念危机、关于永恒的终极意义方面，中国女性写作在某种程度上显示了她们特有的后现代性倾向。统观九十年代以来的中国女性写作，可以看到以下几方面特征与八十年代很不相同：

其一，以女性特有的立场和态度关注女性的生活，回到生活的日常性。如池莉等人。

其二，以女性个人特有的情感记忆重新写作历史神话，表达女性对历史叙事的解构和重建。如王安忆。

其三，以极端的女性个人体验回到女性内心生活，创造一个纯粹的女性修辞学的存在空间。如陈染、林白、海男。

其四，以对女性生存的终极性意义的探讨，去构造一种新的女性神话学。这种神话学最大可能统合了女性的起源史和女性在非历史化时代的命运。如徐小斌和蒋子丹等人。

其五，以直接的现实经验切进当代中国商业社会，去表现当今中国女性的生活方式、价值选择的显著变化，去表现中国传统社会向现代和后现代社会过渡所经受的种种挑战和震荡。如张欣等人。

在这里，我并不是说现在就迎来一个女性写作的黄金时代，女性作家在多大程度上关切女性自身，关切女性的现实命运和文化作用，是值得怀疑的。那些初露端倪的“女性意识”在很大程度上是个人化写作和文学创新的副产品，这不过是一次勉强的解放和随意的自觉。毫无疑问，女性写作依然存在诸多的局限和不足。女性主义意识依旧淡薄不能不说是其首要原因。就这一问题很可能会招致怀疑，在文学的范围内，

"女性主义意识"是否有理由成为衡量女性写作成功的标准？这无疑值得推究。我当然不是一个女权主义者（虽然西方相当多的男性批评家持女权主义立场，例如在西方极负盛名的批评家特里·伊格尔顿就一直坚持女权主义立场；世界妇女人权大会讲坛上就不乏男性慷慨陈词），某种程度上还保留有"大男子主义"的陈腐观念，但是这并不影响我在文学专业领域作出必要的探索。如果我们在最低限度承认女性写作与男性写作存在差异，那么强调这种差异总是比抹杀这种差异更有助于突出女性写作的个性。如果再进一步考虑到文学创作的多样性，那么，强调女性写作的特殊性有可能使文学世界变得更为丰富多彩。我在前面谈到过，由于中国没有广泛的社会化的妇女运动，这使中国几乎没有女权主义文学，这也是中国的女性写作缺乏广度和力度的症结所在。因此，强调女性意识，或者说比较明确地表达女性主义意识，无疑使女性写作更有思想穿透力。

就当今女性作家仅有的"女性意识"而言，主要是在个人经验范围内的自省意识，这在很大程度上是个人话语的副产品。因而，多少具有"女性意识"的作品难免生活面狭窄，无力与现实对话。生活面开阔的女性作家，其叙事方式与男性作家相去未远，当然不太关注女性自身的问题；而回到女性经验的女性写作，显得视野还不够开阔，缺乏变化。一开始还会给人以新奇感，长此以往则流于无病呻吟。中国文坛一直有"男作家献技，女作家卖血"之说，女作家大都写得很苦，很实在，不惜在自己身上挖掘素材，其志可嘉，但非长久之计。实际上，强调女性主义意识并不仅仅是回到女性封闭的内心世界，而是完全可以而且应该在现实背景下展开女性主义叙事。应该促使那种软弱的、碎片式的和梦幻式的"女性内心独白"，改变成开放式的、更有力度的对话。与历史对话，特别是与变动的现实对话，在历史意识与性别身份的双重结构中，也就是在反抗男权神话谱系及其泛政治权力实践的社会场景中来揭示当今中国的历史面目。

在这里，当然不是去人为地制造男性与女性的对立，强调某种女性主义意识，无非是企图拓宽文学的疆域，提示另一重视野，那些一直处在蒙昧状态的精神角落，将打开一个全新的世界。在这个文化转型的时代，我们的文化似乎缺乏必要的动力装置，女性主义意识也许会注入某种精神兴奋剂。正如克里斯蒂娃所认为的那样，妇女写作作为一种“特殊的写作实践”，其自身就带有“革命性”，它可以进一步证明传统社会的象征秩序是有可能从其内部得以转换的。[①] 我们的文化一方面拖曳着古旧庞大的传统；另一方面或许正在走向后工业文明；在某种意义上它还是父权制扩张而又分崩离析的时期。这样一种文化变革，给女性主义提示了一条自主选择的边缘之路，一片“后革命”的过渡区域。抵御父权制无处不在的支配，穿越那个无所不包的“宏大叙事”，在这里举行中国文学的重新出发的盛典，无疑是这个时代引人入胜的文化景观。

① 参见克里斯蒂娃：《诗学语言革命》。

第五章　表象崇拜：分享剩余意义的叙事法则

第一节　剩余的意义与“新表象”的突现

九十年代的商业主义潮流席卷了市场经济初级阶段的各个角落，“以经济建设为中心”不仅在名义上写进政府文件，重要的是它真正成为普通民众的日常行为。这使思想文化冲突形态迅速衰弱，没有人再关心思想领域和文化阵营的派别斗争。作为一项奇怪的副产品，知识分子姿态及其文化启蒙计划不了了之。文学写作当然不可能完成任何现代性企图，它的挑战意义也消失殆尽。八十年代后期步入文坛的那批年轻作家，不管怎么说，那些形式主义策略具有反抗经典话语及其写作规范的历史意义，并且在某种程度上还具有抵御精神危机的现实功能；在八九十年代之交，甚至还有某些特殊的文化象征意义。确实，在九十年代商业主义和文化投机主义巨大的背景之下，“先锋性”这种说法都显得极其勉强。文学写作既没有什么高地需要攻占，也没有什么重围需要突破。偶尔在形式主义的悬崖峭壁上攀援，也像是在演练一套花拳绣腿。“伟大的意义”已经离文学远去，剩下的不过是一些浅尝辄止的游戏，一种纯粹快感式的、观赏式的写作，对印刷术的迷恋和对少许稿酬的期待，构成了这种写作的基本动机。这真是文学史上“剩余的一代”，他们对语词和故事的挥霍，就是为了分享后现代时代那么一点“剩余的意义”。

如此看来，很有必要给这群散兵游勇命名。这些在社会学的意义上被称为第四代人的群体，其自然年龄囊括了六十年代出生的作家群（也包括了少许五十年代末出生的作家），他们在文学上可能要被称作第五代或第六代。显然，这种“代分法”显得武断而生硬。“剩余的一代”不过简明扼要地给出这群九十年代后起的作家以文化上的象征意义。“新时期”构造的那个“宏大叙事”已经破裂，这些逃亡者、游走者再也不能、也不必要从整体上书写这个时代，内在地把握这个时代。这是一个只有外表而没有内在性的时代，一个美妙的“时装化”的时代，一个彻底表象化的时代。那些现代性企图，那些启蒙主义的伟大规划，正在被这个巨大的表象吞噬。“剩余的一代”既然捕捉不到“伟大的意义”，既然只能分享那么一点剩余的意义，那么去追逐那些大块状的或支离破碎的表象，则是天经地义的事，是正中下怀、如愿以偿的美差。

事实上，进入九十年代，“剩余的一代”正是以他们对表象的捕捉为显著特征，对表象的书写和表象式的书写构成了他们写作的基本法则。那些“伟大的意义”、那些历史记忆和民族寓言式的“宏大叙事”与他们无关，只有那些表象是他们存在的世界。与这个“表象化”的时代相适应，一种表征着这个时代的文化面目的“新表象小说”应运而生。又一轮的或者说一次更彻底的后现代浪潮正汹涌而至。表象泛滥以及对这个表象进行“泛滥式的”书写，真正构成后现代时代的文化景观。正如列奥塔德所说的那样：“后现代应当是这样一种情形：在现代的范围内以表象自身的形式使不可表现之物实现出来；它本身也排斥优美形式的愉悦，排斥趣味的同一，因为那种同一有可能集体来分享对难以企及的往事的缅怀；它往往寻求新的表现，其目的并非为了享有它们，倒是为了传达一种强烈的不可表现之感。”列奥塔德把“对不可表现之物的表达”列为后现代写作的要义，这显然容易与现代主义的写作相混淆，而且他把普鲁斯特和乔依斯列为后现代的表率之作，也未必妥当。他由此推导出后现代写作的基本法则：“……使得那种不可表现的事物在自己的作品中，在能指中成了具体可感之物。整个有效的叙述甚至文体操作者的区域都在与整体统称无关的情况下发挥了作用，因而新的操作者得到了考验。文学语言的语法和词汇再也不被当作既定的东西被接受了，而倒毋宁是以学术的形式出现，以在虔敬中产生的仪式（正如尼采所说）之面目出现，这种叙述使得不可表现之物不至于被显示出来。”（《后现代状态：关于知识的报告》）

尽管列氏的意思有些晦涩且捉摸不定，但有几点是可以理解的：（1）强调表象自身的形式；（2）能指成了具体可感之物；（3）与整体无关的表象之流；（4）不可表现之物不被显示出来。为尼采的幽灵困扰的列奥塔德，多少还拖着现代主义的尾巴，那个“不可表现之物”依然隐瞒着对这个世界本质洞悉的企图。当今中国的文化现实在某些方面比列氏的激进理论走得更远，在这个全面扩张的表象背后，并没有隐藏什么“不可表现之物”、某种不可知的神秘、不可洞见的幽暗。没有，那个不断膨胀的表象背后，空无一物，一片虚空，一片澄静，那背后只有“无可表现之物”对“无可表现之物的表达”，我们时代的“新表象”小说已经完成对列奥塔德的超越。对表象的迷恋，一种自在漂流的表象，使九十年代的小说如释重负，真正回到了现实生活的本真状态。不管把这个时代的生活描述成分崩离析的情势，还是生气勃勃的形态，都无法否认现实本身发生了巨变，当代生活正在以夸张的姿势奔腾向前。没有人能够抓住它的本质，触摸它的精神和心灵。不管人们是欢呼还是逃避，欣喜还是恐慌，你都无法拒绝扑面而来的表象之流。

第二节　表象 A：无法穿透的现实外壳

“新表象”小说从新时期的“巨型语言”中走出来，走向后新时期的价值解体的情境。就其美学母本而言，它是八十年代后期的“先锋小说”的叛臣逆子，在某种意义上，它还是“先锋派”和“新写实”相调和的产物。你可以看到“先锋派”的那些叙事笔法和语言风格，虽改头换面而风韵犹存；“新写实”的那些态度滋味，似曾相识却面目全非。那种反抗式的革命写作和宣言式的生活立场，业已被打碎，现在只有面对纯粹的生活本身。这是一次惊人的裂变，也是一次果敢的冲刺，而且还是一次可怕的下降运动。在这次“下降运动”中，北村是个富有象征意义的人物。这个曾经蓄着大胡子的先锋派，这个我们时代最后一位文学信徒，一直在形而上的高空飞翔，也一直在神秘的宗教区域行走，你确实很难把那些玄奥的观念与所谓的“新表象”联系起来。然而，正是北村这样一个向形而上领域绝望冲刺的宿命论者，他所表现出来的微妙变化和无法控制的叙事形态，最强有力地折射出无法抗拒的时代潮流。

实际上，北村的叙事一直就与“表象”纠缠不清，他热衷于描述一个人“像稻草一样倒下去”的姿势，一副“在风中摇晃的盔甲”，或者某个“稀松的送葬队伍”，等等。那些“表象”被卷进语言的迷宫，并且为某个不可知的形而上意念所支配，那些精致的表象却如梦境一般虚幻迷离，那些诡秘、乖戾而偏激的生活样态，显然是在喻示某种“不可表现之物”。

北村的《施洗的河》讲述一个堕落至极的灵魂得救的故事。刘浪是父亲与佃农之女野合的产物，这个人一步步走上凶狠之路。他八岁那年居然试着对父亲放黑枪，医学院的教育却使这个浪子变得更加不可救药。他干着杀人越货的勾当，充当帮主，杀死无辜的女人，放荡纵欲，无恶不作。然而，他逃不脱命运的惩罚。他的眼睛几乎瞎了，他的女人居然也被他的儿子弄瞎了一只眼睛。他的儿子凶蛮而短命，他遭遇一系列的报应。于是这个作恶多端的男人开始悔过自新，他从神，从主那里吸取了新的生命源泉。刘浪和马大也重归于好，他们在上帝那里成为兄弟。于是“万物都在阳光中显出它们本来的面貌”。如果不过分追究这部小说直露的宗教情结的话，应该承认北村的叙事还是极见功夫的。他对一个人的性格、心态的极致状态的刻画，对那些凶狠场景的描写，特别是那种切入到事物本性中去的语句，都给人以极为强烈的印象。从另一方面来说，北村的写作也提出了一个被忽略已久的信仰问题。北村如此硬性地植入宗教的内容，在证明北村尤为虔诚的同时，也表明文学对此已经无计可施。

《施洗的河》试图在“内心的真实”中完成一次宗教的祈祷，那些流畅的表象却蜕化为升向天国的灵魂。穿越过“施洗的河”，北村不得不更加现实地面对日常生活，《张生的婚姻》却是对北村的写作完成了一次反寓言式的叙事。这个冥思苦想而洁身自好的哲学教授张生，被抛离于这个时代的生活之外。这个信仰之子，当然也是信仰的象征，一度成为堕落的吧女（小柳）的精神依靠，而有趣的是，这个堕落的女人曾经清纯无比，她甚至是某个流氓的灵魂清洗剂。这些信仰之物坠落于世俗的红尘，张生的哲学（尼采之类）无法解救他的生存难题，哲学被抛出了生活。

这个时代的生活充满诱惑和感官色彩。北村，这个早已改邪归正的清教徒，我相信他对生活的描写出自于灵魂的需要；然而，那个哲学教授无法逃脱感性生活的诱惑，他一开始就处在被抛弃的位置，这也使他始终处在寻找那个漂亮姑娘（小柳）的状态之中。“小柳”何许人也？高档饭店的服务小姐（或称吧女），这是当今中国最具有诱惑力的文化代码，关于这个族类的故事，类似一部有关堕落的百科全书。当然它也在书写改革开放以来最为赏心悦目的生活章节。尽管北村给她抹上了一层清纯之色，但是也遮掩不住这个角色身上散发的诱惑气息。这个哲学教授在苦苦寻找那个美丽的女郎，然而呈现在他面前的却是色彩缤纷的现代都市生活之流，教授无法抓住这种生活的只鳞片甲，他甚至借助望远镜也看不到生活的内在本质（他看到依然是酒吧里的调笑场景）。那个漂亮的小柳现在已经让他苦不堪言，毫无疑问，哲学被抛到了一边，只有这个酒吧小姐才能解救他。富有反讽意味的是，北村后来让彻底绝望的张教授双手捧起了经书，与其说经书是精神升华的标志，不如说它是世俗诱惑的代用品。如果说张生找到小柳，言归于好，那么哲学教授升华的天堂就应该是软玉温香了。

北村试图描述一个落魄的文人在世俗生活中历经波折，最终在宗教那里找到精神归宿的故事。托尔斯泰式的皈依模式令人很有些不舒服，但是北村事实上并没有从精神上拯救他的哲学教授；相反，不可能的升华更突出地表现出精神、灵魂所处的困境。除了那个硬性的、作为实物而存在的经书，北村无法进入生活的内在，捕捉不到任何思想内核。实际上，北村的叙事卷进了生活的表象之流，叙述视点追踪张生寻找小柳的生活轨迹，不过是在各个生活场景之间转换。北村的叙事从未如此明朗晓畅，他能够抓住的只是生活的外形，各种表象片断：混乱嘈杂的街景，饭店里的调笑和偷情，某些家庭的打闹以及一些未遂的和完成的凶杀场面，等等。这些现象之流蜂拥而至，它们带着现代都市生活的全部欲望和暴力，不仅淹没了那个超越现实的哲学教授，而且吞并了北村的祈祷式的写作。北村的叙事无法穿透这些表象之流，一如张生教授不能进入现代生活的内部；后者落荒而去，前者却无意中切入当代潮流。

在他的那篇题为《玛卓的爱情》的小说中，他试图再次表述人们对精神的绝对依赖，然而，理念无法支配现实，北村写了一个理想的爱情，具体化到现实生活却不得不彻底破灭的故事。观念的爱是如此纯粹，刘仁居然每天写一封信给玛卓，整整三年，每天夜里他借了手电筒的微弱光芒，伏在床上写着他的热情洋溢的情书。那束手电筒发出的微光，是现实的黑夜里来自天国的光芒，在这束光的照射下，才有纯粹的人性，才有对真理和人的真实情感的追求。而玛卓这个漂亮的姑娘，一个能歌善舞的女大学生，却感到生活的虚假和外在化的表演，她感到孤独。如期而至的刘仁，以他鼓鼓囊囊的挎包引起玛卓的兴趣，而那整整一千封信则使他们在那个干涸的泥塘里共沐爱河。这一切都显得有些怪诞，这是游弋于形而上领域，独自借用天国之光的人们特有的存在方式。

北村的叙事在两极展开，从理想与现实的两极来表现人类情感生活在现时代面临的巨大危机。对理想化的幻想之恋的描写，可以看到那种纯粹的情感生活，在这一层面北村的叙述隐约可见渗透着一些宗教圣典。例如，那束光芒，爬满蛇的泥洼，倾心相恋的人们手牵手，走来走去都是荆棘等等，这些场景都与某些著名的宗教典籍的一些片断相似。北村过去对形而上学的追思，现在变成对天国之美的祈祷。他一触及现实，就不断地陷入那些混乱的、无法排遣和抵御的俗世生活场景。面对日常生活的不可超越性和金钱对文化的绝对压迫，一个走投无路的为婚姻所困的男人，只能到异国他乡才能使生活出现转机。这真正是一个物质化的、没有任何内在性的生活。北村的精神指南是无力的，但是他的描写是令人震惊的。对于一些人来说，没有内在性的生活外壳是可怕的，而对于另一些人来说，这就是生活的解放。

第三节　表象 B：在叙事层面上流动

北村不过是一个象征人物，这个企图冲进生活深处的绝望者，没有人能怀疑他是当今时代少有的诚实的人；然而他能抓住的仅是现实的空壳、一些驳杂的表象。这个时代的生活丧失了内在性，对生活、对这个现存世界的感受，关于个人的情感记忆，也仅有一些表象而已。现在，对生活的探索，对艺术形式的追求，还能捕捉到什么实际的意义呢？那些依然保持着先锋派姿态的文学写作者，也只能抓住那些表象片断，把那些自我繁衍的能指词群加以“具象化”（表象化）的处理。于是不足为奇，九十年代多少还具有一点形式意味的小说，则显示出表象异常发达的特征。所谓叙事，不过是一些表象的随意流动或任意拼贴；或者说，表象之流就支撑起小说的全部叙事。

来自山西某个偏远地区的吕新有着奇特的感觉。还是在八九十年代之交，吕新的小说就开始引人注目，那些随意跳跃的叙述视点和怪异的乡村生活，把吕新送上先锋派的末班车。吕新的小说散漫而没有中心，有意或随意打破整体，这使吕新的小说尤为注重片断，包括一些错落有致的场景，更彻底地说，就是对表象进行自由处置而构成小说的叙事。吕新的《抚摸》讲述了一个伤残军人孤寂而无奈的一生。这部小说以战争时期国民党七个纵队的九千余名官兵撤退到黄河流域一事为背景，展示了人烟萧索的战争遗址、冤魂遍野的黄河流域、旧军里的血腥哗变、客栈中经久不绝的无头案，等等。这些苍凉的背景正好是吕新寻求的那种从容的绝望感的恰当空间。一些很不协调的男女恋情，它们像是某种纯粹的情绪流宕于其中，加深了如梦如幻的宿命意味。《抚摸》作为一部长篇小说，如此松散随意却又如行云流水，堪称当代小说叙事的奇景。这是一次对表象的随意而任性的“抚摸”，不同年代的表象被拼贴在一起，它们构造一连串的生活破败情景作为一次对人类可悲的境遇或记忆的抚摸。吕新的叙事也是一次对叙述本身的抚摸，那些随便飘移的场景，那些精致如剪贴画的情境，它们是对战争劫难和生命无常的抚摸，它们洋溢着忧伤的诗情和绝望的力量。

从另一方面来说，吕新的小说也只有这些“表象”才别具一格，他的叙事从来就不是走向故事，而仅仅是在物象之间纠缠不清。《农眼》《哭泣的窗户》《绘在陶罐上的故事》《手稿时代：对一个圆形遗址的叙述》《葵花》以及《南方遗事》等，都是吕新比较出色的作品。《南方遗事》居然标出一个副标题“遥望民间早期象征主义的磨坊”。人们通常很难理解，蛰居于某个偏远之乡的吕新，何以会有这些奇思怪想：“穿过 20 里以外的稀疏的云彩，我望见了那种四季常青的语言之树。语言下面是一个虚构的时期。”用语言重新书写晋北农业地区的形貌状态，创造一种关于农业地区的新型的人文地理学，这就是吕新写作的动机和特征。这篇小说和吕新所有其他小说一样，没有明晰的故事，只有一些奇形怪状的遐想，一些荒诞的农业情境。吕新的叙事不过是一次语言追逐物象的任意运动，那些物象构成了小说的本体。这里面不难看出法国“新小说”和博尔赫斯的混淆，这种混合物现在被强加到晋北山区，它不可避免显得怪诞而奇妙。吕新的叙事中经常出现关于“文字”“书本”和“阅读”的随想，那些从事农耕的人们甚至会迷恋阅读，这种阅读情境和物象相融合，产生一种神奇的“山区浪漫主义”气氛。如果吕新坚持在这方面探索，把晋北农业地区的故事弄得舒展明晰一些，着力于描画当代的现实，那他肯定大有作为。然而奇怪的是，九十年代中后期吕新一味去写作一些莫明其妙的历史故事，徒然在堆砌一些并不生动的语言，令人不胜遗憾。

鲁羊生不逢时却出手不凡。他显然是运足了劲才初出茅庐，然而此一时，彼一时，先锋派已作鸟兽散，人们对那些形式主义的伎俩也习以为常，或者嫉恨有加。鲁羊因此有些得不偿失，也因此显得难能可贵。作为少数几个固执“纯文学”立场的后起之秀，鲁羊一直注重叙事感觉，那些松散的故事给人以极为精致的印象。《洞酌》这篇小说的题目就显得有些古怪，像鲁羊其他的小说一样，你很难恰切地表述它在说些什么。这当然无关紧要，鲁羊是如此不经意地开始叙述、随便转折和承接，但是每个片断都写得非常有力。也许鲁羊应称为“印象派”或“意象派”，那些情景和状态总是被刻画得十分鲜明：“娜用轻盈举止把她的夏季动作又一次重复着；我觉得有时候重复的东西也是崭新的一尘不染的……”“娜崭新鲜红的红裤子一直搭在310房临窗客床的铁栏上，窗外漏进一些雨前雨后的风，吹动它就像一种激动不安的梦想。”由于鲁羊的叙述视点自由变换，故事的时间和空间被任意打乱，那些鲜明的“意象”却又不得不蜕变为没有深度而自动飘移的“表象”。那个叙述人“我”不过是一个随想者、在记忆和表象之间往来的漫游者，他对现在平庸而杂乱的生活愤愤不平却也乐在其中。当然，鲁羊的小说总是有一股悠长的怀旧情调，对那些古旧往事的追忆已经构成江苏作家群的专利，这些区域文化的特征在不断的复制中变得炉火纯青，也有些相互模仿之感。显然，鲁羊的怀旧被他的叙述视点不断扰乱，它们无法构成某个完整的现实主义故事，毋宁说是对消逝年代的表象进行一次勉为其难的缅怀，勾勒一个随意而精致的表象拼贴而成的“颓败的感伤主义轮廓”。

1992年，西飏发表《季节之旅》，这无疑是一次绝望的冲刺。形式主义实验已经激不起热情，先锋派带着成功的喜悦走上调和之路，并且尝到甜头，人们没有必要，也不再有这样的锐气向现实发起挑战。西飏的《季节之旅》则是对文学行情的公然蔑视，一次狂妄至极的自以为是的语言施虐。如果说数年前孙甘露的语言学实验带着向传统和读者大众挑战的双重姿态，并且修辞策略和形式结构都带着唯美主义的流风余韵（例如《访问梦境》和《信使之函》）；那么，西飏的《季节之旅》则是对小说叙事进行彻底的拒绝，这是一些散乱的片断，一些潦草的记忆和粗率的表白，它们是“匆匆掠过的风”。如作者所言：“这是一个关于写作的梦，一个重新开始的虽梦犹醒的古老之梦。”也许这是一种“元写作”，一种反叙事的“原构思”。在传统的创作论里被描述为初步的酝酿阶段的思绪，现在被不加修饰地呈现出来。它们没有内在统一性，没有情节和整体感。关于季节的感想混淆着一些女人的侧面记忆，这或许就是写作的最本源的力量。写作和生活、写作的欲望和生活的欲望都被还原到最初始的状态，这种叙事，如果还可以称之为叙事的话，是对生活和事物进行一次纯粹表象的概括。所有的内容、历史、文化和任何关于生活的先验观念都被一次性掏空，只有一些表象，甚至只有一些影子。如此玄虚的写作却又如一次绝对坦诚的内心独白，对现存，当然也是对我们如此平常化的生活完成一次彻底的消解。也许大多数人未必会赞同如此偏激（片面）的处置小说的方式，但是它给日趋平常化的精神生产提供了另外一种可能性方案。

第四节　表象C：生活外形状态的拼贴

对于当代最有敏感情怀的作家来说，那些形式主义的梦想不过是一点残存的热情。九十年代的小说处在不断下降的运动之中；在形式方面，先锋派的职业技巧向传统手法暗递秋波，后者也时常兼收并蓄，这使当代小说的艺术水准大大推进，也日趋圆熟老道，它们看上去是在演练一些套路；在内容方面，那些似是而非的历史故事四处泛滥，没有任何实际的现实穿透力，或者重复一些陈旧乏味的日常琐事。一种无法与历史和现实真实对话的小说叙事令人沮丧。确实，不能对这个时期的小说写作寄予太高的革命性期待，回到生活现实是当今的潮流。人们失去了意识形态的重负，也不再有创造历史的欲望，这种后个人主义式的写作，连最起码的“后革命”冲动都失去了原动力，除了回忆、独白，再也就是咀嚼日常滋味。正如我在前面指出过的那样，这样一种文化前提也使那些没有任何意识形态、先见之明的年轻一代作者，更加轻松自如地表现他们置身于其中的现实生活，无所顾忌地表达他们的个人感受。

九十年代的中国社会处在多元重构的状态，传统与现实、东方与西方、表象与实质、动机与目的……一切都显得不可思议的混杂。这种混杂最大限度地消解了现实的内在性和深度性。最为令人惊异的地方在于，那些内在的隐秘性现在大规模地转化为外在表象的神奇性。热烈的工业化进程、令人惊异的经济增长指数和消费指数、由此带动起来的生活方式和交往方式的变化，都使得当代中国处在一个巨大的历史错位的场景之中。年轻一代的作家对文学史“剩余的意义”，对当代现实“剩余的意义”一概弃之不顾，他们的兴趣在于抓住当代生活的外部形体。这个时代的小说叙事意识，已经无需去构造复杂的、情节结构和完整的人物形象，而是竭尽全力去捕捉这种混杂的拼贴的状况，就足以对现实作出极为有力的表现。

扎西达娃在 1991 年发表的《野猫走过漫漫的岁月》（以下简称《野猫》）是一篇极有象征意义的作品。扎西达娃在 1986 年呼应“寻根”而写下《西藏隐秘的岁月》，致力于发掘西藏生活中的那种亘古未变的宗教之根，那些自在呈现的生活事实，它们存在于一个不可知的神秘空间。几年过去了，扎西达娃写下《野猫走过漫漫岁月》，我想他是不得不写下这部作品，这就是他生活于其中的现实。那种隐秘的神秘性已经为混乱而神奇表象所替代。正如维特根斯坦曾经表述过的那样：神秘的不是世界是怎样，而是世界是这样。恰恰是对“是这样”自明的、没有深度性的存在表象的描述，扎西达娃把“隐秘的”西藏改变为

“神奇的”西藏，把“神秘的”西藏改变为“表象拼贴的”西藏，一个古老的西藏与一个现代西藏拼贴之后的类似魔幻的存在。

《野猫》显然有意把西藏故事虚构化，虚构性被叙述明显强调，而那些日常性生活被任意填入这个虚构化的窨之中，生活的神奇性不再为西藏的宗教生活所决定，而是现代化全盘入侵造成的荒诞后果。戏谑性的叙述给予生活虚假性；或者说这是为虚假的现代化渗透的现代西藏生活。不妨说扎西达娃的这种叙述具有后现代主义式的“拼贴性”，或者说这种神奇的（类似拉美魔幻现实主义笔下的）生活形态本身具有后现代的拼贴性。现代工业文明、商业文化以及高科技电子产品对那些宗教性很强而文明程度较低地区的全面渗透，人们突然置身在一个没有历史坐标的场所。例如那些由现代词汇构成的各种绰号，给予这些人们以第二次命名：“政策”“汽油”“劳模”“共同体”“柏林城”“丰田”“导弹”等等。它们既是对现代西藏生活的戏弄，也是对古旧西藏恰如其分的篡改。当今的西藏生活已经不再“隐秘”，它们具有全部表象直观的荒诞性：电视机与佛龛搁在一起；外国电视剧与家史的牵强串联；袖珍电子计算器；好莱坞性感女星画片；录有大活佛讲经的 TDK 磁带；可口可乐易拉罐；甚至还有汽车、“衣光杯”酒吧，还有中古骑士、游侠、强盗和一系列萍水相逢或见异思迁的浪漫爱情。

不仅仅是物质生活环境与现代化的场景加以拼贴，更重要的是“人”的“现代化”。这些长久封存于宗教隐秘世界的青年男女，在“现代化”的场景中却也如鱼得水。这里的姑娘精于跳贴面舞，小伙子擅长吹牛。那个外号叫“导弹”的家伙，自称在美国留过两年学，但有人揭露说他那两年是去广州倒腾服装生意，也有人说他在上海南京路上摆地摊卖假药。“导弹”狂热信仰马列，《资本论》啃过五遍，他对被拒之于体制的大门外耿耿于怀，对生活充满希望，也充满悲伤。他给城市下的定义是：“城市是个半成品。”至于他自己，他说：“我呢，也是个次品。”这些农奴主或农奴的后代，他们已经学会了最现代的文明语言，并且拥有全部似是而非的现代思想及其生活态度。

当代中国跨度兼容各种现象。在这里，传统和现代，精神和物质，东方和西方，历史和现实等，最大限度混淆在一起。具有历史敏感性的作家，正是在这个混乱而神奇的空间确立新的小说意识。在这里，特别值得注意的是童天一的长篇小说《返祖》（1994 年，作家出版社）。这本历经 30 次修改的长篇小说，给人以极大的新奇感。童天一（原名钟健夫）长期不在文坛内，他却奇怪地洞悉文坛的一切。这使他有一种难得的清醒，不为行规所囿的洒脱。这也使《返祖》决不跟文坛流行色同流合污，它以它怪模怪样的姿态嘲弄着文坛业已疲惫的套路、被无数次玩弄过的技巧、被咀嚼烂了的感觉和深沉。《返祖》精致而放浪，离奇却实在，尖利且又快乐，狂怪但又不失温情。这是一本奇特的小说，并不仅仅在于它讲述了一个离奇的故事，而且，它本身的叙事、它的风格同样令人惊奇。

人类学硕士岳秋在一个小报工作，竟然异想天开要倒行穿越中国，打破吉尼斯世界纪录，不料倒行途中竟在东经九十九度与北回归线的神秘交点误入长尾部落。当他九死一生逃出原始部落，向世人宣告他的伟大发现时，人们却将他送进精神病院。

这部小说在捕捉一个古怪的现象：世界性的返祖情结。文明在进化，科学技术在发展，人类却出现了返祖现象。这种返祖是生理性的，更是精神性的！在童天一的叙事中，生理性的返祖现象背后隐藏着人类精神非理性化的返祖。“返祖”而不是寻根，这是童天一眼界更为开阔、思想更为锐敏的地方。那个东方一正教授，他的职业爱好在于每天度量人的尻骨，而他自己就是一个返祖儿。幼年时被传教士带到国外，在二战的炮火中度过了他惊恐不安的青春时期。出于一种爱国行为，他回到中国。也许东方教授的学术活动出自于对自己生理的恐惧，这种恐惧在他的逃避和认同之间来回摇摆。他的人类学研究结果是收集长尾人的档案，异想天开，想建立一个长尾国。他抑制恐惧的办法不得不变成迷恋，他年轻时斩断自己的长尾未果，年老时以斩断白鼠的尾巴来象征性地完成对长尾族身份的逃避。他的企望不得不落空，斩不去的动物尾巴不过隐喻式地表示着人类这一物种面临的困境。也许在理性的意义上，童天一想写出人类最内在的自我，写出最内在的劣根性是如何顽强而不可抗拒地支配着人的生存现实，返回到最内在的劣根中去的冲动，使人的理性陷入迷狂。

童天一尤为直接地表现了反进化论的生存现实，他以犀利的笔调描写了各种人的情欲。现代人是如此狂热地陷入对动物的模仿，富有反讽意义的是，那个在龟村迅速风靡的“后背式”动作，是由一个西方的人类学家引进的。这个来自“高等文明”的人，同样，也许是更深地落入了理性的迷狂。在这个末世学的图景中，主角岳秋一直在温情脉脉的理念之爱——他对师姐的恋母般的迷恋，与对菲菲的诱惑躲避之间徘徊。作者大胆直露的笔法写出了现代人在爱欲方面的两种状况：未成年的恋母情结与纯粹爱欲的狂欢节。而菲菲是最现实的欲望化对象，这个纯粹的爱欲符号，是这个时代的人们期待已久的欲望化的公共偶像。“菲菲”在童天一的小说叙事中是一个非常成功的人物，她不仅仅以生动的、无所顾忌的姿态，满足了人们的想象，而且她带动了一种现代都市生活，一种随心所欲的青年亚文化生活状况。她是物质与精神发展到一个极端形式的产物，这个产物离人类的原始存在只有一步之遥。在菲菲与孙寡妇之间，并没有严格的界线。

从这可以看出，童天一这部小说笔力深刻强劲之处在于，他一方面可以在最形而上的层面上去表现这个时代面临的理性困惑，一种世纪病和世界性情结；另一方面他的描写又非常准确地抓住了当代公众的无意识。那种最现实化的欲望是如何侵入了人们的全部生活，龟村在这一意义上不过是现代都市的缩影而已。

强烈的反讽手法，使这部小说在给人以极大的理性冲击力的同时，又令人极度快乐。对当代文化的虚假性、对文化掮客及文化商品化和新闻的消费性，作者都给予了极为出色的表现，当代小说还没有谁如此毫不留情地揭示我们生活变质最严重的地方，以喜剧的形式展示出当代生活最富有奇观性的角落。

当然，这部小说最突出的地方在于，它把广博的当代人类学知识和国际政治知识糅合进小说叙事。从这里可以看到全球一体化的历史趋势、地缘政治、种族争端、原教旨主义和恐怖主义活动，这一切都为人类的返祖冲动构成一个巨大的场景，它们掩饰不住人类最内在的困境。这些文化和政治资源，被童天一信手拈来，加以反讽性的运用。在这里，文化与商业、国际政治与人的日常行为、思想与情欲、学术与怪癖都被随意混杂，相互颠覆，构成反差性极强的叙事单元和描写场景。那些锐利的嘲讽和无边的快意，随时从各个场景涌溢而出。

说到底，《返祖》是对当代生活和人类面临的根本问题进行的非常偏执的探索。人们可以不同意作者的立场观点，但不得不赞赏作者的勇气、才情和想象力。这样一种偏执，这样一种国际化的视野，这样一种多元化的后理性主义式的叙述意识，以及这种广泛运用文化政治资源的叙事手法，是当代中国小说所欠缺的。正因为此，《返祖》这部奇书，会给当代中国的小说意识注入必要的兴奋剂。

站在一种后现代主义的立场对九十年代中国现实进行审视，构成新一代写作者叙事意识的出发点。在他们这里，“后现代主义”不再是像苏童们那样依赖形式主义的实验观念，并且拖着一些现代主义的尾巴。他们因为天然地与九十年代的生活混为一体，在他们的经验世界中，这个社会就是以不真实的状态存在的，就是以表象的形式繁衍的。朱文是九十年代崭露头角的职业写手，写作成了他的谋生手段。在这个时代，选择以写作为生的人，也就是决定与写作同归于尽的人。更何况朱文的写作决不同流合污，因而职业写手就是职业杀手，就是最后的文学圣徒。朱文的意义在现实才不过初露端倪，在我看来，这是当代不可多得的一个小说家，他很快就要叫人刮目相看。这个人真正是九十年代的小说家。就目前来说，也许是生活所迫，也许是急切渴望出人头地，朱文写得太快，写得太多，他还处于练笔阶段。但他有极好的小说意识，我说的是九十年代的小说意识。他能抓住当代毫无诗意的日常生活随意进行敲打，韩东也试图如此，但韩东的敲打终归松散，叙事缺乏聚合的能力（当然韩东的意义在其他方面表现）。朱文有高度聚合的能力，他的那些随意概括的表象，那些毫无诗意的当代生活场景，总是渗透进一种质素，一些莫明其妙的乖戾的不安定因素潜藏于其中，它们总是越出叙事的边界。

对于朱文来说，生活是毫无诗意的，对毫无诗意的生活的书写构成了他叙事的奇怪的动力（在某种意义上，这也是韩东的动力）。生活没有内在性，没有深度，这怎么办？去发掘那些最没有“意义”的生活事实，从而把它们弄得怪模怪样，这是朱文小说意识的最基本的出发点。这一点可以看到朱文受到卡夫卡或契诃夫的影响。然而朱文已经全然改换了卡夫卡式的内心反省，改换了契诃夫对细节的精雕细琢，在他这里，有的是对那种不安定的生活事实的观望，把它们随意聚合在一起，进行敲打（而不是追问）。《食指》（《钟山》，1995 年）未必是朱文最好的作品，但显示朱文对粗陋的当代生活的拆解。这篇小说是对“诗歌”生活的表达，但显然，当代生活已经毫无诗意，在这个时代，诗人们的“最高心愿”是什么呢？“诗人们是多么希望有更多的女人去关心诗歌啊，附庸文雅也行，狗屁不通也行。吟上两句诗就可以上饭馆不要钱，住旅店不掏身份证，就可以让姑娘们心甘情愿地爽快地把裙子撩起来，说实话，这就是诗人们梦想的天堂。”这个时代诗人已经彻底堕落（按照朱文的观点），我们的生活还有什么真实的诗意呢？只剩下卑琐的欲望。然而，朱文描述了一个最后的“诗人”吴新宇，他却依然一如既往地谈论“人民”。这个人的准悲剧性的命运，折射出当代生活的全部虚妄性。这个也许是“真正的诗人”的人，被卷入了当代混乱不堪的诗坛，他的诗情被当代无限扩张的生活表象所吞没。在处理这样的观念时，朱文干脆把代表当代生活的全部表象的语词堆砌在一起：

“他所谓的人民无法在柴米油盐生老病死婚丧嫁娶股市行情子女入学黄色录像订将围棋通奸乱伦城市规划日本电器关贸协定美国皮尔卡丹钢材价格浦东开发霸王别姬化肥问题水土流失电力先行天安门广场有奖销售红旗飘飘摇滚英雄海南深圳印度神油金枪不倒海湾硝烟华夏小姐人大代表香港回归空难科技重奖有偿服务中华鳖精养身气功洋妞打工天皇巨星希望工程齐盼奥运牛肉粉丝床上用品宫廷秘方人民江山之中为他腾出一小块地方来……”

在这里我之所以不厌其烦地引出这段原文，在于表明没有什么叙述能最简便地达到对这个时代高度概括的效果。也许这个时代是无法概括的，它堆积了太多的事件，这个历史现场时时处于爆满的状况，对于这个古旧的国度来说，它显得过分的力不从心。这些涌溢而出的表象铺满了这个时代的生活表面，它构成了这个时代的表面生活，以至于这个时代已经没有内在性的生活，只有表面化的生活。在某种意义上，那个最后的诗人的死或失踪是必然的结果。没有人会记住他，在一次公园里举办的“剪纸展”（剪纸多么有象征意味的展览，纸做的生活！）上，没有一个谈论到吴新宇，他不过是经历了一次“不必要的、匆匆的、秘密的诗歌旅行”。但是更重要在于，这个表象化的时代完全淹没了过去有过的那么一点诗性。当然朱文的叙事不是批判式和反省式的，而仅仅是呈现式的，对这个时代生活现场的呈现，展示出它的外形状态也就是对生活击穿的一种方式。

很有意思的是，朱文有一篇小说的题目就叫作《傍晚光线下的一百二十个人物》，这是对生活的某种命名，它表达了朱文对生活的一种特殊的观望：“我看到了傍晚，而我所能说出的只是今天的这一个傍晚，一个傍晚光线下的眼睛能够捕捉到的傍晚的影子，它什么也不是。”朱文的叙事干脆采取了“场景”的方式，七个场景拼贴在一起，捕捉傍晚微弱光线下的人们影子一般的生活。朱文是对当代生活十分敏感的人，有着他们这代人对生活的领悟方式。在某种意义上，年龄具有不可超越性，他们没有那种对生活自以为是的理解，没有把生活纳入坚固的理性框架的武断倾向。他们与这个时代同歌共舞，甚至连他们的揭露都显得亲切，抨击都像是在亲吻。

并不仅仅是朱文，邱华栋另有出色的表现。邱华栋对当代城市生活的外表有着特殊的兴趣，他的叙事不断大量运用那些城市真实的街景，那些在城市里神出鬼没的人物，是他主要的表现对象。他一直在描写这个时期"时装化"的生活现实，与其说他在揭露，不如说他在呈现，他在快乐地概括这些杂乱而动人的时装。披上这些时装的他们，真正是一群城市斑马，在城市的空间任意而快乐地奔跑。当然，他们的快感式的叙事也隐含着生活的悲哀乃至于生活的悲剧，但这一切没有妨碍他们在这个时期的生活现场作为一个跃跃欲试的参与者。例如述平的那种叙事也可以作如是观。他的《晚报新闻》是一次对城市的暴力和情欲的巧妙书写，把晚报新闻不断拼贴进小说叙事，制造了某种紧张而似真的效果。这些惊人的悲剧性的事实，只有悲剧的外表，而没有悲剧的实质，他们是城市随意抛出的传奇片断。

虹影的《纽约，1999》，不管是作为叙事客体性机能的"玄秘"，还是女性生活内在隐秘的欲望，或是那种对生活进行片断式拼贴的叙事方式，那些场景和意象的运用等等方面，都得到了全面的发挥。这部近10万字的中篇或长篇小说，是虹影写作的一次概括，也是当代中国女性写作的一个奇观。

这部小说的题目就非常夸张：纽约，1999。时间和地点都远离当代时的中国，它的视野对准发展资本主义的超级都市纽约，而时间则是未来时——1999。如果读者认为这是一部科幻小说那就错了。时间在虹影的小说叙事中并不是那么重要，而绝对的虚构性则使时间仅仅成为任意虚构的借口。这是一次格什温的《蓝色狂想曲》式的文学翻版，它是以东方主义的视点对西方发达资本主义进行狂想式的书写。这部小说的题词写道：“我遇见一个从古老国土来的旅行者/他说，那里的荒漠中，立着两条巨大的石腿/却没有身躯。”在西方近世资本主义的文学叙事中，“东方”一直是作为一种奇观，作为一种未开化的、永久不变的、不可思议的、荒诞不经的“他者”而存在。现在，这种视点被转嫁到西方，一个荒诞混乱的后工业化或高科技时代的西方，它现在被放逐到东方的叙事视点中。小说叙事从入关开始，主人公踏上这个发达资本主义国家的国土那一时刻，就发生谬误。有趣的是，机场工作人员都是中东人，他们的“黑胡子卷曲得几乎像天方夜谭里的苏丹王”。这个绝对的西方已经非常可疑，这里充满了东方的色彩。西方被东方化了，这是自以为是的西方始料不及的失败。

虹影过去玩弄的“玄秘”，现在大张旗鼓变成一系列不可思议的荒谬，变成一连串的错位或误置。这个来自东方的“我”，莫明其妙被扣，又莫明其妙释放并获得“哥伦布前大学”三年的全额奖学金，居然连导师的面也不用见。“我”变成一个到处游荡、制造事端的社会闲杂分子。这个“我”同时成了一切喜剧和闹剧的参与者或见证人。这整个故事就是由一连串的胡闹构成，一系列不可思议的奇遇使故事随意转折。然而，它又有着极为真实的现实内容，它几乎涉及了当今西方各种各样的症结性问题，概括了当今国际化的各种思潮和文化面貌：种族歧视问题，邪教问题，女权主义，高科技崇拜，环境保护，移民问题，文化多元主义，等等。它制造了一个跨国资本主义时代的全息图，一大堆令人眼花缭乱的后现代超级奇观，一个盛大的世纪末的狂欢节。不管怎么说，中国的女性主义小说第一次与国际化思潮对话。尽管有人认为这种对话纯属多余。而我依然认为当今中国的小说写作眼界过于狭窄，缺乏基本的当代性，缺乏基本的当代知识背景。女性小说更是封闭于自我个人的内心世界，不断地重复复制个人的经验。在这一意义上，虹影的小说提示了一种新的经验，打开了一个广阔的视野，它的独特价值是毋庸置疑的。

总之，他们秉持这种叙事态度和叙事意识，力图作为一个这个时代生活现场的参与者，而不是评判人。他们悲哀却快乐地观望这一切，时而奔跑，时而尖叫，时而越位。他们本身就是这个时代的一种怪异的表象。这种文学经验当然不宜低估，它标志着九十年代的所谓“纯文学”正在向大众文化靠拢，文学的精英主义立场已经无可挽回地在新一代写作者身上消逝。越过界线，填平鸿沟，它反映出文学切入这个时代主潮，试图与那些影视制作者争夺公众的大胆尝试。那些被称为“大腕”的后文化英雄们，他们领导和左右着这个时期的文化生产。现在，更多的“后文人”介入其中，文学也并不仅仅是古典时代的遗产，它也有可能给出走向后现代时代的生活视像。确实，关于“人性”“主体”等等启蒙主义设想，已经失去“民族寓言”的理性深度为依托，只有这种欲望化的表象构成这个时代生气勃勃的生活景观。

第五节　表象 D：欲念或感觉的片断

这个时期的小说写作已经丧失了深度性，它在历史的和思想的水准上无法探究深度意义，就是在文学的叛逆性方面也不再有对抗的“深远”意义。尽管故事已经完全回到小说的叙事层面，我们看到那些多少有前卫意识的小说，它们无一例外是被那些非本质的表象所包裹，那些心理或感觉的表象片断构成了观赏性很强的场景，它们支撑住小说的叙事。而那些依然保持住高度的叙事意识的作品，力图去抓住这个时代的症结，然而这些问题不再能在理性的明确的意义上加以思考，它们是一些无法阐释的场景和关系，一些被生活强制性扭曲的生活片断。

孙甘露的《呼吸》（1993 年）表征着九十年代中国小说叙事所达到的艺术高度，它对这个时代人们的内心生活是如何丧失的这一历史事实，给予了非常有力的表现。这部长篇小说没有引起广泛的反响，同样应该归结于当代文坛在艺术方面的麻木和迟钝。这部作品正如作者所言：它“仿佛是一首渐慢曲，它以文本之外的某种速度逐渐沉静下来，融入美和忧伤之中，从而避开所谓需求”。《呼吸》主要围绕男主人公罗克与五位女性——大学生尹芒、尹楚，女演员区小临，美术教师刘亚之，女工项安的感情纠葛展开故事情节。罗克曾在军队中短期服役，甚至还去过越南与美军作战，作者试图把主人公的这段丛林经历与几位女性的出国和离去形成某种对照。作者显然特别关注“性爱”这个主题，这些人都以不同方式落入这个巨大的圈套，他们相互寻求又互相背弃，为欲望所支使，也为命运所摆布。罗克穿梭于这些欲望化的场景片断，扮演力不从心的情人，他无可奈何地随遇而安。罗克是这个时代的游走者，一个无所作为的城市守望者。作为这个时代最后的浪漫主义者，罗克身上充满了末世学的感伤气息。孙甘露的叙事已经向着故事倾斜，那些修辞、节奏、隐喻、句子的长度以及变化，对庸俗惯例的调侃性模仿穿插其中，显得精致而流利。孙甘露过去侧重句式叙述，现在跃进到场景片断叙事，可以看到孙甘露非常好的场景意识。尽管这部长篇小说可能有这样或那样的不足，但是，在人们过分热衷于表现历史，那些远离现实的“民国演义”充斥于文坛时，孙甘露面向当代生活的写作显然别具意义，特别是关于当今城市的故事更有些难能可贵。

李洱的《导师死了》，这个在“人性”水准上讲述的故事，是对新时期以来确立的知识分子主题的解构，当然也是对“大写的人”的纲领进行一次深入的改写。这个“导师”不再是忧国忧民的历史主体，他在专业方面的成就无法挽救他在生活方面的破落，他在肉体和精神双方面都陷入困境，一边承受着病痛的折磨，另一边蒙受着老婆的不忠，他从常娥那里勉强获取一些安慰。虚荣和压抑以及怪癖搞得他无所适从。至于那个“常老”，他的衰老、腐朽而不可抗拒，不过象征着学术界司空见惯的权威力量。如果认为这篇小说在表现所谓学术界的悲哀情景或知识分子无可挽救的破败命运，那就太“简化”这篇小说了。这种主题充其量是小说叙事的副产品，它不再是当前小说企图达到的思想高度。实际上，对那些欲望化表象的处置构成小说叙事的主导部分，那些洋溢着欲望的感觉和心理片断，推动着所谓的故事发展变化走向高潮。小说叙事的技艺，主要表现在如何描写像缪芊这样的性感尤物以及与之相关的各式引诱、惊慌和如愿以偿的欢爱场合。

那些欲念化的表象已经无法抑制构成小说叙事的原材料，存在的深度被遮蔽之后，无需透过表象寻求思想意味。墨白的《白色病房》类似一个有关谋杀或破案之类的故事，一个年富力强的大夫面对一个女同学的突然死亡，他被莫明其妙列为怀疑对象。这个故事可以开掘出某种深刻的关于人性的主题，或者，弄出一些引人入胜的情节。然而，那种飘忽不定的思绪却构成叙事流动的轨迹，并且这种形式主义倾向明显的叙事，也没有多少锐利的思想副产品相伴而生，在这里，纯粹的表象运作和拼贴构成了写作的动机和目的。关于死亡、谋害、精神失常的幻象等等，堆砌成这个故事；我不怀疑作者试图冲进存在的和心理的深处，然而那些描写情境和不时闪现的欲念化表象只能在平面流动，不管是写作还是阅读都无法穿透这个平面。

即使是那些纯情依旧的故事，也不着力在感情的或心理的层次上去发掘生活的要义，对生活进行流水账式的记录，它不过是在感觉的层面上对个人经验作一些细致却浅显的整理。李岩炜的《说完了的故事》看上去像是传统色彩浓厚的“浪漫派”小说，它企图对青春期的美好经历完成一次温情脉脉的书写，然而煽动起来的浪漫情调却又不断退化，这为那些乖戾的行径和宿命的论调所消解。那些洋溢着青春冲动的心理总是在制造不尽如人意的现实结果。这个如歌如诉的爱情故事已经失去伟大的动机，它徒剩下一些记忆的表象，一些琐碎的生活细节和精致的感觉片断，它显然激不起厚重的思想效果，却足以给人阅读的和观赏的快乐。感情向感觉的蜕化，不过表明这个时期的小说写作更乐于到

“表象”里去讨生活而已。

把韩东列到这一群落里，显得有些不伦不类。韩东无疑是一个自由个体，他曾经是一名犀利的诗人，而现在仅仅是一个短篇小说写手。他那响亮的诗人名声显然一直压制了他的小说家地位，迟钝的文坛对韩东那些极为出色的短篇小说保持了愚蠢的沉默，人们无法想象一个诗人同时能写好小说。在这里当然无法全面论及韩东短篇小说的艺术特色，但有一点是容易看到的，那就是韩东重写了知青故事，它们属于“后知青文学”中的显著代表。在这个文化分崩离析而又多元扩张的“后新时期”，韩东却对知青生活意犹未尽。然而韩东掏空了那段记忆的历史内容，他不再以历史主体的角色反省大是大非，也不去找寻所谓丢失的青春那种超距离的零度叙述，仅仅是在追溯一些奇闻逸事，那个巨大的历史神话被分解为一些无聊而有趣的日常生活，被处理成一些欲念化的表象片断。《母狗》这个题目就有些过分，这篇小说一开始就在制造欲念浮动的场面，两条狗在春天的田野里交媾，这个很不体面的动物行为直接映入知识青年小范的眼底，这个青春期的姑娘当然不可能无动于衷。这个欲望化的动机潜伏在小说叙事的关节处，使得这个故事无法遏止地向着低级趣味方向发展。当然不能在故事的格调高低上来评判小说的优劣，韩东无疑是处理低级趣味的老手。这个关于一个女知青在愚昧农村的命运遭遇的故事，被处理成一连串的欲念化场景。性与喜剧的混淆，使这个故事趣味横生却也悲从中来。《西天上》是关于两个男女知青恋爱的故事，这里面当然像韩东所有其他的小说一样，不会有什么浪漫情调，但是肯定有一些噱头趣事。每天例行的散步，这个极为夸张的浪漫形式与农村的背景很不协调，也没有实际的内容，恋爱甚至转化成劳动的形式。这个关于选择、怜悯和命运戏弄的故事，并不是以它的装模作样的思辨特征而引人入胜，那些反讽性的描写和各种不协调情境的随意配置，才是叙事的奇妙之处。韩东的叙述有一种虐待历史的快感，把那段厚重的历史加以漫画化的处理，改变成一些插科打诨的表象材料，却也有强烈的反讽效果和解构力量。

在这里有必要谈到徐坤的《斯人》，这是一篇相当精彩的小说，随意和机智、欲念和感觉结合得恰到好处，快乐的叙事穿行过理想主义最后的栖息地，停留在当代生活的各个“后浪漫主义”场景。“诗人之死”构成九十年代中国文化的一个经典神话，尽管很难断言作者的写作动机，但是作者的叙事客观上与这个神话构成解构关系。闪烁着理想主义光圈的诗人，在这里被描述成一个文化失败主义者，他兼具偏执狂和随波逐流两种品性。他遭受半老徐娘的性骚扰，却又和那个见异思迁的绿纠缠不清；当诗和信仰贬值时，诗人迅速成为一个自称“学人”的乐队的摇滚歌手。在某种意义上，这是现代性的悲剧，是理想主义和启蒙主义的末世学象喻。这里面还掺杂着不少关于文化后殖民化的描写，考托福、气功报告、足球赛等等，充满了第三世界的文化闹剧特征。那些胡闹、神经质、煽情和嘲弄，是对当代文化解体进行的一次尖刻的表象拼贴，提示了一种具有消费性而又令人愉悦的后现代文化景观。

九十年代的中国正在加紧现代化和商业化，由此引起中国的巨变则是一个无限扩张的消费社会急剧发展。这不仅改变了这个社会的价值观念，同时在改变这个社会的存在方式——它的符号系统和它的存在表象。这一切都以无意识的形式进入作家或叙述人的感觉和意识之中。现在人们的意识正被商业主义和消费社会光怪陆离的符号堆满，庞大的深邃的想象空间被这些符号所瓦解，剩余的想象也就只能在这个混乱的符号界去复制这个时代的神奇的表象。

颇有意思的是，荒水（李洁非）这个在理论上长期坚持古典主义立场的评论家，写作了《血红玛丽》（《上海文学》，1994 年）这种充溢着感官色彩和表象堆积的小说。这篇小说是典型的时下流行的商业+爱情的故事，一个令人羡慕的外企白领猛男与一群时髦女郎的情爱交往，这里面又穿插着跨国资本主义背景下的民族主义情绪。应该说，这篇小说反映了这个时期出现的新的交往方式，揭示了中国城市白领阶层特有的生存状态。这一切都合乎流行的价值观念，合乎人们的想象性满足。那个白领猛男柯朗看上去是一个十分完美的人物，自我感觉良好。他之所以为M公司打工，不过是为了那份丰厚的薪水。如此优秀的人物屈尊于日本人之下，这是一个民族的谬误。然而，良好的自我感觉在女人那里迅速获得补偿，在酒吧里那个妖娆的戴希基本上是主动贴上来的，而随后一连串的性感尤物则使这个白领打工仔阅尽人间春色。

戴希与白云是两个相互补充的符号，戴希是纯粹肉体的存在，而白云则是一种观念的存在。这个纯而又纯的白云，适合于结婚，而恰恰是在与“我”可能发生社会性关联这一意义上，这个“结婚”承载的观念再次迎合了隐藏已久的民族主义观念。那个日本人北冈理所当然地夺走了这个第三世界的女人，白云表达了这个时代不可逾越的发展中国家的历史位置。这个纯粹的东方女子，这个在这个时代唯一适合于结婚的女人，也背叛了爱情，背叛了民族。这个在日本使馆里举行的国际化的婚礼，同时又是一个伟大的祭祀仪式，它并不仅仅宣告着一个外企白领职员在这场国际化的情爱角逐中的失败；而且意味着一种民族性和历史性的失败。这个雄健的男人还有什么作为呢？他只有把自己再次下降为动物，作为动物性的存在他是优秀的，在这里他全方位地实现了他的本质力量。而那个戴希，就是这样一个动物性存在的女人，一个纯粹的欲望化的符号，这个反社会化的、非历史化的性感尤物，成为这个失败的第三世界男人的最后价值的证明。一个失去了社会性和历史性存在的族类，现在作为动物性存在保持了他的确实性。

这种推论并不是很勉强的，这个看似虚构的故事的背后隐藏的正是这个时代的文化想象。这个想象还隐藏在传统的职业/婚姻（爱情）的模式后面，从而给它赋予了这个时代的特殊烙印。问题并没有在这里结束，这种文化想象——发展中国家的民族主义情绪，女性对金钱的奢望，金钱决定了这个时代的人的存在价值等等，显然，在这里，金钱引发的价值危机并不是首要的，这个俊秀的白领男人收入丰厚，他的失落和沮丧来自那个小日本。在小说的叙事中，这种逻辑转换是有意思的，失去了未婚妻的柯朗去找戴希，在肉体的狂欢中来表达他的压抑。金钱对他的肯定使他有机会与戴希这种女人邂逅相遇；现在，历史性的否定（国际化的对立）也使他成为一个肉欲的狂欢者。这里的双重支配作用使得这个优秀的中国男人不得不在欲望化的行为中去表达自我；同样，那些欲望化的场景也足以概括这个男人的存在方式。在很大程度上，这个男人的存在形式具有象征意义，他是这个时代的某种象征，一个被金钱（经济）和历史性（国际化的竞争）双重掏空的存在物，它现在只能以欲望化的表象来拼贴自己的形象。

对于李洁非来说，作为一个在理论上古典性情结颇重的评论家，一个强调精神性价值的理论家，他的第一篇中篇小说就堆积了如此大量的欲望化的表象，在这里感观化的叙事超过了情感的深化，这本身是值得玩味的，回到我们生存的现实，他能够捕捉到或者说能够给予什么样的精神性的价值呢？欲望化的奇观遮蔽了这个时代的内在性，就像它吞没了这篇小说本来应该有的复杂意蕴一样。这样一种表象拼贴式的叙述已经不得不构成九十年代文学最有表现力的动向。一大批年轻的作者迅速崛起，他们对商业社会新的生活形态有着敏锐的感觉。无法深入并没有使他们觉得恐慌，相反，他们在捕捉生活表象方面玩弄他们的游戏。何顿一直在写作原始积累时期中国个体经济的生活现实，某种意义上，这种生活现实就是一些无本质的表面生活。暂时的成功，短期行为，随时宣泄的欲望，以及与这种生活存在的场景，歌厅舞厅等，都是以一种急剧变化的表象化形式全面呈现。对于这种叙事来说，不再是以一种对生活进行评判的角色充当叙述人，因为当代生活也难以做出断然的价值判断，一切都处在变动和调整之中。

第六节　结语：历史之手完成的表象拼贴

所谓“表象拼贴”不过是对“剩余意义”的一次勉强的分享，它显然不可能是一次有意识的集体进军，甚至不是个人明确表达的艺术追求。因此，与其说它表示了一个艺术流派或一个小说种类，不如说它仅仅描述了一种文学动向，一种新的文学景观。事实上，“新时期”以来的文学史，历经了几次转折，就文学的叙事特征而言，历经了“历史崇拜”（新时期）、“语言崇拜”（八十年代末的后新时期）以及“表象崇拜”（九十年代）几次重要转折。“新时期”以反“文革”为叙事出发点，讲述八十年代中国知识分子的精神磨难史，从知青文学转向寻根文学，不过是把“历史崇拜”推到极端而已。八十年代后期，新一代作家以语言策略完成了向既定的文学规范的挑战。当先锋派的艺术经验被常规化之后，当代文学写作已经无须去攻克什么文学难关或高地，它只能面对它所置身于其中的现实，把超越性的动机和意图丢弃一边，与这个多元化的或充分解体的现实同歌共舞。这个转型的现实把那些碎片疯狂抛洒出来，这个时期的生活已经丧失了内在性，而那些不再有重构乌托邦冲动的文学写作者，他们也只能与现实同处一个平面。他们除了接受历史给予的表象和碎片，不会有更伟大的作为。这种描述并不是有意把又一批后来者推到过于被动而令人泄气的位置，这不过是在强调这种动向发生和存在的历史前提。尽管这是一次历史的馈赠，但是这也表明这群人的“个体敏感性”，他们抓住了这个时代最新的现实外形，并且本身成为这个时期最新的文学景观。

当然，这并不是说“表象式的拼贴叙事”就无懈可击，恰恰相反，“表象式”或拼贴式的叙事才不过初露端倪，它也仅抓住了这个时代的一鳞半爪。对这个全面商业化的社会所呈现出的各种错位情境加以生动的再现，意识到走向后殖民化的中国文化所具有的漫画特征，对现代性的颓败和启蒙主义规划的再次勉强实施，以及如何在性与权力的中间地带穿行并且给予强有力的颠倒或反讽描写等等，都是当今“新表象”小说所欠缺的。应该看到，行使表象拼贴的小说同样有力度，它对这个时代的现实尤为具有穿透力。作为充满快感的叙事，我们没有理由认为它与故事天然对立，相反，它完全有可能构造一些明晰而蛊惑人心的故事；它理应具有观赏性、可读性，它本身就是这个时代无法拒绝的奇妙景观。

第六章　超过情感：欲望化的叙事法则

在西方的六七十年代，一些激进的批评家宣称："小说已经死亡。"这些人把文学的创造性看成超越现实的革命性行为，文学是资本主义时代唯一给个人提供心灵自由的精神飞地。在九十年代的中国，人们也有理由认为"文学已经死亡"，人们对文学曾怀有更高的期待，它是团结人民、教育人民、打击敌人的有力武器，或者是民族心灵的深刻发掘，人类精神的独特阐发，最起码也应给人以"美的享受"和有益的启迪。然而，历史总是始料未及，八十年代后期的文学已经"失去轰动效应"，它无法在思想文化的实践中起到轴心作用。九十年代的文学甚至丧失了基本的创新热情，并且混淆了基本的思想分歧。这一切都意味着文学已经走向穷途末路，或者说无所作为。然而，历史总是在人们的意料之外走着它自己的路，这并不是说历史总是对的、无可非议的，而是说应该历史地理解我们置身于其中的现实。

九十年代的中国文学并没有死亡，事实上不过是另一部分人占据了文学潮流，而且又有一些人跃跃欲试，一代人有一代人的观念和经验，一代人有一代人的文化目标。八十年代后期以来的文学规范的变化，在艺术形式方面的成就人们已经难以否认，而在精神价值方面则令人困惑不已。当代小说在形式方面引发革命，却又不得不在精神意识方面、情感态度方面以及道德准则方面留下“意外”。也许人们对当代文学最大的失望正来源于此。人们所习惯的文学过去的“宏大叙事”，那些深邃的精神和思想，那些感人的情调和风格已经荡然无存；一种平静的、淡漠的、观赏式的视点正在支配小说叙事；而那些欲望化的片断则成为九十年代文学走向市场的命运之筏。一种后情感式的态度贯穿了新一代写作者的叙事，他们偏离了传统的轨道，超越了现有的规范准则。他们的叙事不过是去追逐表达的快乐，强化观赏效果，他们逃脱了文学旧有的“宏大叙事”，而乐于给这个时代提供一幅感性满足的全景图。

第一节　“人”的退场：从爱情到本能

1979 年张洁的《爱，是不能忘记的》的发表，是一个象征，是一个闪光的起点和崭新的开端，它喻示着新时期文学已经从反“文革”的历史叙事转向了“人”的神话，它同时标志着那个有着历史创伤的

“人”，具有了现实的情感内容。文学领域内的思想解放运动，现在不再单纯把目光投向历史，而是开始关注人本身。“爱情”这个字眼在文学中一直具有奇怪的震撼力。在“新时期”文学中，它表征着人道主义信念在中国崛起，把被剥夺了的人的权力还给人本身。这个在西方属于文艺复兴时代的观念，在中国的二十世纪七八十年代之交却具有革命性的意义。用“复苏”这个语词来描述八十年代的人道主义在中国文学中的存在方式是不恰当的，因为近二十年以来的文学，其发展行程就是对人的主题不断缩减。因而张洁渴求“柏拉图”式的爱情，也就有了开创性的意义。那些温馨感伤的关于“爱”的吟诵，却如同林中的响箭、思想解放的匕首和投枪。它十分委婉却又执着地要求着人的权力、人的精神欲求。在思想解放运动的巨大背景的映衬下，张洁的浅吟低唱表达了时代的最强音，它理所当然具有感人至深的力量。“爱情”给“大写的人”注入了必要的情感内容，而这个“人”则是所罗门的瓶子放出的妖孽，它一旦在现实中有立足之地，就义无反顾地夺取自己的本质。

八十年代中期，关于“人”的思考在理论界和文学界迅速蔓延，它那不可遏止的渴望从古典人道主义、现代派观念、存在主义，乃至于弗罗伊德主义那里广泛挪用来它的内容，伴随着思想解放运动的伸越和思想观念领域翻云覆雨的斗争，这个“人”已经变得“伤痕累累”。它不得不回到人本身，变得个人化，具有了人的现实性。从观念的人向着自然的人伸越，生理学意义上的人则要脱壳而出，而这个生理学的人一旦混同了存在主义和弗罗伊德主义等现代派观念，这个“人”就要迅速触摸它的身体，探索它的本能，表达它的欲求。八十年代是个观念化的时代，“回到人本身”这种说法依然是一种观念性极强的思想诉求，它不过是把那个古典性的人拉到现代主义的荒原，使它看上去显得压抑、焦灼，以它孤傲的姿态自我标榜。仅仅几年之后张洁就写下《方舟》这样风格迥异的作品，这里面囚禁着一群现代女性，她们已不再会有钟雨的那种透明的痛苦和温馨的感伤，她们的焦虑、激动和不安已经向着现代个人主义倾斜，她们甚至初露女权主义的端倪。“爱情”这个字眼也变得暧昧不清，它为独身、离婚、压抑和性苦闷所肢解。

如果把视点转向张辛欣和残雪，就不难理解以思想解放为依托的“爱情”主题在八十年代中期趋于破裂的必然性逻辑。张辛欣的《在同一地平线上》已经开始张扬一些女权意识，爱情惯有的温馨现在被男女各自强调的个性、自我价值的实现等现代意识所渗透，“爱情”被推到“人”的主题的极端的同时，也就退到了现代意识的幕后。过去是以它的完整性作为“人”的价值实现的证明，现在则是以它破碎的面目作为个人存在的抵押。张辛欣所完成的这次抵押不过是一个象喻，它表明“爱情”主题所表征的古典人道主义情结及其启蒙主义意图业已完结，它被这个时代更尖锐的感觉和更为实用的观念所替代。因此，残雪才能以她梦呓般的绝对女性的倾诉提示一种乖戾的女性主义话语。八十年代中期，残雪的出现是一个难解之谜，而她产生如此广泛的影响更是一个奇特的神话，仅仅归结为南方几位评论家的个人嗜好是不够的，她的存在虽属偶然，却是一种迹象、一种征兆，它喻示着一个段落的结束和另一个段落的开始。残雪以她极端的女性姿态现身说法，新时期的那种启蒙主义式的爱情主题已经受到怀疑，女性生存于父权制的巨大压迫之下，她们被肢解为一些乖戾的语言碎片和自虐的幻想。

作为新时期文学半路杀出的程咬金，马原的三板斧在诸多方面改变了当代文学的习惯做法。不用说在把“爱情主题”改变为性的原材料一事上，马原立下了汗马功劳。他的叙事圈套不仅仅拒绝了庞大的历史神话、时代精神的巨型象喻，当然也消解了“爱情主题”。在他的《冈底斯的诱惑》《虚构》和《大师》等作品中，那些作为爱情动机出现的因素，并没有像在传统小说中预期的那样形成爱情故事，而是向着一些乖戾的性和莫明其妙的死亡转化。《虚构》细致描写了“我”和那个女麻风病人富有激情的交欢场面，这是一种绝望的爱欲，只有纯粹的性才能超越生死的界线。在这里，“性”作为生活的一个聚焦的视点，它击碎了生活的梦想。这里没有希望，也超越了悲剧，它显示了生活破灭的绝对性，破碎生活的深处最后的残留物就是这次疯狂的交欢。

苏童把性的神秘意味引申为生活破裂的直接表征，它是家族（历史）颓败的根源、不可知的形而上的历史力量。在他的《一九三四年的逃亡》《罂粟之家》《妻妾成群》《米》等作品中，可以看到“性”所引发的各种乖戾而富有诗意的事件。在苏童的叙事中，“性”经常是故事的原材料，也是叙事的动机，个人的命运和历史的倒错，经常是“性”在作祟。在格非和余华的叙事中，当然也看不到感人至深的爱情故事。格非的《迷舟》似乎在讲述爱情故事，但是潇和杏的爱欲，却被那个可怕的“空缺”所吞没，这个故事被一些错误、遗漏、阴谋和命定的劫数所渗透。至于格非的《蚌壳》，则可以从三四十年代穆时英等人的新感觉小说中读到一些原型，但格非的叙述依然是十分出色的，那种性心理和潜意识幻觉，与对生活的不可知片断的捕捉给人以极为细致的印象。相比较而言，余华的“性”简明扼要，性就是生活中一个无处不在的因素，一种原动力。余华的“性”更靠近人的原始本能，它与暴力结下不解之缘。《世事如烟》《难逃劫数》等作品中，“性”不再是爱情主题的附带物，它甚至没有任何社会心理的和历史文化的含义。在余华的叙事中，性就是纯粹的非理性的本能，它是一些光秃秃的事实，乃至于经常是一些麻木而机械的日常行为。它们最大限度地表现了生活的原生状态。

当然，同时期也有一些作品，它们试图用“性”作为叙事的聚焦视点，去表现历史文化的某些死结，或生活的某个死角。刘恒的《伏羲伏羲》（1988年）力图以它独特的视角和非常个人化的体验，去发掘“性”所蕴含的民族的文化的内容。但是，小说对那个乱伦主题的细致描写，却又不得不展示了性本身的魅力。刘恒的叙事技法极为高超，他尤为擅长把握那些故事环节的微妙变化、人物的心理层次和失控的局面。性在这里是一个绝对的动机，它诱惑和推动人物走向灾难。“性”在刘恒的叙事中，具有技术和人文的双重含义。相比较而言，苏童的“性”在叙述中和形而上的意义上都显得神秘玄虚：它们是某种不可抗拒的命定力量。刘恒则处理得更加具体和技术化，同时它的人文含义也明确和现实。

不管如何，八十年代后期中国文坛席卷一股“性文化”大潮，而具有创新和探索意向的纯文学，在这股潮流中别具一格也独领风骚。它承接着新时期的思想解放纲领，同时以文学的形式主义策略拆碎了这个纲领，使之向着非意识形态化的方面转化。从“爱情”主题向“性”的改变这一历史行程，有力地折射出当代文化的某些根本的变动，那种以古典人道主义和启蒙主义为核心的现代性企图，让位于一种后个人主义式的写作，并且也由此表明文学写作的意识形态冲动，它在社会现实中的精神轴心功能都已下降到最低限度。

第二节 背景的虚化：没有内在性的历史现场

八九十年代之交的历史背景过于复杂而凝重，那些非历史化的写作，那些处在（观念）零度状态的形式主义策略，都在这个背景的投射下具有政治无意识的意义。历史之手重新书写了这个时代的文学文本，给它以某种特殊的现实定格，赋予它以又一种寓言的意义，这就是历史的不可超越性。那些作为形式主义实验原材料的“性”事，它们也不再是一些光秃秃的事实，而具有不可抑止的形而上意指功能。在苏童那里，那些“性”的原材料既意指着历史颓败的事实，也意指着它的不可知的根源。格非的那些诡秘的“性”在叙事的边界徘徊，它们因此而成为生活破败的佐证、不可挽救的绝望。至于余华，他如此任意使用“性”作为他的人物的行动力，“性”从叙事的各个边界盲目而倔强地涌溢而出，它们使生活变得怪诞、坚硬、残酷而不可理喻。而这种叙事的总体情势，在那个巨型背景的投射下，不仅是在文学革命的水准上，与现实主义范式构成实际对话；而且在政治无意识的意义上与现实本身也构成“潜对话”。因此，作为叙事原材料使用的“性”，也就在历史与现实双重的水平上具有了精神现象学的意义。

那个凝重的历史背景在九十年代商业主义大潮的冲击下迅速解体，经济一旦成为这个时代的轴心，意识形态实践也就变得华而不实。权威意识形态在实际上不起绝对支配作用，这使所有的艺术创新突然间都丧失了“潜对话”的寓言性功能。中国这个最后保存的第三世界文本，现在不再有真实的历史底蕴。它的冲突、碰撞和投射的历史叙事的机制实际不起作用，也就是说，现在“历史之手”不再在政治无意识水平上写作那种具有“潜对话”的叛逆性文本，“历史之手”充其量也就是在商业主义的背景上操作这些表象化的叙事。九十年代，我们面对着一个空旷的历史背景，一个虚脱的历史现场。九十年代的经济形势无疑令人振奋，然而这对于诸多的人文知识分子来说却是更深的危机。到处都流传着科技知识分子在南方获得重奖的新闻，暴发户在祖国各地层出不穷，狂热的圈地运动使中国迅速进入一个经济腾飞的神话时代。这个时代的主旋律、这个时代的生活主潮都与人文知识分子无关。特别是巨额消费和豪华商场，把囊中羞涩的知识分子彻底拒之于幸福的大门之外。大款和大腕成为这个时代的主体，“发烧友”“追星族”趋之若鹜，大众文化这一次是真正全面而彻底地主宰了人民群众的精神生活。所谓“高雅文化”“严肃文学”的败落，不过是人文知识分子失落的佐证。关于“文人下海”的争议居然会成为一个普遍关注的问题，不过表明文人对自身存在的必要性已经没有多少把握。文化失败主义的情绪困扰文坛，它与明星大腕的趾高气扬、春风得意恰成对照。

现在，文学无需夺取什么形式主义高地，也没有与之抗争的历史力量（在某种意义上，这些力量过分巨大而属于“天文学”的范畴，实用而功利的文学是不会把自己置放在“天文学”的困境中的），文学写作真正失去了它的历史依托，这使它处在一种没有精神负荷的轻松（而虚脱）的状态。在这样的历史情境也不再有“集体无意识”，完全个人化的写作只能去拼贴现实表象，即使试图冲进一些精神深处，其结果也必然是被那个苍白的历史布景反弹出来。人们无法超越历史，他们只能做历史允许的和给定的事情，在这一意义上，人是历史的宿命动物。

于是，并不奇怪，“纯文学”这块金字招牌不再挂在文学创新的殿堂内，而是挂在文化集贸市场的入口处。在这一意义上，1993 年可以看作文学史完成巨大转型的时间界碑。这一年有各种各样的“纯文学”精品和史诗式的巨著和文学活动在社会主义初级市场一展风姿。《废都》和《白鹿原》不过是郁积已久的变革成果。它们表征着新时期至后新时期以来的重新出场景象的欲望奇观。《白鹿原》以它宏伟的构架，讲述渭河平原五十年变迁的历史风云。白鹿两家为争夺白鹿原的统治权明争暗斗，惊心动魄。两个家族的争斗又引入新民主主义革命的历史冲突，使得整个故事更加雄浑奇崛。

主人公白嘉轩六娶六丧，命运把他磨炼得坚韧硬气，种植鸦片使他重整旗鼓。再次娶妻生子使他成为堂堂正正的接脉人，白鹿两家也就正式进入鼎立的较量时期。陈忠实对中原地带的风土人情有着十分深入的了解，并且谙熟中国农村的宗法制度，因而他在农民争夺统治权的斗争中，就显得精当老道。白嘉轩出卖天字号水地，换取鹿子霖家的山坡地，他看出这是一块“风水宝地”。白嘉轩能屈能伸，工于心计，颇有远见卓识。显然，白嘉轩是作者笔下理想化的人物，经过一番劳其筋骨之后，他迅速成为一个杰出的乡绅。品行端正，刚直忠良，公正无私，明察秋毫，他身上凝聚着全部中国传统文化的精华。相比较而言，鹿子霖则多少有些奸诈而狭隘。他热衷于权术，玩弄阴谋，甚至与侄媳妇田小娥通奸。当然作者并没有把这个人写得十恶不赦，而是恰到好处地表现了他的多面性。某种意义上这个人似乎更贴近中国农民的那种精明和狡猾的自然天性。

作者显然写作史诗式的作品，历史的变迁结构随着几代人在不同的历史条件下的冲突而展开。白孝文和鹿兆鹏的矛盾，引入了中国新民主主义革命的斗争背景。革命的选择与斗争，在偶然性的环节中发生并向着不可逆转的方向发展。白孝文一度落到吸食鸦片、讨饭乞食的地步，却为了一个饭碗加入国民党；鹿兆鹏以早期共产党人的英勇姿态显得大义凛然，但偶有过失，例如从弟弟手中接过来女友白灵。中国社会代代相传的宗法制度及其权力斗争，到了二十世纪上半叶演化为你死我活的阶级斗争。作者在写出斗争的历史演变的同时，也喻示着这种斗争的非历史化本质，亦即这种斗争不过是在不同时期的历史采用的各种表现形式而已。斗争的结果是，那些参与斗争的人们都没有什么令人欣慰的下场：共产党人鹿兆鹏下落不明，白孝文迅速窃取革命胜利果实，艰苦的革命斗争在鹿子霖看来，终究还是没有逃脱白鹿两家的争斗。

《白鹿原》试图在历史文化和阶级斗争的大背景上来揭示人性，或者说它力图在人性的多面性和丰富性的层面上折射出中国民族在20世纪历经的曲折和艰险。作为一部“史诗式”的巨著，它对中国传统文化怀有理想化的态度，试图以宗法制的传统观念来作为中国文化的精髓，作为反思历史的依据，虽然并未贯彻到底，也表明它服从了现实主义精神。至于那些细腻生动的性描写，无疑达到了中国小说叙事艺术的高峰，它固然出于揭示人性和宗法社会的根本内涵的需要，但它过分渲染的笔调，不能不说已经与80年代后期的性话语结下不解之缘，这与史诗式的巨著身份多少有些相左。不管怎么说，开篇就用七个女人的故事作为铺垫，与其说是出自对探求中国民族文化的特殊内容的需要，不如说也是进入阅读市场的必要标签。

相比较而言，贾平凹的《废都》则以更加大胆、惊世骇俗的笔法，令1993年的中国文坛如临大敌。这部名为“废都”的作品，显然表示作者试图描写当今时代文化（和精神）面临的严重危机。在某种程度上，小说的叙事也向着这个主题推进。庄之蝶这个文化名人，卓尔不群，桀骜不驯，不修边幅，有意蓬头垢面，穿双拖鞋，喝酒，题字，玩画，何其潇洒。然而，除此之外，这个先声夺人的“文化名人”并没有什么大不了的作为，他那显赫的名声除了偶尔被人利用一下，并没有人对此当一回事，那个表面上把他奉若神明的文学爱好者，一转身就把他题名的书当作废品卖掉。他被搅进一场莫名其妙的官司手足无措，任人摆布，终至于一败涂地。他唯一值得称道的地方是为人捉刀写情书。他开书店本是想在商海中捞一把，却做了赔本买卖，而且是为学生所骗。当然这个品格高尚的名人也偶尔骗人，乘人之危收购朋友字画，却也驾轻就熟。庄之蝶最后一败涂地，连市长也对他失去信心。这个原西京城里风云一时的名人无所作为，终至于没落潦倒，生死不明。事实上，四大名人加上孟云房，没一个活得像样，瞎的瞎，死的死，再不就是流落街头。

贾平凹在某种程度上写出了知识分子颓败的当代图景，令人惊异的是，失意的文化名人却不断在女人那里获取重新肯定的依据。事实上，庄之蝶这个文化名人慑服的唯有女人，在妇人那里他成功地确证了自己的存在。唐宛儿、阿灿、柳月这些女人如期而至，他们一拍即合，这个文化名人迅速成为一个欲望的英雄，到处是他们交合的场所。庄之蝶把他和阿灿寻欢的去处称为“求缺屋”，这个正在丧失政治学和文化学功能的名人，现在只有从生理学中获得补偿。他缺失的自我意识也只有性欲。他的姿态一开始就摆在那里，只有女人能填补这个“缺失”。这个填补是双重错位的结果：这些女人出身低微，唐宛儿是个与人私奔的妇人，柳月是个保姆，阿灿则是个受伤者。她们都对文化名人有着奇怪的渴慕之情，她们通过献出身体而从庄之蝶那里取得文化。正如阿灿在交合时所说的那样：她获得的不仅是身体的满足，更是“整个心灵的满足”。对于庄之蝶来说，他需要的是妇人的身体，他交出“名声”，而获得身体。他是个欲望的焦虑者，而女人则把他看成文化名人；那些女人不过是文化仰慕者，而庄之蝶把她们读解为古典时代复活过来的妇人。贾平凹通过这个双重误读来获取双重意义：它既肯定了庄之蝶文化名人的主体地位，又顺利完成了性欲话语的表达。实际上，这些女人在文化上对他的肯定是十分可疑的，这些私奔者、保姆和劳动妇女，她们对文化以及对文化名人的渴慕不过是叙述人的假想和强加。如果说庄之蝶在文化上的意义上只是以这种方式来确认，那么这是肯定还是嘲弄？庄之蝶重返历史主体的夙愿是彻底落空了，他不得不努力扮演一个模仿古典士大夫文人的角色。

对性的趣味构成文化溃败时代一部分人处置生活的特殊方式，贾平凹的叙事当然无可厚非，只不过贾平凹的叙事隐藏着多重矛盾，包含着这个时期无法整合的东西。这不仅表现在庄之蝶与那些女人的关系上，也表现在叙事方式及其所关涉的文化母本上。这个关于当代文化人颓败的故事，又与中国古代的一些典籍结下不解之缘。这些男人和女人带着太多的古籍的痕迹（例如《红楼梦》《金瓶梅》《西厢记》《浮生六记》《翠潇庵记》《闲情偶记》等等）。对当代文化溃败的表达，又转化为对中国古代那些典籍的开掘和模仿。特别是那些原因不明的□□，它们卓有成效地沟通了人们关于中国古代那些禁书淫书的文化记忆，同时起到阅读的诱惑作用。尽管《废都》存在这样那样的问题，特别是它采用的诸多商业主义广告手法一时令人难以释怀，但《废都》对当代中国文化的溃败状况还是作了十分尖锐的揭示。如果不过分追究它和古籍的关系，这部作品在叙事方面无疑极为精当老道，甚至它的那些似是而非的问题本身，也是对当代文化面临的危机进行的一次前所未有的演示。

也许责任并不在贾平凹，而在于这个商业化的文化实践和欲望化的观赏潮流。贾平凹这位纯文学“最后一位大师”，说他要以美文写作这部唯有“心灵真实”的作品。然而，它一进入这个社会的阅读空间，它就被这个时代的欲望化的阅读裹挟进一种情境中，也足可见当今文学的写作与阅读所发生的惊人变化。在某种程度上，它们的位置被颠倒了，现在，读者才是上帝，这些在当今中国无法吞噬成人读物的人们，当然把他们的全部压抑倾泻在“纯文学”上。“上帝的眼光”现在渗透进作品的叙事，规定了那些故事和场景。那个“隐含的作者”的观赏目的，实际支配和推动了故事的情节及其发展。

当历史总体性背景虚化之后，艺术创新也不再喻示着革命性意义，而读者和市场正是一个敞开的新世界，所谓的“纯文学”势必越过界线，填平鸿沟，这是一个无法阻遏的历史趋势。事实上，九十年代的文学写作一直在朝着这个方向努力，或者说，它一直被这股潮流拖着走。更年轻些的写作者，他们顺利进入这股潮流，并且以他们崭新的经验在文学的市场化趋势和最低限度的创新之间，开拓一条中间道路。在这个大众文化全面扩张的时代，在这个文化大腕领风骚的年代，年轻一代的写作者当然不可能把自己尘封于破败的象牙塔内，他们也不得不争夺大众，夺取市场。因此，不足为奇，欲望化的阅读法则决定了这个时期的叙事法则，九十年代的文学技艺将在这里初试锋芒。

这样一种历史过渡虽然暧昧曲折，但也顺理成章。八十年代末期，先锋派小说就已经剔除了“爱情主题”的情感内容，而剥离出光秃秃的“性”作为叙事的原材料，作为诡秘而怪诞的生活要素来运用。九十年代，随着故事在叙事中的复活，作为原材料的“性”相应展开，它们转化并呈现为一些细节和情节、一些有序展开的场景。它们再度散发着一些奇妙的感伤气息、一些蛊惑人心的力量。看上去是传统现实主义手法的复活，它们甚至和古典主义时代的一些文本密切相关；然而，在九十年代的背景上，这些细节和场景显得尤为重要，它们与经典现实主义的深度模式无关，它们是一些纯粹的表象，一些作为高潮出现的叙事核心。我们置身于其中的历史背景不过是一份勉强拼贴的文化草图，它不再具有投射功能；软弱无力的“历史之手”也不能把它的超量意义强加于这些场景和片断。这使得九十年代的小说处于一种前所未有的轻松状态，它似乎真的回到生活本身，它就是生活自我放任的表象之流，没有内在性的后当代现场。

欲望化的叙事法则决定了九十年代的故事其实也不过徒有其表，引人入胜的故事实际上是那些场景的遮盖物，它们委婉细致，从容不迫，步步为营，成功走向那些期待已久的高潮。对那个高潮的渴求和遮掩竟然构成了欲望化叙事法则的艺术技巧，这样一种小说无意中却也有令人惊异的艺术水准，这确实是不可思议的事。在某种意义上，它显示了一种新的叙事态度、新的方法和态度。从理论上来说，没有任何理由认为关注“性”的写作在艺术上就一定低劣，但是过分关注“性”的作品也就难免有庸俗之嫌。像米兰·昆德拉那样把“性”与政治作为一枚硬币的两个背面来表现，他显然也是在玩弄一种叙事技法，这二者的重叠才使昆德拉的叙事既获得某种思想的力度，又不失强烈的阅读效果。这个人的书在中国的书摊上热烈出售，也足以说明很多问题。米兰·昆德拉用他的“政治反讽”给“性”涂抹上一层灵光圈，随着历史的深刻变异，昆德拉的“性”也失去了政治的内在性，徒然剩下一些光秃秃的欲望和一些尴尬的玩笑。冷战结束之后的九十年代，全球都处于意识形态弱化的历史情势中。地缘政治和种族冲突对于不同国度的人们构不成强烈的政治冲击，它也不可能转化为普遍的意识形态。文学写作在这个时代已经不可能从政治那里汲取生命力，那种革命式的献祭写作已经让位于后革命式的快感表达，这使得人们理直气壮地去制作那些欲望化的观赏场景，并且从这里表现出这个时期的美学趣味和表现技法。

第三节　情爱的表象化：欲望化的叙事法则

九十年代的文学已经完成了它的历史转型，性爱主题几乎变成小说叙事的根本动力，那些被命名为“严肃文学”或“精品”的东西承担起准成人读物的重任力不从心，这股潮流当然也就迅速抹去严肃、通俗的界线。历史已然颓败到只剩下一些残缺的布景，而那些精神和思想的厚度早已在小说叙事中失去最后的领地，而欲望化的表象成为阅读的主要素材，美感、快感的等级对立也不复存在，感性解放的叙事越来越具有蛊惑人心的力量。

颇有象征意义的例子可以在刘心武的一篇作品中看到。刘心武，这个新时期的主将，“伤痕文学之父”，在九十年代已经不再自觉充当历史的启蒙者。《风过耳》就是一次告别新时期的写作，它未必像大多数人认为的那样是一部有着现实实际影射意义的作品，我更倾向于认为这是一部是启蒙的历史主体自觉退场的无意识的表达。一部也许是不经意写下的《仙人承露盘》（1994年），也许是这个新时期主将对当代小说叙事的普遍法则的响应，他现在转入探讨一些非常个人化的情感。在很大程度上，他的表现已经超出启蒙人性论的范畴，不再强调真切的同情和情景交融的理解，更多关注一些纯粹的存在事实，展示那些场景和生活奇观性。由此可以看出九十年代中国小说叙事的超级法则。

这篇小说讲述一位少女非常奇特的情感生活。从朦胧的性爱意识到反常规的情感，刘心武细致地刻画了这个变迁的过程。说穿了这是一个同性恋的故事，这个区域在当代中国文学中一直是一个禁区，长期探求人性深处的刘心武，这次涉猎人性的那些隐秘的角落。刘心武既没有从怪异的一路去贬抑这种情感，也不作过分的渲染，他的叙述深入到少女心灵的那些角落，去探究这个非常规性的情感是如何滋生的。这一切都源自于那个关于“仙人”的传说。刘心武的叙事当然还是走比较传统的现实主义路子，力图构造一个完整的而自足的封闭故事。“她”的无父无母，对叔叔和胡姨的暧昧关系的窥视，特别是那个“仙人承露盘”的神话，构成了她的怪异性意识的根源。这个“她”的内心深处被那个玄妙的神话占据了，注定了她是个超现实的人，一个生活在自我的幻想天地的女子，一个拒绝和逃避俗世的少女，这使那个情有所钟的大匀难以遂愿。

这个隐秘心理的历史和现实依然被刘心武探究得充分而动人，这个故事的内核隐藏得十分巧妙。徐姐的出现使整个故事急转直下。“她”的一系列的似是而非的经历、没有着落的心理轨迹，在电梯里的那一黑暗时刻的突然闪亮，整个故事的内在意义在这里突现。看上去极为平易淡泊的叙事，其实是在制造极强的悬念，做足了铺张和酝酿。就这一点，足可见刘心武在传统表现手法这一路上已是炉火纯青。前面是曲曲折折，犹抱琵琶，随后的故事则是飞流直下，波澜跌宕。这个反常的绝望之恋注定了它的悲剧性发展轨迹。刘心武试图揭示这种恋情并不仅仅是难以为社会所接受，就她们自身也难以达到正常的理解和沟通。同性恋情感与所谓“正常生活”格格不入，就她（她）们自身而言，也难以正常相处。女同性恋是什么？在西方一位女权主义者看来：“当一个女人的愤怒浓缩到了爆炸点时，那就是女同性恋。她是这样一个女人，在很小的时候她就常常按自己内心深处的不可扼制的内心力量去追求更完整、更自由的人生。这种追求在当时就很可能是，但在以后肯定是为社会所不允许的。很多年当中，这种追求使她痛苦地与人们发生冲突，与所处的环境，与被人们所接受的思想方法、感情和行为发生冲突，使她处于一种与周围的一切，以及常常与她自己进行不休止斗争的境地。或许她并不能完全意识到自己作为一个人所包含的政治意义，然而在某种程度上她不能接受社会给予她的限制和压迫，不能接受社会给她安排的角色一个女人的角色。”①

就在对女性这种特殊情感的表现上，刘心武了陷入两难境地，一方面，他给予那种自恋式的情结以理想化和浪漫化的超越性特征；另一方面，他也又不断地促使那种同性恋情感扭曲化、怪异化。在“她”和徐姐之间，充满猜忌、占有、自私，在相互逃避与投入、剥夺与奉献之

① 转引自《当代女性主义文学批评》，北京大学出版社，1992年版，张京媛主编，第112页。

间纠缠不清。刘心武也力图去写出她们的生活是如何被扭曲，这种极为优美的扭曲又是如何自行其是、撕拉到极限。这种情感终究被作畸形化的处理。尽管刘心武超越了单纯的同情性的情感基调，但却未必超过流行的社会化视点。它的必然导向悲剧式的结果，那把火不过结束了这个故事，也使这个叙事在现实主义经典模式中完成它的充分完整性。

年轻的一批作者，以他们更为单纯直露的经验闯入文坛，明显给人以超感官的震撼力。张旻、何顿、述平、刁斗等人的写作，构成了这股潮流。正如我在前面几章论述过的那样，何顿的兴趣在于抓住当代生活的外部形体，抓住个体经济的历史实践中，城市市民和小知识分子的无法抵御的欲望，充满欲望的生活场景构成了叙事的主体。《太阳很好》讲述一个走向商品社会的妇女所遭受的情感挫折。是什么力量导致宁洁丽的家庭迅速瓦解？当然是欲望，对金钱的欲望、消费的欲望，过一种享乐主义生活的欲望。这里的各种人物都被“欲望”搞昏了头。她的那个“配不上她”的丈夫居然当着那个妖冶女人的面打她的耳光，这只能说是金钱的诱惑怂恿这个男人发昏。这个男人轻而易举就离家出走，可以看到对金钱的欲望是如何强有力地控制了人们的行为和选择。而宁洁丽在不知不觉中重蹈丈夫的覆辙。这个一度清高的女人，其实一直经不住商品的诱惑。她对那些漂亮衣服的倾慕，对丈夫无能的责备，这些都决定了她最终的选择。她也进行了抵抗，但经不住章明之流的几番进攻。在这个时代，歌舞厅与其说是一个娱乐消遣的去处，不如说是一个向商品社会膜拜的祭坛，经过歌舞厅的洗礼，没有人不会对这个商业社会的快感集散地俯首称臣。这是一个失足的场所，也是一片自我解放的领地。宁洁丽这种普通群众的投降归顺只需要几分钟，她抵挡不了这些优美的乐曲和那些衣冠楚楚的男人。几个回合下来，这个国家事业单位的职工，成为一个个体户的职员。如果说这一切都是被迫的，都是因为周围过于强大的经济势力有意的支配，那么，想成为龙百万明媒正娶的老婆则是她自觉的愿望。这个愿望一度是她的生活理想，她为此进行了奋斗，当然终究也为此付出了代价。

何顿写出了这个时期价值观改变的现实，表现了欲望是如何被这个急剧发展的市场经济生产出来，并席卷了各个阶层的人们。人们不得不组合他们的关系，按照新的欲望化的生产法则，重新调整个人和社会的特殊关系，调整他们的价值观念和行为方式。这个个体经济社会对底层贫困的民众尤为有吸引力，它把一个对它一无所知的人迅速改变为一个受它支配的成员，人们的价值观念早已认同了脱贫致富，如何被这个商业社会彻底俘获则是一个更重要的实践问题。这样一个过程被何顿表现得极为生动细致，宁洁丽无法拒绝，她被拖进了这种生活，因为这种生活代表这个时代“前进”的方向。龙百万和章明都是大玩家，但龙百万才是这个时代真正的英雄，才是妇女心目中的白马王子。龙百万这种人敢于冒险，敢想敢干，冷酷，自私，背信弃义。必要的时候，他也会装得温文尔雅，一旦目的得逞、猎物到手，他就翻脸不认人了。这样的人在当今中国才是成功者，才是人人顶礼膜拜的英雄。他们生活极为潇洒，主要由喝酒、搓麻将、找女人以及斗殴构成，这种生活与文化无缘。这是一群反文化的拜金主义者，他们为中国的经济起飞做出突出的贡献，作为代价，他们也严重地搅乱了当今人们的价值观念。他们本身是当代中国产物和写照，期待已久的和只能如此的产品。

对于这样一种历史实践，对于这样的生活变迁过程，对于这样一种生活和它的英雄主角，何顿明显的批判态度还受制于“为富不仁”这样传统的概念。就主导方面而言，他还是比较是忠实而具体地表现出个体经济所表征的当代现实。这篇小说相对于何顿过去的作品来说，多了一些价值倾向，龙百万身上的恶劣品性表现得很明显，而宁洁丽这个女性终究以自己的能力干起了霓虹灯业务，他试图表达在这个迅速发展的个体经济社会中妇女真正的出路。

述平对商业社会新的生活形态有着敏锐的感觉，前面曾经论述过他的《凸凹》《晚报新闻》对商场、男女之事和城市暴力有着惊人的表现，把城市男女之间的暧昧情感，相互诱惑和逃脱的困境刻画得淋漓尽致。而《此人与彼人》（1994年）又是一次对两性关系的明显揭露。《此人与彼人》看上去是一篇好读的通俗读物，它有舒畅的故事，细致的人物刻画，尤其是对男女之事的大规模渲染。然而，仔细推敲则不难发现，这篇小说隐含着一个严重的（而不是严肃的）主题：那就是对这个时代"没有爱情"的生活状况做出惊人的表现。

当代中国生活的变化是如此之快，一个极为保守压抑的古老国度，一旦打开那个所罗门的瓶子，一切变得无法控制。过去人们徜徉于天国的遐想（爱是不能忘记的），而现在，在我们生活的各个角落，大规模开展的是爱情游戏。一次邂逅相遇，一次出差的机会使人们迅速而突然地拥有了情人。尚小木不是一个情场老手，但也不是一个圣徒。借助感冒的作用，他居然轻而易举地爬上女同事的床。这件事并没有给他带来荣耀，相反却使他惴惴不安。于是这场游戏式的爱情导致了随后的一连串的爱情游戏。乔兵是一个爱情的游戏大师，一个划时代的欲望的英雄。这个饱尝失恋之苦的男人，居然一夜之间成为床上运动健将。他的收藏怪癖，是对他的已逝爱情的祭祀，也是对这个时代的爱情的嘲弄。以收藏这种保留历史的行为作为短暂偷欢的欲望化表达的补充形式，乔兵堪称是个有创造性的人。在这个时代，男女的关系只存留下一些毛发，对于乔兵来说，那是一种卓越的战利品；对于这个时代来说，它是全部情爱失败的佐证。

然而，游戏的人们并不是玩得轻松自如，每一个游戏的背后都隐藏着一个摆脱不掉的历史前提和难以逾越的后果。乔兵其实一直在追悼他的那段精神之恋；而胡颖则为她的腹中之子而费尽心机；甚至那个职业妓女田丽也为一段情欲的交易而心有所动。述平当然不是在简单地表现这个时代的堕落景象，对于他来说，人们只有经历堕落，才能对罪恶有所认识。"灵魂如何才能得以拯救?"述平的解答奇特而明确，那就是在堕落中才能感悟到爱："这是一个被堕落的表象覆盖着的世界，爱在深处的某个地方，在我们重新认识到爱的真义之前，我们甚至得对罪恶和堕落有深度的体验，备尝堕落所带给我们的深深的痛楚，在罪的尽头爱才会出现……”这完全有可能是一种荒谬而自欺欺人的逻辑，一种述平式的关于堕落与爱的谈怪论。述平的人物显然是在这种推论方式中来进行他（她）们的故事，这些游戏的人们都在堕落中感悟到爱，不管是自觉还是被迫，他们最终都在爱中得救了。包括那个老干部，他是在堕落中才表达了他的纯粹的自然人本主义的爱的。尽管述平关于堕落与爱的推论未必正确，但是我们不得不承认述平的讲述揭示了这个时代生活的一些症状，并且尖锐地表达了游戏的后果和人们内心的希冀。

虽然述平对爱的升华表达得有些勉强，但是他对堕落的描述极为出色，那些露骨的欲望总是表现得优雅，他的叙述从容而俊秀，朦胧的南方细雨给堕落的男女勾画了一幅美妙的背景，它们充盈着一种末世学的意味。在这一意义上，述平的叙事是这个时代露骨而优美的堕落图景。

刁斗，可能是一个对规则和秩序有着天然敌意的人。近年来的小说写了不少，没有引起必要的注意，或许应该归结于生不逢时。近期的中篇小说《作为一种艺术的谋杀》（《花城》1994 年第 2 期），篇名取得有点耸人听闻，实际上，这篇小说写了一个很常见的故事，一位年轻的女记者（或编辑）与一位文化名人的浪漫风情，这是城市里或文化圈里惯有的暧昧关系。刁斗的写作不再去追逐那些爱情故事的人生内涵，那些发人深省的道德意味或悲剧力量。刁斗的叙事热衷于观察一个男人和女人的故事是如何发生，如何向个人无法控制的区域迈进的。人物的性格、内心的无意识，使这个诱惑的故事充满动态的可变性，那些转折关节被处理得欲望横生。显然，国与丰丰一直处在极为微妙的状态中，他们相互诱惑，如履薄冰；看上去水到渠成，其实随时都可能发生意外。

男人和女人之间的相互吸引和诱惑像是一门伟大的技艺，一种细致的雕刻，他们以游龙走丝的笔致相互书写人生优美而错误的章节。这个拙劣的偷情故事被刁斗叙述得起伏跌宕，他们由陌生而相互吸引，而相伴同行，最后共浴爱河，层层推进，一切终于都如期发生。然而结果呢？悲剧的后果发生在这两个人的故事之外。因为这个封闭完满的世界其实存在一道深深的裂缝：丰丰的家庭一直被叙事遗忘，却潜伏在幸福的侧面，在那些完满的时刻像幽灵一样如期而至。对于女人来说，背叛家庭并不是一件轻而易举的事，丰丰渴望一次浪漫的经历，但她必须以全部生活的平静为代价。丰丰是个跟着感觉走的不可思议的女人，她也许一直就向往外面的世界，只不过缺乏目标和机会，与其说国诱惑了她，不如说她借机完成了一次由来已久的精神漫游。她逃离了没有诗意的日常生活，但她无法逃离生活的宿命安排。这里面虽然也有一些似是而非的关于宿命论的含义和对生活的谬误的澄清，但对于刁斗来说，那些“深邃的思想”已经终结，他只热衷于去讲述那些纯粹的观赏化的欲望片断，对男人和女人的事务，做出机敏而舒畅的描述，就大致可以宽慰这个焦灼忙乱的时代。

张旻，一直热衷于写作小知识分子的欲望，校园里的师生之恋是他的写作的持续性主题。对那些缠绵悱恻情感的描写，对那些卑琐欲望的过分渲染使张的叙事显得平白露骨。但是《生存的意味》（《作家》1993年）是张旻别具一格的作品，张旻的叙事出人意外地坚决超然于情感之外，直接切近那些裸露的事实。

这是一个情杀的故事，然而里面渗透着复杂的生存意味。童年的那些经验被描写得非常细致，芬的家庭经历、沉默窝囊的父亲、与人偷情的母亲，这些在幼小的芬的心灵中留下抹不去的创伤，它们铸就了倔强的个性。直到那一天，软弱无能的父亲杀死那个民兵连长，芬的童年阴郁才一扫而光。芬的童年渗透了屈辱、悲愤、通奸和枪杀的场景，这些场景并不是像呈现在电视里的节目那样仅仅是一些与她无关的画面，恰恰相反，那些画面，渗透进她的记忆和生存，那些“红惨惨的晚霞，在芬的眼前永不坠落”。处于如此境遇的芬，渴望有力量的精神支柱，蛮横的大军成为芬的同桌。与其说是芬的天性，不如说是芬的童年经验使芬对大军这样的男人有一种不由自主的崇拜与依赖。芬从小就仰慕、期待、渴望大军这样的男人，然而，她的婚姻又选择了一个平庸软弱的男人，这使芬多少年之后与大军邂逅相遇，不可避免要生出是非。

这篇小说叙事的显著特征，就是不断运用倒叙手法，去发掘生活中的那些最初的源头，去寻找那些灾难的根源。这种强制性的因果解释链构成的叙事反倒使生存敞开不可洞见的神秘性。人们的存在结果已经被预先给定了，生活再也没有比这种境遇更令人绝望的了。这个武断的解释链，拖拽出一个人的一生那些不可言喻的细节，它们串联一体，构成了不可思议的命定之路，并且这里还融进了父辈的阴影，与一个更强大的历史交合在一起。这种发掘实则给出一个女人不可洞见的精神自传，在这一意义上，《生存的意味》像是一部精神分析小说。

作为一篇探求精神深处那些幽暗之地的小说，这篇小说显得十分精细而有质感，它极为细致而深入地剖析了芬的心理。芬从小以她表面的温和顺从掩盖了她的执拗，每当大军的小手突然伸向芬的腿部时，“芬总是一声不响地悄悄地用自己的手一个一个扳开大军铁钩似的精瘦手指”。沉默而有主见，平静而执着，这些外在化的行为非常有力地反映出她的内在心性，它们与她的生存处境相互映射，显现出一个孤僻而倔强的少女芬的形象。那些心理在很大程度上是被性支配的。对于张旻来说，性意识潜藏于人的心理深处，支配的人的行为方式，乃至于支配了人的一生命运。芬在看电影的黑暗中与荣华的触摸，那种急切和兴奋，被描写得栩栩如生，它显示出芬这个女人对性的特别敏感。这些美妙而幼稚的早期萌动，暗示了她以后为此付出的沉重代价。张旻对芬的心理描写采取了悖反式的叙事，少女芬对大军的那种态度、他们二人构成的欺压与反抗的关系，隐藏了许多年后他们之间的如醉如痴。“芬当初时对大军曾经有过多么深的反抗，今天就有多么深的依恋；有过多深的隐匿，今天就有多么深的执着；有过多么深的畏惧，今天就有多么深的渴慕。”正是这种悖反式的描写，使得这种心理刻画富有节奏，乃至于使整个小说叙事富有张力，富有内在凝聚的力度。

对一桩情杀故事的内在性的探索，张旻写出了一个女人的客体化精神史，这部精神分析史却又强制性地勾连着她的父辈的历史，一种显性的可分析的政治历史与隐性的神秘性的命运重叠，提示了生存中那些美妙而令人惊惧的瞬间，这些瞬间构成了生存进程中持续而闪光的支点，它们却又无不意指着悲剧性后果。作者的叙事冷峻而超然，那些冷静的视点直逼生存事实，不再是情感意义上的对人的遭遇的关怀、对人性的反省，而仅仅是一种超越于情感价值判断的审视、对那些生存事实的纯粹关注，甚至于是对那些“性”构成生活死结的揭示。应该说，这篇小说对“性”给予了极为有力的表现，性在这里折射出一种生活史，又意指着生命不能逾越的盲区。

这种欲望化的景观，在九十年代的现实中急剧扩张，它构成了这个消费社会的基本表象，也开始成为当代小说叙事最具有传奇性的资源。凡一平的《通宵达旦》（《山花》1994 年），这篇小说似乎与电视剧相去未远，却有着不少耐人寻味的东西。警察与妓女这个美国向第三世界输出的电视连续剧层出不穷的题材，现在被移植到这篇小说中，作为小说叙事的起点。这个起点十分鲜明地给出了九十年代小说写作的基本倾向：类似罗朗·巴特的做法，把写作比作勾引，把阅读比作色情，当然这是比喻性的说法，在现行的制度规范内，作者当然不可能有什么惊人之举。但是，这种姿态是极为明显的。在某种意义上，这种做法，还可以在《白鹿原》这类被称为史诗式的鸿篇巨制中看到。当然，《通宵达旦》不过同工而异曲，它实际是另一种小说。

这篇小说把通俗读物的故事母题作为叙事的原材料来运用，它们在叙事中起到纯粹观赏性代码作用。一些香艳的女子、性感的形体和暧昧的表情，这些都构成商业社会基本的观赏性代码。这些欲望化的符号与整个社会急剧膨胀起来的经济欲望相互鼓舞怂恿，这是商业社会这枚金币的两面。作者的叙事并不是仅仅停留在这些欲望化的符号的表层，他还在这些符号的里层，打入了权力和精神性存在的楔子。把一些商业社会最流行的符号与对这个社会的似是而非的揭露和超越相混淆，因而这篇小说的故事隐含着内在的跨度，把形而下与形而上加以强制性的重叠，起到连接作用的是那个“特权阶级”马禾。马禾的出现使这个通俗故事迅速发生转机，妓女被无罪释放，现在，警察变成了诗人，小说的叙事也开始向着形而上的层面倾斜。小说叙事能够做出转折并且能不断开拓叙事的空间，在于能够运用有效的中介因素。应该说，这篇小说中马禾这个人物的运用还是成功的，他起到多方面的连接和转承作用。

随着警察变成诗人，小说叙事开始打穿那些形而下的欲望化符码，一些关于妓女，关于香艳女人的丰乳，关于装扮嫖客还是装扮妓女的争论，这些流行符号、流行话题引出了关于这个社会现实和人的存在方式等等的看法。特别是那个圣诞节，纯粹是一次化装舞会。这是形而下的世俗中国对形而上的宗教仪式的模仿，而警察居然成为艺术家，这里面都是一些假模假样的人。对形而上的追踪不过是对舶来品模仿，并且是对仿造的伪造。这些似是而非的有名份的人的聚会成了真正的假面舞会，这里面充斥着模仿品和赝品，连哲学也商业化，诗人成为一千元的交易者和剽窃者。那个主角宋杨能够回忆起来的那只纯洁的鸽子，他的青春萌动期的情人，却也只是一个强奸犯的妻子。现在凤凰一样的女人，貌美才高的朱楠正在与他倾心相谈。他们在骗与被骗的游戏中心心相印。十分有趣的是，朱楠对骗局拆穿缺乏基本的能力，她可以怀疑宋杨的任何谎言，却不怀疑他存在的最基本事实——他的身份的真实性。这个时代人们怀疑任何东西，却从不怀疑有钱人的真实性。这次形而上的精神会餐终究又成为一次肉体享乐主义的盛会，这个时代的精神早已迷失在经济事物里，迷失在欲望崇拜里，那个哲学博士被放逐于欲望狂欢的节目之外，他在等待批文。

这篇小说以它对时尚想象和现实表象的书写，揭示了这个时代精神性存在彻底丧失的现实状态。然而，这种揭示并不是作者有意识的行为，而是小说叙事的副产品，恰恰是作者大量堆砌这些欲望化的符号，在游戏和狂欢的场景中，穿梭来往，随意漂流，没有一个人能真实地进入精神存在的领地。作者的叙事甚至无力做出基本的情感价值判断，那个似是而非的初恋情人，他也无力保持她的纯粹性，小说叙事本身是一次对这个时代的表象的自在呈现，一次放任自流的后情感式的观望和游走。在这一意义上，九十年代已经无力给出任何真实有力的精神性向度，它恰恰是复制和拼贴这个时代的欲望化景观，由此创造这个时代的观赏奇景，创造具有诱惑力和想象性满足的纯粹快感式的阅读情景。

同样值得提到的是王小波的《革命年代的爱情》，这篇重写“文革”时期的作品，能别具一格，主要得力于它不再把叙事的重心落在“反省”“批判”一类的历史内涵上，那场庞大的历史运动在这里被改变为可供窥视的场景。一个后进的男青年，被一个进步的女青年关在一个小屋里作思想检讨。特殊年代的爱情不得不采取特殊的形式，然而我们洋溢着青春愿望的女团支书，终于忍受不了“特殊的”形式，个人的欲望战胜了那个可笑的外表。在王小波的叙事中，所有的那些戏谑式的描写都不过是等待那个欲望化的高潮出现，那个纯粹的爱欲的场景是全部“进步”行为的伟大成果。这个成果其实一开始就潜伏在叙事的动机中，它随时都有可能原形毕露，但王小波以他恰如其分的节奏推出这个高潮场面。对于那个隐含的窥视者来说，经过一段时期的煽动、引诱，现在总算如愿以偿。王小波的写作一直处在当代文学制度化体系之外，他一度在其他国度里游荡，在海峡那边发表小说。他以他怪诞而超然的行为把自己放逐于乱哄哄的大陆文坛之外，很快人们就会发现，这个在当今文化边际地带游走的人，这个远离当今现实的人却又是一如既往地触摸我们生活的关键部位。他对欲望的表达有着惊人的兴趣和敏锐，那些漫不经心的描写都给予这个时代的生活以尖利的刻画。

第四节 越过界线的价值标向：后道德状况与女性的祈祷

妇女解放不仅仅是社会解放的尺度，在现代社会，妇女更经常走在社会解放的前列。在发达国家，妇女活动构成了富裕时代唯一的后革命景观，它是冷战过后唯一有点刺激性的保留节目。因此，毫不奇怪，妇女写作也是这个时代多少还具有挑战意义的文学行为。新时期的女性写作十分活跃，但一直附属在男性话语的纲领之下。因此有一点是不难推测到的，九十年代中国文学，将无法遏止女性主义潮流。事实上，张辛欣和残雪曾经以非常独特的个人经验表达了最初的女性主义意识，赵玫的一些作品也表现了女性对待世界的特别态度。更为典型的女性主义方式可以在海男和林白近期的作品中看到，女性话语无视男性的道德准则，在急切回到女性的内心生活中去的时候，在对女性自身经验的无所顾忌的发掘中，女性写作以她偏执的后道德立场表现了最为鲜明的过渡性状态。

我曾在前面讨论过，海男一直在以纯粹女性化的语言去完成诗性的祈祷，对男女特别的情爱的表现构成海男持续不断的兴趣。关于生/死、爱/恨、永恒/暂时等问题的追问，是海男叙事的内在意蕴，她异想天开要在灵与肉的撞击中撕开那道无底的深渊。《人间消息》（1989 年）、《没有人间消息》（1992 年）、《疯狂的石榴树》（1992 年）、《观望》（1994 年）等等，大都描写一些男女性爱片断，生命本能的恐惧、一些死亡事件和欲望化的场景充满着整个叙事。海男的叙述像是一次绝对女性自白，又是一次前所未有的自我呈现。

《私奔者》（《钟山》1994 年）是海男又一篇激烈蔑视当代道德规范的作品，从这个关于私奔的故事中看得出海男的叙事已经发生了很大变化，开始注重故事性和人物相对完整的形象。海男的叙述总是充满歧义，她习惯把人物的内心活动、回忆、遐想等随时折叠到叙事中，这给阅读造成一些障碍，但是给叙事提供了复杂而多变的空间。

这个关于“私奔”的故事，由一个女子独自一人来到一个城市的内心遐想构成。这个叫苏修的女人出差到外地，住进一个小旅馆的第一个强烈愿望就是尽快洗个热水澡。“洗澡”在整个叙事中起到动机的作用。由洗澡引发了苏修的各种心理感觉和回忆往事。“洗澡”想到少女那双纤细的脚插进水流，那是生命的河流。古典辩证法曾经诡辩过的真理，你不能将双脚同时插进一条河流，这是什么逻辑？这是生命哲学？过去的私奔故事与现在已经迥然不同。生命之河在流动，回忆者能抓住过去什么痕迹呢？这个私奔的故事，就像一条流动的河，有不同的插足者，她们先后插入江林的生活，然而，她们的存在，她们的幸福和感觉都大同小异。也许作者没有清晰地写出那种深刻的不同很有些缺憾，但在另一方面，也许作者触及了生活的一个无法抹去的事实，那就是生活不断地重复一种对古典辩证法的绝望颠倒，不同的是插进去的还是同一条河流。

那个私奔者苏修，替代了美丽的雯，后起之秀燕子又替代了苏修。人们在那些自以为是的生活追寻中，其实不过是扮演着一个角色，替代者也为他人所替代。显然，海男力图写出生活的两极悖论：一方面，人们渴望变换生活，渴望逃离现在的外境而走向私奔之路；另一方面，私奔终究不能完成对生活的彻底的超越，生活终究还是回到现实性中。

对生活的绝望和渴望是如此矛盾地交织在海男的写作中，对于她来说，这些想法并不单纯是形而上的观念，在很大程度上是她真实的内心祈祷。比较起张洁那代人的《爱，是不能忘记的》那种态度、那种时代意识，海男这代女作家对生活的看法、对文学说话的方式，都发生了惊人的变化。她们变得如此复杂而坦诚，变得如此不可理喻而固执己见，对于人类由来已久的那些情感、那些价值立场，她们给予了毫不留情的拒绝和超越。海男居然不加掩饰赞美“私奔”：“第一，私奔的快乐就是建立一种新的意义，它是反抗一种不能令人满意婚姻的赔偿，私奔者通常是带着对未来的展望通常是一种令人生畏的东西。未来对于私奔者来说往往是一个不许进入的禁区，然而，私奔者总是亲自到场证明私奔者是一些幸福的人。第二，私奔者制造着事件，这是一种偏离常规的，无法解释的行动或事件，私奔者都沉湎于一个跟他制造事件的男人或女人的怀抱，这是一种音乐的怀抱，让私奔者蛰伏在自己的小窝里，与世隔绝地度进一段时光。第三，私奔者们总是带着最初的诱饵出发，这诱饵是美色，是肉欲，是闪烁的星空，是沉醉的深渊等等。”

这个关于“私奔”故事令人想起法国“新浪潮”电影《去年在马里昂巴》，那个私奔的故事被“存在还是不在”这种现代主义观念搞得歧义百出，它充满了对存在与选择的复杂思考。海男的叙述则是一次对往事的眷恋、对家园的追忆、对女性内心渴望的后现代主义式的散漫书写，它把此间的感觉与迷失的记忆相混淆，把不着边际的生活远景与微不足道的幸福相拼贴，那些流动的生活表象渗透了女性的内心独白。应该说，海男的叙事有着某种复杂的透明性，那些感觉和回忆、那种心绪和遐想的状态，都给人细致而深刻的印象。

摆脱了爱情母题的当代女性叙事，向着细致的欲望体验与玄虚的形而上观念两极分化，而把二者有机结合起来，则可以看到当代中国女性叙事所达到的一种难度。例如，徐小斌的《双鱼星座》（《大家》1995年）把女性自我经验、隐秘的内在欲望与玄妙的形而上观念相混合，这三者相互推动和补充，使徐小斌既抓住当代生活的那些最有扩张力的表象，又不懈地探究人类生存由来已久的那些意蕴。

《双鱼星座》看上去是在讲述“一个女人和三个男人的古老故事”，但这个古老的故事被徐小斌以非常个人化的当代性的经验加以改造。拉康式的精神镜像使得徐小斌的写作像大多数女性作家一样，散发着“自恋”的优雅情调。这当然不能说卜零就投射了过多的作者的影子，这种

“自恋”是女性对自身的绝对关注——女性永久的“精神镜像”。正是这种“自我关注”，使得徐小斌的写作执拗地进入女性自我的精神深处，优雅而又毫不留情地打开那些生活死结。

卜零，优雅而聪明绝顶，脆弱而漫不经心，与其说这是典型的知识妇女形象，不如说是知识妇女乐于认同的自我形象。这个优雅的女人在三个男人之间周旋，对家的厌恶、对权力和社会制度的拒绝，与对爱欲的纯粹追寻相混淆，使卜零如此密切地扣紧这个时期的物质生活，那些流行的俗世价值观念，又不断地在虚幻的空间，在自我的镜像中呈现。古典时代温情脉脉的两性关系，那个生活的寄托——家，在这里却是生活的牢笼，一个极为虚假而没有实际内容的处所。在九十年代，这个被普遍描述为商业与文化二元对立的时代，徐小斌尤为尖锐地表现了女性对变了质的两性关系的直接书写，这一切混杂着对这个时代的流行价值的抨击和那些生命神秘崇拜的寓言性叙述，使得徐小斌的这个“古老的故事”具有犀利的直接性和女性神话学的深邃性。

卜零，这个知识妇女，对生活像是在观望，又像是在进行某种绝对的追求，她一直在精神与物质、文化与商业、灵魂与肉体之间作一连串不切实际的徘徊。她以她的精神性存在对物质主义盛行的时代采取了不合作的态度。那个代表了当今时尚的丈夫韦，遭到卜零的彻底蔑视，这显然是精神对物质的超越；而那个司机石却以他的自然主义本色而令卜零想入非非。作为一个有文化的人，作为一个女性的精神自恋者，卜零有理由对在商业上踌躇满志的丈夫不屑一顾；她也理所当然拒绝那个精于权术的老板；然而作为一个自然主义者，作为一个回到女性自身欲望的纯粹女人，卜零对石这个年轻男人充满着爱欲。在这里，精神性的卜零奇怪地转化为物质性的卜零，并且以自然崇拜的形式而获得现实的内容。那个绝对沉浸于精神自恋的卜零，回到她的最内在的存在的时候，她就回到了身体，回到了她的最坚实的女性自我。只有一个自然存在的男性他者，才使这个女性对身体的意识具有了现实的爱欲内容。

卜零这个心比天高的女人经历了一次愚蠢的下降运动，在某种意义上，也可以看成这篇小说的叙事所走过的历史行程。这个精神性的女人受爱欲的支配，不得不走出她的精神自恋的天国，她的爱欲必须转化为现实，她必须从男性他者那里掠夺来她的现实本质。她选中了石这个漂亮的年轻男人，卜零于是重温了一次青春萌动期的纯情之恋。这段被世俗化的爱欲，尽管以自然崇拜的借口加以观念性升华，但它依然掩饰不住那些压抑已久的欲望。那些温情脉脉的恋情，使得卜零险些成为一个为爱情冲昏头脑的纯情少女，成为一个为流行的美学趣味支配的暧昧人物。徐小斌终究打破了石这个“自然人”的幻象，他不过是一个社会化的情场老手，一个偷香窃玉的下层人物，卜零最后用谋杀的形式，结果了这个男人（和其他两个男人）的性命，这个多少有些夸张的举动显然不仅仅把她从俗世的尘土中解救出来，再次确证了她作为一个精神性存在的绝对价值；而且使这篇小说恰如其时地逃脱了现时流行的趣味，它以同归于尽的方式拒绝同流合污。显然，对女性爱欲的关注使徐小斌找到连接二者的自然通道。把女性的爱欲与某些循环论和文化原始神话相混合，构成徐小斌叙事的内在意蕴，它们使徐小斌的那些关于女性爱欲的故事具有不可知的神秘性。

值得注意的是铁凝的《对面》，当然不是说这篇小说有多高的艺术水准，恰恰相反，这篇小说证实了当年寻找“心灵”和美感的新时期神话讲述者，却是转向描写一个窥视行为，一个纯粹的女性符号。这篇出自女性作家手笔的小说，却采用了一个男性的视点，并且是一个不断窥视的视点。在男性的欲望化的目光的窥视下，那个女性逐渐呈现出她的性感形象，直到这个形象背后的隐藏的悲剧内容显现。小说的叙事初步可以看成是对诱惑的逃避和投入的描写，那些太近的诱惑，直接而明确地呈现在你的面前，你却找不到真实的感觉。然而，无意中窥见的诱惑却是那样令人着迷，一种有距离的观看、纯粹的窥视，一个无关的作为他性的诱惑，反倒是真正的诱惑。那种距离和隔膜被一种欲望的修辞学所填充，被一段阅读所补足，这是对诱惑的一次详尽读解和重新书写。然而，在更深一层的含义上，这篇小说又是关于人们无法面对一个真实存在的某种探讨。这是一个无法证伪的问题，一方面，“我”无法真实地面对“我”的对象，那些明确呈现于“我”的面前的诱惑，都给“我”以不真实的感觉；另一方面，也没有一个真实的对象物向“我”呈现，那个令“我”着迷的女性肉体，当然不是向“我”呈现的，“我”却倾注了无限的热情和欲望，“我”最终读解出的却不是欲望的高峰体验，而是由来已久的女性悲剧。

这篇小说试图用男性的眼光来看女性的世界。在男性的视野中，女性只有“很棒的体形”，她们都企图获得男性的认同，以不同的方式与男性搏斗，结果则逃不出男性的控制。那个勇敢的尹金凤，总算如愿以偿当上市长太太。那个伪装的男性的视点其实已经看到了“对面”世界的真实意义。这个欲望化的视点，在其内在性上，又回归到女性的立场，它依然揭示了女性的特殊境遇。事实上，这种思想性的东西在小说叙事中并不显得特别重要，在这里思想法则让位于观赏法则。推动叙事和阅读前进的是那些富有观赏价值的场面，把欲望和窥视叙述得如此详尽并充满悬念，这就是技巧的胜利，填平鸿沟的“纯文学”将不得不在这些欲望化的场景中穿梭来往。那个伪装成男性的叙述视点，完成了对女性的全方位窥视，他是否看得到真实的世界，或透过现象看到本质，已经无关紧要。那些欲望化的场景浮出文明的地表，构成这个时代唯一生动的文化景观。

第五节　欲望化的轴心与历史修辞学

经历过八九十年代沉重的历史折叠，九十年代的中国文学突然间处在一个无比空旷的场所。这里没有方位，没有中心，没有冲撞，甚至没有真实的压力。一切都显得那么的实用而空洞，那么虚假而随意，有谁能够承受这种无根的轻松呢？事实上，人们经受住了，而且乐于分享这种轻松。九十年代的中国文学处在某种状态中，它也只能是一种状态，人们只能看到它的外形状态，而无法触摸它的内心，或许它根本就没有内在性，传统的和经典的话语无法给定它的确切含义。它总是处在某种状态中，或者说从一种状态过渡到另一种状态。在这样一个过渡时期，这样一个表象主义时期，文学实际处在多元化和多方位的过渡性状态。

文学在这个时期确实发生了某些实质性的变化：写作主体、表达形式、传播方式及其效果，都与八十年代相去甚远，甚至与八十年代后期，我们称之为“后新时期”变动的早期阶段都大相径庭。“先锋派”和“新写实”的所做的革命性举动，依然是在文学精英主义的序列之下来进行，它与经典权威话语构成紧张而持续的对话。对于九十年代后起的又一批写作者来说，他们已经完全脱离了“宏大叙事”，他们的个人化立场彻底向适应性倾斜，他们的叙事没有文学的历史由来，更没有文化目标，我说过，“历史之手”也不再能强加给他们以革命性的象征意义。在这一意义上，文学写作成为历史本身，它不过是历史自我指涉的修辞学表达。

没有理由认为在作品中强调欲望化的观赏价值就是低级趣味，但是所有有关欲望化场景的描写，必须精道奇妙，否则弄巧成拙。在另一方面，对欲望化场景的强有力的表达，无疑构成这个过渡时期的最重要的叙事法则。对情欲和暴力的巧妙书写，足可见出这个时期小说叙事的艺术水准和必要的智慧。在这样的过渡时期，某种程度上也像罗朗·巴特所做的那样：把写作比作勾引，把阅读比作色情。当然巴特是在后结构主义式写作的普遍象征意义上来发此惊人之论的，在写作和阅读双重意义上互为隐喻，写作也就真正成为一种自为的精神修辞学。对当代中国的小说叙事而言，它在很大程度上不得不填补重建欲望想象的空缺。对这个空缺的关注，构成了这个过渡时期小说的主要叙事动机和重要的叙事策略。

当然，在这一意义上，1993 年可以在当代文学史上再次划下一道界线，它标志着这个过渡时期所达到的临界状态。事实上，对情欲的表现已经成为这个过渡时期的必要难题，欲望化的叙事已经无法拒绝地成为这个多元化过渡时期的唯一有贯穿能力的文学法则；对建构欲望想象不自量力的承担，使当代小说写作殚精竭虑，或黔驴技穷，或才情焕发。当代小说的欲望化的叙事法则，当然有可能抓住这个过渡时期的生活特质，对现实进行强有力的穿透与创造一种生活奇景，在过渡性状态里达到奇妙的重合。纯粹的欲望表达也就是纯粹的内心生活，也就是纯粹的历史修辞学。

第七章　本土的神话：一种不断被遮蔽的叙事

“本土化”对于任何一种文学写作来说，都是不言自明的真理。从文化上来说，人们用母语来写作就注定了是本土化的东西；从实践的意义来说，人们生长于特定的文化之中，他们的日常经验和超越性幻想都来自他们置身于其中的生活，他们的写作不可能不是“本土化”的。但是，“本土化”作为一种自明的真理，它并不仅仅表明一种写作不可超越的宿命论的意义：任何写作在其终极意义上只能是“本土化”的；同时它也经常行使着天然的文化强权：难道文学写作不要回到本土吗？它以反诘的方式使一切试图超越“本土化”的实验企图循规蹈矩。当然，“本土化”经常也有积极的理论要求，它尤为深刻、鲜明而有力地表达本民族生活的美学理想，这种本土化不仅体现在作品所表现的生活内容，也显示在它的表现形式方面。在这一意义上，本土化经常与民族性、乡土化的意义重叠。也正因为此，本土化又与“传统”这一概念相通，所谓“本土化”，它当然必须在传统的价值准则和审美要求的意义上才被指认，偏离传统标准的文学写作通常不会被认为是“本土化”的。传统、本土化、民族性，这是一组经常互相诠释的概念，对于第三世界文学叙事来说，它是一个理直气壮的护身符，又是一个差强人意的紧箍咒。

事实上，本土化与反本土之间的对抗一直就构成当代中国文学叙事的内部张力。二十世纪中国文学怀着对西方文化的向往与恐惧的双重态度曲折前进，追赶西方这种现代性的民族意识在文学方面的延伸，就是努力摆脱传统的羁绊，直接与西方文学对话。在三四十年代就是对西方十九世纪的批判现实主义和浪漫主义的顶礼膜拜，在八十年代就是对现代派的崇尚。而这之间又穿插着对西方文化的强烈排斥的民族主义情绪（例如五六十年代），则更可见出“本土化”所隐含的复杂的历史文化内涵。在某种意义上可以说，“五四”以来的中国白话文学的发展方向，就是一个不断背离本土化的过程，白话文学与现代中国的启蒙主义设计如出一辙，它们实际上也同步行进。它的历史动机一开始就纳入现代性的范畴，它的历史挫折与现代性设计在中国的命运也不谋而合。然而与这个方向若即若离，在这个历史行程中一直潜伏着顽强回到本土，固守传统的力量。从废名、许地山、沈从文、汪曾祺，一直到更年轻一代的作家，传统的力量依然在起作用。值得注意的是，这条历史线索同样沾染过西方文学的影响，这本身又表明本土化与反本土化之间的对抗不仅存在于不同的文学流向的对立，也同时在一种文学潮流的内部起作用。这使得人们有理由认为，纯粹的本土化是不存在的，在白话文学的历史范围内，在二十世纪的现代性思潮遍及的文化区域，本土化本身就是置放在这样一个历史语境中的神话。

本文并不打算全面勾画一幅二十世纪文学的本土化的历史草图，这无疑是一部著作的工程，本文清理这些理论前提和历史前提，目的是为了给八九十年代的中国文学中的本土化源流，揭示更为清晰的脉络。这条脉络因为过于喧嚣的历史布景而时隐时现，它们经常被置放在“现实主义”这个巨大的纲领之下，因此难以看清它本来的历史动机和新的文化目标。事实上，“本土化”从来就是一个神话，一个不断被改写和遮蔽的故事。在五六十年代，它是一个被政治理念包裹的叙事；在八十年代前期，它是一个被知识分子实现现代化的渴望放逐了的叙事；在八十年代后期，它又是一种被文学语言的探索性表现再次书写的故事；直至九十年代，历史总体性弱化了统合功能，而本土化则为“东方他性”和欲望化的景观这样两极的形式所遮蔽。从总体上来说，被我们称为本土文学的那种东西，只有作为乡土小说来把握时，它才能在当代中国的文学史语境中得到理解。即使是在这一最基本的意义上，它也发生了很大的变化。九十年代年轻一辈的乡土派作家对本土生活（特别是乡土生活）的非常个人化的表现，揭示了中国乡村土地上发生的尖锐变化。那样一种表现方式和感觉方式，与传统乡土小说相去甚远，不管我们是否恰当地给出新的命名，但重新清理它的历史轨迹则无疑必要。

第一节　假想的超越：历史寓言中的本土

围绕本土化、传统、民族性，在现实主义象征秩序体系内构成了一个强大的历史总体性叙事，在二十世纪五六十年代的中国，这个叙事无可争议地规定了文学叙事的范围和方式。本土化一直就是一个文化想象的概念，所谓本土从来都为文化想象所遮蔽，“本土”一度是主流（权威）文化想象的核心内容。从新中国成立到“文革”，似乎“农村”是社会主义文学生长的唯一土壤，而“本土”当然也就是社会主义现实主义理论的基本素材。“本土”不过是一个天然的外壳，在理论话语的范畴内，它注满了经典现实主义的内容；在文学写作的实践意义上，它反映了社会主义时代的本质规律；在经典现实主义体系内，“本土”既是一个天然自明的优先性的概念，又是一个没有特别规定的术语。它附属于现实主义权威话语的纲领之下，作为一个自明的内容和毋庸置疑的旁证，它其实是现实主义自言自语的一个词藻。对本土的特别强调，表明经典现实主义谱系内出现歧义，它显然是在不同的理论方位上，基于不同的历史叙事动机给新的阐释。很显然，八十年代的所谓“本土化”，确切地说，属于思想性的范畴，它被现代性思潮重新俘获，置放在现代化的历史进程中，置放在现代工业文明（或后工业文明）的背景上重新审视。它从经典现实主义的谱系内被剥离出来，在现代性的意义上构造一个回归传统的寓言。

本土化并不是一个自明的题材问题，所谓的“乡土气息”不再能表达八十年代后期以来的文学“本土化”问题。除去题材，除去难以明确表述的审美意蕴和一些风格化标志，“本土化”在文学叙事中还剩下什么呢？也就是说，相比较经典现实主义的“乡土小说”和现代性意味浓厚的“寻根小说”，哪些因素构成了八十年代后期以来的“本土化”小说？也许这个问题过于复杂，需要追究的问题可能有必要归结为那些最显著的变化，那些最有历史象征意义的差异。

当然这种变化依然有它的过渡和转折的中间环节。对于我来说，去探究那些与经典现实主义一脉相承的，或者说与它相去未远的那类“乡土小说”非本文的宗旨，这里尤为关注的是提示了当代本土小说新的观念和新的叙事法则的那类作品。我更倾向于把这种变化的线索置放在二十世纪的“现代性”框架中来考察，它的直接前提就是“寻根文学”。我一直把当代中国文学看成是在不同的方位上并行发展的立体交叉桥，在我看来，八十年代后期依然表现出艺术、历史敏感性的文学写作，与八十年代的现代性思潮息息相关。具体表现在“本土小说”这一问题上，就是与“寻根文学”的内在联系。

八十年代中国文学为一系列巨大的时代命题所笼罩，反“文革”叙事携带着思想解放的冲力追逐着“大写的人”的主题。这个主题向着现代意识、向着现代人倾斜，它最前卫的部分终于跟踪到“现代派”。八十年代的文学与其说是被“创新这条狗追得满街乱跑”，不如说是被“现代化”这项历史任务压得喘不过气。为了与“实现现代化”的历史任务相称，文学急切渴求“现代意识”，甚至不惜寻实验性现代主义手法来表达这种意识。八十年代中期，在文学的现代流向达到高潮的历史情境中，突然出现“寻根”这种“逆历史潮流”的文学现象，这很有些令人不可思议。事实上，“寻根”依然是现代化潮流的产物，只不过特殊的历史场景，多元性的历史力量综合结果使它的历史动机和现实面目暧昧不清。

八十年代中期，中国文坛到处在讨论现代意识。文学方面的现代意识，不过是中国社会的经济现代化的合理延伸和呼应，现代化的历史大潮强有力地拖着文学界走，现代性的规划是如此深刻而有效地渗透进这个时代的精神意识，那些十九世纪的古典人道主义，那些启蒙主义的主体姿态，脱去反“文革”的历史外衣，而迅速跨越进现代意识的前列。关于现代人，关于现代主义的叙事是文学界急于攀登的思想高峰，从“意识流”到现代派，中国当代文学终于有理由庆幸它与西方文学思潮只有一步之遥。然而，现代派或现代主义，对于大多数人来说，是一个怪物，一个全新而神奇的恶魔，只能远远对它们行注目礼，或者暗递秋波，或者暗度陈仓做些短线出击。八十年代的中国在文化方面有过种种激进的奢望，但实际的迈进却十分有限，这不仅仅是思想理论领域的现实形势使它只能以波浪式的方式运行，事实上，人们的既定经验也决定了它不能有什么惊人之举。与所谓“全盘西化”相对，重新认识传统迅速酿成气候，海外新儒学复兴长驱直入，各种文化讲座遍及祖国的名城古镇和旅游胜地（例如当时在青岛和杭州都有文化讲习班），一些耄耋之年的文坛耆宿坐镇讲坛，莘莘学子于敬畏和虔诚中洗耳恭听。新儒学同时呼应一股世界范围内文化认同的潮流，而拉美第三世界作家频频在发达资本主义国家获取各种奖项，这对中国作家无疑是一个提示，一种警醒，一种诱惑和怂恿。

对于一代正要扮演文学主角的知青作家群来说，他们也急于从知青的经验中走出来，从粗略的现代派的探索中走出来，他们在本土的“文化”这里找到一个新天地。与其说这是一次进步，不如说是一次调和，现代意识和知青经验在“文化寻根”这里达到密切的统合和恰当的重叠。“寻根”当然不是简单的复古，不是单纯回到本土，它站立在现代性的高度，在世界文化的格局中来思考中国文化的命运，来解决现代化进程中的精神价值标向。它比那单纯的现代意识显得更加高瞻远瞩，更加符合中国国情和现实需要。对于文学来说，已有拉美魔幻现实主义作出示范，它们恰恰是在回归本土，在重新思考现代化给发展中国家带来的诸多难题的前提下，写出了令西方第一世界惊叹的不朽之作，他们甚至因此摘走诺贝尔文学奖的桂冠。在某种意义上，这是真正“现代”的文学意识。

在这样的历史前提下，有这样的历史参照系，我们的作家还有什么犹豫的呢？从现代派性立即回到本土，转向民族之根，原来这里是一脉相承的东西。这也就是为什么那时的评论居然把“寻根文学”称为“85 新潮”；把它与刘索拉、徐星的现代派相提并论而认为它们平分秋色。它们共同构成八十年代中期中国最前卫的文学潮流。因而也就不难理解，为何八十年代中期最有创新意识的一批作家，标榜“寻根”而回归“本土”。看上去我们的作家理直气壮而信心十足：“我们民族的传统，民族的生命，民族的感受，表达方式与审美方式在我血肉深处荡起神秘的回音。”（郑义语）从这里可以找到文学厚实的根基，这样一种认知前提也清理出一代作家置身于其中的现实，个人经验与文学面对的现实在这里统一：“不光光因为自觉对城市生活的审美把握还有点吃力和幼稚，更重要的是觉得中国乃农业大国，对很多历史现象都可以在乡土深处寻出源端。”（韩少功语）

民族性、乡土乃至本土化，这本身就是一种话语，一种叙事。我们的作家生长于斯，他有什么必要，有什么理由过分强调这个“本土”呢？在强烈的现代意识氛围里回归本土，这本身就是一种策略；而在世界文化认同的趋势下，特别是面对第一世界的文化价值取向，来重新思考第三世界的文化出路，这就不得不给“本土化”涂抹上复杂而暧昧的色彩。这种回归不再是单纯回到民族文化本位，更重要的是把“本土”置放在世界文化的格局里来重新定位，它不再是背对着世界的沉默无语的黄土地，而是面对着西方世界的一个打开的神秘而怪异的“东方世界”，一个向世界倾诉的中国故事。确实，年轻一代作家站在历史的某个高度，反省、重返这个长期自我遮蔽的“本土”，他们过强的历史愿望和宽阔的世界性视野，其实超越了本土。在某种意义上，他们把“本土”流放于世界文化的格局之中，正如他们把自己流放于历史之中一样。

第二节　剥离的真实：回到生存样态的本土

八十年代的“文化寻根”不过是把权威意识形态的“本土”，改写为知识分子精英意识形态的“本土”。八十年代是一个意识形态过分活跃的时代，知识分子在思想解放运动的后期，凭着一种思想史推论实践的惯性而站在现代性设计的前列，这使他们不得不与权威意识形态有所偏离。为思想解放的局部成果怂恿的更年轻一代的知识分子，甚至把自己设想为历史的主体。“寻根”在某种意义上，就是一代知识分子试图把文化上的现代性设计延伸到文学上，它表现了知识分子书写民族寓言的历史主体意向。

八十年代后期，强大的意识形态实践发生分离并且倾向于弱化。意识形态的统合功能趋于解体，知识分子群体不管是作为权威意识形态的同谋，还是作为独立的意识形态的构造主体，都难以起到“中心化”的作用。这使得文学叙事也难以集中地表达“集体无意识”，构造这个时代的和民族性的“宏大叙事”，它不得不失去轰动效应，并且退守为个人化的写作。从某种意义上来说，“本土化小说”最靠近主流意识形态，乡土生活气息、传统价值观、民族化的风格、农民作为主角、朴素的语言表达等，都是现实主义的经典词汇，当然也是主流意识形态的基本语码。然而，当代本土文学的裂变，也正是从这个美学谱系中剥离出来才显示出它的历史变动。这个强行的剥离，虽然是个人化的行为，虽然是为艺术的创新压力所支配，但它有效地表现了当代主流文学潮流的分离倾向。这个本土化倾向，过去是主流文学的基本力量，是经典现实主义的实践证明，现在也不得不发生分化。这说明在当代中国，特别是八十年代后期，与国家意识形态共生的现代性思潮，不仅仅在那些激进的靠近西方的文化实践方面表现出分裂，而且在经典现实主义的内部也发生变化。

在很大程度上，本土化文学也受到现代主义思潮的深刻影响。例如像赵本夫这样原本是从生活经验出发的本土派作家，从他的早期作品《卖驴》中，可以看到那里面凝聚着深挚的泥土气息，那是他对中国农村生活的实际体验的结晶。多年之后，八十年代末期，赵本夫发表了《走出蓝水河》这种现代主义色彩浓重的作品。这篇作品被划归在“新写实主义”的名下，而实际上，这是一篇现代主义的作品，它的主题，它的叙事方式，它的语言感觉，它对那种极端生存状态的体验，都是典型的现代主义处理方式。应该说这是一篇相当厚重的作品，它没有受到足够的重视，只能说这个时期的人们已经不能对生存的原命题给予关注。

事实上，新一代的本土化作家，更多的人受过现代派文学的洗礼，例如，李锐曾热衷过现代主义，在一篇题为《现代派：一种刻骨的真实，而非一种主义》（1989）的作品中，他表述过这种思想。当然他在这里试图表述对现代派的超越，认为现代主义现在不再是一种观念和形式，它仅仅是一种刻骨的真实。现代主义的那些观念和技巧，被糅合进“本土化”的故事中去。与其说，本土化吞没了现代主义，不如说现代主义巧妙地改变了“本土”。在八十年代后期，李锐、杨争光等人描写农村生活的作品，被置放在“新潮文学”的纲目下，也足可见他们与现代主义潮流的密切关系。在很大程度上，他们把那些农村故事从经典现实主义的美学谱系中剥离出来，从时代的主流意识形态剥离出来，而显得面目一新。

1987 年李锐的《厚土》系列第一次把“本土性”的生活刻意从主流意识形态的背景上剥离下来，他如此坚决而彻底地审视这种生活的纯粹性，他描绘的吕梁山不仅仅远离意识形态中心，也远离所有的现代文明，这使得他表现的西北极端贫困的生活具有超乎寻常的“本土化”特征。这是原初的、绝对的、封闭的东方本土，是与中国的现代文明、与发达的西方文明构成强烈反差的西北农村。当然，就个人写作而言，李锐具有无可争议的诚实性，他有真切的生活体验。1969 年他在吕梁山区插队落户，在一个只有十几户人家的小山村里做了六年农民，后来又在一家钢铁厂做了两年劳工。他对吕梁山区的生活当然有切身的感受，这种感受渗透到他的叙事中，具有如此真切而倔强的力量。对李锐来说，并不是要在一个巨大的文化冲突或文化差异的框架内来表现本土的生存状态，更重要的是，他就是直接切进那种生活。

回到他置身于其中的本土生活，发掘那种刻骨的真实性，这就是他写作的要义，因而他的本土又具有自在的倔强性。贫困至极的乡土生活在李锐的叙事中呈现为一种生存样态，那种最低的生活欲求被表现得有棱有角。被扭曲的自尊奇怪地纠合在一起，它们无一例外地指向女性。李锐的叙事因此有棱有角，而又随时透出一种痛楚和哀怨之情。《眼石》把那样一种生存境遇中发生的两个男人的冲突推到生存的临界线上。那是基于传统观念还是男人的自尊？车把式以恩人的姿态，准确地说是八十元的恩惠得到女人的肉体，这使另一个男人受到莫大的屈辱，仇恨在这个男人的心里生长，无可遏止，导致复仇行动。最终是又一个女人的肉体使一切回到原来的状态。被扭曲的心理全面折射出被扭曲的极端贫困的生活。精神和物质，在这里达到奇怪的呼应。最低生存欲求从最粗糙的生活状态中滋生出来，它与生活相互扭曲，相互重叠，终至把生活推到绝境。女人是男性欲望化的对象，是在那种生活境遇中唯一的幸福归宿，同时又是他们随意发泄愤恨和屈辱的一个器皿。

在李锐的叙事中，这些女性作为最原始的欲望化的符号，放置在生存的底层，她们被男性占有或被抛弃。那些处在极端困苦境遇的男性，因为她们的存在而显示出倔强。因为欲望的存在，那些艰苦恶劣的生活有了一些激动和生动。李锐的叙事总是从这里打开缺口，或者说从这里抓到到那种生存境遇的唯一希望、唯一的超越性。在这里，精神对物质的超越在无比困苦的生存中滋生出的希望，就是对女人的欲望，肉体的渴求是唯一的幸福祈求。《同行》中那个被欲望折磨的可怜的黑牙，他的那些冲动，那种渴求方式，难道仅仅是他的肉体的呼吁么？欲望变成了一个严重的问题，变成最紧迫的生存难题；同时也是一个男人与女人对话的唯一方式，一项男人超越现存的精神活动。那种欲望受挫的过程则又是精神不断展开的过程。欲望的表达有了精神性的内容，它转变为扭曲而细致的心理活动。《青石涧》里的那个牧羊人，全部的内心欲求都集中于对一个女人的欲望上，由欲望转化而来的那种心理变化，十分细致而透彻地表现了最绝望的生存境遇中的中国农民的特殊心态，表现了他们的绝望、悲哀、固执和倔强的存在。这块土地上的生活全部被物质化了之后，满足最低的生理欲求也就有了精神性的超越意义。性成为生活最后的支点，又是生活最后的希望和绝望，它的双重性正表现于此，它是实在的、可感觉和触摸的存在，却又折射出生活全部的和最后的悲哀。所有的痛楚都从这里涌溢而出，因而它又有着无可置疑的绝对性，还有什么样的绝望和希望能与之相比呢？这就是典型而极端的第三世界的生活境遇，绝对而纯粹的“东方他性”，尽管李锐无意于此，这一切却自然而然地从那块土地上呈现出来。正是由于他采取了彻底的剥离态度，面对那种极端而纯粹的生存境遇，面对那种绝对的生存样态时，他的叙事才给出了这种绝对的“本土性”。

《北京有个金太阳》（《收获》，1993 年）与表现吕梁山生活的《厚土》系列相比，李锐在这里更注重历史性的思考。小说看似平淡，其内涵极为厚实。这篇小说讲述了一个贫困地区的小学教师在“文革”中的经历。李锐当然不是重复人们反省那段历史的习惯做法，他把视点移到作为历史主体的人本身。历史不过是一个舞台、一道布景，重要的是人如何在特定的生存境遇中意识自身的存在。写出人的特殊境遇，这是李锐的一贯追求，当这种追求不再置放在享受着现代文明的城市人的身上，而是投向贫困状态中的人们时，李锐对人的生存境遇的书写，就显得独特而有力度。他的视点既是立足于现代观念的意义上的那种思考，又力图去写出与现代观念乃至现代（西方）文明迥然不同的那种的生存性状——一种本土化的绝对的“他者”存在状态。

事实上，小说叙事以其不露痕迹的反讽性描写，在仲银与乡亲们之间构成一种颠覆性关系。没有文化的农民夸大了仲银的文化权威，这种夸大本身是一种误读和误置，仲银始终处在一个不恰当的位置，并且他又是如此欣赏和迷恋这个位置。学生和乡亲总是突然间回到一种真实的状态。红袖章到了冬天做了擦鼻涕的手绢，于是仲银只有深深的落空。

他只好慨叹其他人全都没文化，自己与他们没有共同语言。“深深落空的仲银只好再回到自己的自豪和孤独当中去。仲银忽然觉得这么大的吕梁山，怎么就放不平自己的一颗心了呢。”

很显然，李锐没有正面描写“文革”，也未对“文革”进行任何反省，现在他的叙述全部放置在这个人的内心，“文革”是如此生动地诱惑着他，这人向往文化，一直试图在文化上确证自己，他幻想着站在天安门前的情景。“文革”是如此深入人心，以至于这个穷乡僻壤的人也心驰神往。这个一直放置在一个不恰当的文化位置上的乡村教师，他的内心世界正在经受着“文革”的撕扯。五斤鸡蛋和十斤白面，与站在天安门前构成冲突。他属于这黄土地的本质，使他依然怀有满心的矛盾和沉重；而他的那些超越性的幻想，则使他刻骨铭心地感到无以倾诉的孤独。“没有文化，没有共同语言”的潜在意义就是，仲银一直在寻求一种超越这个现实的文化和语言，现在“文革”正提示了这样一种前景，他可以在这个语境中重新指认自己，重新选择他的自我本质。

李锐当然不是简单地写出了“文革”的蛊惑人心的力量，更重要的是这样一个穷乡僻壤的人，他的超越性的幻想与“文革”遭遇的情景。“文革”让每一个人完成了一次自我的重新指认，仲银这个一度是方圆十里的文化权威的人，现在又面临着挑战，知识青年使他突然意识到自己所处的位置，他的存在的局限性在那双方口布鞋上被充分体现，口琴吹奏《北京有个金太阳》也掩饰不了、表达不了他的失落。他甚至不惜挺身去承担那张标语的罪行。这个人为了证明自己的超越性存在，为了他在文化上的自我指认，付出了整整八年的监牢生涯的代价。这个悲剧被李锐有意作了淡化的处理，李锐要表达的可能是更为复杂的意蕴：处在第三世界文化中的个人的存在是如何与历史相遇，由此来表现这种文化中的人的存在的特殊境遇。《北京有个金太阳》这个美丽动人的乐曲，如何变成仲银这个微不足道的小人物的生命诙谐曲。而北京的金太阳的光芒照在这个穷乡僻壤，照在仲银这个人的身上，给予了他特殊的境遇。

在很大程度上，杨争光的小说与李锐有异曲同工之妙，例如他的《黑风景》《赌徒》《棺材铺》《老旦是一棵树》等。杨争光热衷于描写那些极端的生存情态、莫明其妙形成的仇恨，那些愚蠢而固执的行为、凶狠蛮横的动作……这些险恶而可悲的生活样态构成杨争光叙事的中心。杨争光的小说总有一个戏剧性的动机，它通常由一个非理性的行为构成，由此引发一系列的灾难性后果。《黑风景》中那个看瓜人一时性起杀了土匪，由此引发血腥的杀戮。六姥的阴毒、村民的愚蠢狡猾，都没能逃命定的灾难。杨争光执拗地把这些人，把这个故事推向非理性的深渊，这些人被不可知的力量推着走，并且是如此坚决地走向灾难。鳖娃的英勇也无济于事，他最终也是遭人暗算，而包括六姥在内的村民结果也无一幸免。在杨争光的叙事中，“本土”的故事已经没有任何传统的正面价值，它们仅仅呈现为一种落后的、粗陋的、乖戾的生存样态，一系列怪诞的仇恨和灾难性的后果。那种生存状况被杨争光刻画得有棱有角，它们充满着绝望的快感和绵延不尽的悲哀。

这种被剥离的生存样态在他们的叙事中成为一种光秃秃的事实，它们脱离于时代的意识形态氛围，作为一种纯粹的自在之物，它们以极端的“生存境遇”呈现了一种生活，一种东方的、拒绝现代化的和理性主义的生活样态。事实上，莫言、朱晓平和刘恒的一系作品也可以在这一意义上加以理解。他们的写作当然有不同的多方面的意义，但他们尤为注重人的生存样态，注重具体而赤裸的生存事实。它们随时从那些贫瘠粗陋的生活表面突现出来，总是有一种令人震惊的效果。

第三节　超距叙述：被语言重新构造的本土

当然，所谓“剥离”，所谓纯粹自在的呈现，不过是一种隐喻式的说法，那种生活状态同样是被叙述出来的。在这一意义上，从意识形态背景上剥离的本土生存样态，它的那种“刻骨真实”的特质，其实得力于特殊的叙事语言。经典现实主义规范中的“乡土小说”，其最重要的，就是被推为最高的语言艺术准则的信条，就是“白描”。所谓“白描”，也就是以最简单的语言去重现客观对象。在经典现实主义的理论框架内，最重要的是历史的本质规律，与之相适应，客观化的表现手法也就显得尤为重要。但是，在具体的写作实践中，“白描”更经常的是暗示着对语言技法的淡漠。只要回过头来看看五六十年代那些经典现实主义代表作家的作品，就足以看到对叙事和语言的轻视。

当然，老一代本土派作家，像沈从文、废名、孙犁和汪曾祺等人，他们当然十分注重语言，但是他们的语言和他们的人生经验、生活哲学熔为一炉，构成了某种可以称之为“东方审美意境”的美学意蕴。他们的语言风格是古典性的或者说是经典性的。五十年代的乡土作家群意识形态色彩过重，他们的写作主要是从“时代精神”那里分享创作动力。八十年代的现代化实践，在寻根文学那里表达了它的最为复杂而矛盾的时代情势。语言、思想、个人记忆和历史愿望在“寻根”名下混为一体。而在八十年代后期，能够从历史总体性分裂背景中剥离出来的只有语言和纯粹的生存样态，前者使本土化的文学文本具有文学性，后者则使它成为语言和叙述自由运作的领地。语言这一项目经过莫言（和马原）的转换在八十年代后期就实现了它的价值。作为寻根文学最后的也是起到转承作用的作家，莫言有着不可忽视的意义。他把寻根从文化认同、民族反省的历史深度，拉到生命强力和感性快乐的层面，他对语言的关注经过批评家的反复强调而显得异常突出。

八十年代后期的“新潮小说”（或后新潮小说）的显著特征就在于语言和叙事，这可以说是“寻根”作家群直接起到的推动作用，也可以说是意识形态实践的功能退化之后文学必然的选择。从整体上说，当代中国文学发展到如此阶段，它也不得不在艺术性上下功夫，当然更需要在语言上提供新经验。语言经验在很大程度上是感知经验，是一种感觉方式、一种新的叙事方式。八十年代后期，李锐等人的本土小说，力图以新的语言经验给予本土生存样态以特殊的面目。那些极端的生存境遇，是一种主观化视角对语言感觉的刻意捕捉的结果。

李锐的叙事把人物的生存境遇推到极致并且剥夺他们的语言，从而使他的叙述语言得以不露声色去发掘那种“刻骨的真实”，这是李锐叙事的显著特色。处在这种境遇中的人物被他的叙述所支配，犹如被无形的客体化的命运所决定一样。那些人物，那种生存境遇，那种生活块状结构具有坚韧而沉默的自在性。李锐小说中的人物的语言都极少，第三人称的叙述人也都不露痕迹，人物语言的剥夺，使得他们的存在丧失了主体性而全盘客体化。如此客观化的叙述就像现象学的还原理论图式所描述的那样，它其实是极为主观化的认知图式。李锐不动声地剥夺人物的自主性，于是人物的自我意识也就成了最低限度的生理欲求。

相比较李锐而言，杨争光的叙事显得更为冷漠和不动声色。李锐不管如何剥夺人物的主体性，依然关注人物的“生存境遇”，他不过是让人物的命运来说话，让人物的存在样态来说话。杨争光则把人物当作纯粹的角色来描写，人物不过是一个符号，它被超距的客观化叙述意识任意操纵。鳖娃、来米、溜溜（《黑风景》），老旦、大旦、环环（《老旦是一棵树》）等等，这些人物都被一种固执的念头所支配，他们具有绝对的盲目性，执拗地走向生活的绝境。显然，杨争光一直在追求一种极端客观化的叙事视角，这种视角给予那种生活以特定的存在境遇，生活于这种境遇中的人们愚昧、固执、贪婪、自私。他们是一些非理性的存在物，凭着一种动物性的本能行动。杨争光把这些人物抛进他的叙事中，以瘦硬之笔刻画那些愚蠢而绝望的境遇。凝练简洁的语句、冷僻的语调、紧张险峻的气氛等等，人物的存在方式、生存境遇乃至于他们的命运，都被这种叙事决定了。这是一种被推到极端的本土生活，一种被拿捏过的西北传奇，是被特定的叙事视角给定的本土传奇。对语言和叙事情境的过分追求，使杨争光讲述的本土故事具有极端性，它适合置放在与发达的西方根本对立的一个位置，而与传统的或经典的现实主义相去甚远。

被语言洗礼过的本土生活，其实也是为一种叙事方式压制的本土故事。八十年代后期的小说叙事语言无非走两个极端：其一是力图使被描写的世界变得虚幻，如苏童、余华、格非、孙甘露和北村；其二是力图使被描写的对象变得硬实，使那种生活处在最简陋的状态，如李锐和杨争光。后者的叙事主要还是寻求一种艺术效果——语言的表现性。不管如何，语言和极端的生活情境，成为当代小说叙事的直接目的，而“本土性”不过是其意外得到的一个副产品，这个副产品在九十年代的理论氛围中不断增值，它使那种语言艺术效果也变成这个副产品的派生物。这种情形在张炜的小说写作中得到充分的体现。

《九月寓言》（1991 年）是九十年代饮誉文坛的作品，1994 年它在上海获奖使它更加毋庸置疑。这部小说与张炜轰动一时的《古船》大相径庭，《古船》试图在一个完整的故事中表现中国民族的某种内在精神，隋赵两家的冲突以历史循环论的形式展开，而道德与文化则构成了它的底蕴。《九月寓言》在某种程度上脱离了经典现实主义的规范，它没有鲜明而突出的主角人物，没有完整的故事体系，没有明确而易于归纳的主题思想。它以片断式的叙事推进，人物形象也显得支离破碎。张炜显然受到当时热门的“新写实”讨论中关于“原生态”理论的影响。张炜似乎是要表现出一种绝对的原生态生活，他甚至把叙事的能动性压制到“零度”，把叙事语言压制到与生活原生态的同一平面上，语言流与生活流的全面混淆，给出了贫瘠生活的绝对状态。

当然，这部小说隐含着一些重大的主题。例如，现代工业对传统农业社会的侵吞；政治在农村被荒诞化处理的实际结果；等等。但是，很显然，这些作者力图探求的较深刻的主题，淹没于语言的块状层面之下，而那种“唯物主义”的态度，则与这种语言表现方式结合得天衣无缝。这部小说的叙事从饥饿开始，对红薯片的吞食构成了这个贫困区域的人们的主要生存活动，一切的困扰和希望也由此产生。那种粗糙的生存样态以任意奔涌的语言状态为表现形式，在这里，叙事是追求绝对的物质化的生活，还是要获得一种绝对还原生活的语言效果，似乎无法分辨。张炜的叙事似乎走得很远，他试图放弃精英主义式的全知全能的叙述，他更信赖生活本身——一种未被任何现代文化企图支配的唯物主义的生活，彻底而极端的原生态生活，当然，也就是最彻底的本土化的生活事实。

第四节 在历史叙事中重写的本土

八十年代后期，对现实书写的困难，促使相当一部分作家去讲述历史故事。在一部分先锋派作家那里，“历史”不过是叙事方法和语言感觉任意展开的原材料；而在另一部分倾向于写实的作家那里，“历史”则具有实际的内容，并且与现实构成某种潜对话关系。通过重写那些经典的革命故事，对中国近现代历史给予重新的刻画，对传统与经典加以双重质疑。正如我在《反抗危机：论新写实》一文中论述过的那样：“这种在无意识水平上完成的叙事，转喻式地表达了他们的现实感觉，他们不仅试图摆脱历史必然性逻辑的支配，而且下意识地表达了这个时代正在解体和正在丧失的历史感。”对经典的革命故事进行质疑，这也是对中国现代历史作一次重新梳理，它当然也是审视本土文化的一种方式。革命与本土在这里构成一种相互对立和转换的关系。本土毫无疑义决定了革命最初存在的方式，然而，革命也深刻有力地改变了本土，包括本土的那些最内在的本质。近现代以来的中华民族进入革命，革命强有力地催化了中华本土文化的某方面的特质；同时也改写了中国文化由来已久的某些价值。

也许李晓的一些探究革命历史故事的小说是出于形式方面的实验，他对经典性的革命故事的那些关键环节加以质疑，从而使经典性的叙事变得疑难重重（例如《相会在 K 市》《叔叔、阿姨、大舅和我》等）。那些伟大的神话似乎存在不少可疑的地方，那些年轻人卷进了一些偶然的事件。这似乎是在反省革命神话的叙事，然而它也同时导向对中国现代以来的历史进行反省。直接的原因也许是对现实无话可讲，间接的原因可能归结为特殊的历史背景提示的致思趋向。思考近现代的中国走过的历史道路，在革命的背景下观看中国本土发生的惊人变化，这是扎根于本土的小说写作具有真实的历史穿透力的一次表示。

刘恒曾经写下《伏羲伏羲》这样极富有本土意味的作品，九十年代，刘恒的《苍河白日梦》（1992 年）以对中国旧民主主义革命前后历史的叙述，试图表达西方文明输入中国所面临的困境。尽管那个法国人物显得十分生硬，但他的存在使这部小说占有一个世界范围内的现代性视点，这个视点在历史与现实的双重意义上，具有了反思现代性的意义。

王安忆的《纪实与虚构》（1993 年）看上去像是对一个家庭的生活史的追溯，实际上是对革命与当代生活的本质关系进行的一次梳理。革命使这个家庭的成员远离了家族的历史，这个叙述人“我”，作为一个与革命若即若离的怀旧者，保留的也不过是支离破碎的家族记忆。家族的神话与革命的神话同样显得如此可疑，哪里是纪实？哪里是虚构？作者试图写作一个纯粹的本土的和个人本位的故事，这个“本土”却变得疑难重重。不管是有意识，还是无意识，近年来试图寻求中国本土文化的内在性的写作倾向，总是不可避免与中国旧民主主义或新民主主义革命发生关联。

像潘军的《风》（1993 年）这样在形式和怀乡的双重虚幻的意义上来叙事的小说，也与“革命”发生错综复杂的关系。叙事技巧的摆弄却又导向对革命史的解密，那个杰出的革命家郑海在各种传说中被包装，被神化，变成一个神秘而不可知的神话，一个无解的历史盲区，关于郑海的传说实际构成一部现代史。这段本来明晰的、一目了然的历史，现在变得暧昧不清而不可理解。

关注本土现实，而又无法对现实做出文化学的和政治学的深刻有力的表达，相当一批作家以对近现代中国历史的重新叙事来表达他们的态度和立场。李锐对吕梁山的“本土”的书写，主要还是基于他的生活经验，对现实背景的逃离，使李锐无意中找到一块异乎寻常的“本土”。“剥离”是暂时的、过渡性的，李锐不可避免还是要在某种文化谱系内重新看待本土的历史。长篇小说《旧址》（1993 年）讲述一个大家族崩溃的历史，几代人不同的经历与现代以来的革命（旧民主主义或新民主主义革命）纠缠不清。这个家族的历史其实折射出中国现代以来的社会革命史，在某种意义上，这个家族的几代人承受了革命的后果。这部小说在九十年代初的文学潮流中并不显得落落寡合，事实上，重写新民主主义革命史是那一段时期不少作家思考历史的一种方式。李锐对这个古旧的东方家族的灾难性经历的描写，重新审视了近现代以来中国社会经历的那些深刻变动。

在这里，革命与本土的关系被重新审视。这个家族的破灭意指着这种文化的历史延续性发生严重的断裂。李紫痕作为忠孝节义（中国传统文化的经典含义）的全部象征，终究也被革命彻底否决。李乃之这个唯一投身革命的幸存者一直在革命运动中上下沉浮，死于非命。延安和李京生这两个李氏家族的后代，一个以她女性的特殊方式背弃她的家族史，另一个则在另一种文化中勉强生存，他仅仅以一个旅游者的身份重归故里。他的家族史是如此遥远而淡漠，使他成了一个真正的旁观者。李锐尖锐地写出这样一个家族的凋敝，当然也是一个民族、一种文化在现代激进历史中的命运。现代激变渗透进本土，改变了本土，李锐的写作试图去触摸那个古旧文化的精神内核，力图表现出那种坚韧的民族心性，然而它的命运却是如此彻底的溃败。

把“本土”生活重新植入现代激进谱系，并且使之发生双重错位，这是李锐及相当一批作家在九十年代初的一种特殊的叙事。李锐的《北京有个金太阳》（1993年）是一次对知青生活的重新书写，知青这个角色现在退到次要的位置，对中国农村贫瘠的物质生活和精神生活的关注，与那个年代无孔不入的政治混为一体，制造了一种苦涩的反讽意味。反讽在这里并不仅仅是一各种美学效果，它从那种生活状态中涌溢而出，并且构成了那种生活的历史的和本质的规定，在政治与历史的双重意义上提示了本土的特殊遭遇。

第五节　现实、生命境遇与乡村传奇

被称为乡土小说的那种文学写作，并不仅仅是就其农村题材而言，在很大程度上，这种称呼的由来与这种写作采取比较传统的文学观念和价值观念，比较稳定的表现手法有很大关系。在九十年代特殊的语境中，新一代的乡土小说当然不会抛离传统太远，它在某种程度上还是经典现实主义最后的栖息地。但是，人们会惊异地发现，纯粹的乡土小说已经不具有纯粹的乡土气息，它也自觉地与这个时代的观念和审美方式发生关联。

刘醒龙无疑是新一代乡土小说的代表人物，1984年他以《黑蝴蝶、黑蝴蝶》引人注目，作品集有《异香》和《凤凰琴》等。《凤凰琴》被改编成同名电影，获得各种奖项，给作者赢来了声誉。《凤凰琴》讲述民办教师的故事。小说以极为细致的写实主义笔法，描述了民办教师的生活境遇——贫困的生活、拖欠不还的工资、靠弄虚作假获取一点修缮费、谎报的升学率、艰难的勤工俭学，等等。这一切都包裹着“转正”这个核心。正是如此艰难困苦的环境，才显出“转正”的极端重要，只有转正，才能逃离这个环境，才改变命运。然而，转正又是如此困难，成了每一个人的心病。他们的徒劳努力、他们的矛盾、他们的希望与他们的悲哀和崇高都在这里显现出来。

小说叙事采取了由表及里的方式。张英才初到界岭，看到了破烂不堪的小学校，这里每个人都显得猥琐自私，或者鬼鬼祟祟，或者阴阳怪气。然而，在这种令人不快的表面背后都掩藏着一段辛酸的故事，隐含着坚韧不拔的生存意志。余校长最初给张英才的感觉是“剥削学生，欺压少年”。然而，他的行为和故事一层层显露出来，他在如此贫困的境地，还负担着一二十个学生的生活。孙四海似乎鬼鬼祟祟地使唤学生搞勤工俭学，但他是为了学生能买来新课本。这个人似乎还是个第三者，他与王小兰的爱情却令人心酸，有着生死相依的情愫。那个舅舅，看上去有点徇私之嫌，但他能顶住老婆离婚的压力，在自私的背后，也有他的公正。特别是他走出界岭，始终记住这里的艰辛。这是就人物的性格描写而言。就整个小说的叙事来看，作者把最重的意蕴藏在里面。那个始终不露面、卧床不起的明爱芬，给人的印象一直与故事无关，是一个无足轻重的人物。然而正是这个始终不直接露面的人物，包裹着小说的主题。她的出现把“转正”这个行为意指的内涵推向高潮。转正的艰难、生活全部的艰辛、生存的微弱愿望，命运的不可战胜全部在这里交汇。它显示了人的生存即使在最无望的地步，也依然是如此倔强。

小说叙事尤为注重描写那些反讽性的情景。生活在如此困境中的人们却热衷于演奏《我们的生活充满阳光》，甚至孙四海与王小兰苦涩至极的爱情，居然以横笛吹奏的这个曲子为背景音乐。更加耐人寻味的是每天不断的升旗降旗仪式。两支笛子吹奏着国歌的场景感人至深：“九月的山里晨风大而凉，队伍最末的两个孩子只穿着背心裤头，四条黑瘦的腿在风里瑟瑟着。张英才认出这是余校长的两个孩子。国旗和太阳一道，从余校长的手臂上冉冉升起来。”既显得悲壮，又有一些滑稽，它隐含着一些特别的意味，它与“我们的生活充满阳光”一道，刻画着人民的朴实面目和无法言喻的历史境遇。

这篇小说显然刻意去描写那种生活的艰辛，然而，也不乏笔墨去表现那些浪漫的情思，而且这些浪漫的情思同样充满着反讽的快乐。张英才在如此困苦的境遇中，尚抑制不住一些情爱方面的遐思。他给那个女同学写信，对姚燕的想入非非，以及他的凤凰琴，这些与那个并不协调的笛声和歌曲《我们的生活充满阳光》，和那个郑重其事的升旗仪式，在整个小说叙事中，流宕着一股抒情的意味。

事实上，这篇小说的内在意蕴就具有浓厚的抒情性，《凤凰琴》意指着的基本主题当然是民办教师的艰辛处境和他难能可贵的奉献精神。然而，在更深的意义上，在更广泛的普遍意义上，它表达着人处在极端艰辛的境遇中的那种对生活不可磨灭的期望。“转正”不过是一种隐喻，它喻示着人们对生活的那种渴望和不可屈服的倔强性。小说叙述并没有刻意发掘大的历史背景，但这种叙事中滋生出来的现实主义的力量，则必然引发人们的思索。那个小人物的微弱希望、改变个人命运的努力，都显得极为可怜而悲壮。当代文学中久违的那种关于“人的命运”的主题，在这篇小说中得到了切实的表现。

在某种意义上，经典现实主义的叙事在年轻一代的乡土小说群落中依然有力量，只不过肯定性的思想主题隐而不显，个人对生活的关注成为写作的主要动机。关注重大社会现实问题的批判性叙事，更多地为个人的感受和忧伤苦涩的情调所替代。即使那些直接表现社会问题的作品，也少有全知全能的主体性批判，更多的是冷静而客观的表现。

陈源斌的《万家诉讼》作为一篇典型的现实主义小说，反映了当代中国农村正在发生的深刻变化。作为一个当时颇为流行而有名无实的“民告官”的故事，它的特殊之处在于它并不是概念化地表现中国农村正在增强的法制观念，而是深入去表现农民是如何被迫走向法，而法又是如何与他们的伦理观念存在差距的现实。

这个极为普通的妇女何碧秋开始觉醒，她的觉醒并不是在法的水平上，也不是在人的基本尊严的意义上。“讨个说法”这一朴素的表达，是对传统社会由来已久的“体统”的认同。人的生存权利在这里依然采取了传统社会的形式。法不过是一个途径，一个外在的形式，它包裹的是农民的传统价值观念。然而，如何来保证这个“体统”，则只有依赖法制。在当今中国，更不用说在中国农村，对人的存在的蔑视无疑决定了对法的蔑视。然而，这个妇女并不容忍他人践踏她赖以生存的“体统”，她意识到：“这个理不扳平，今后没法活。”

传统的那一套价值观念和社会秩序被现在的权力重新支配，农民已经没处讲理。何碧秋坚持不懈的正是重新确立这样一个“理”。这个社会的秩序、体统、权力和法都是由男性确立和行使的，何碧秋作为一个微不足道的妇女，从男权制度中滑脱出来，站到了它的对立面。这个妇女不愿屈从这个现实，她以女性的固执和坚决去讨个说法。小说详尽地表现了这个基本上是法盲的农村妇女，如何一步步走向法律。从这里可以看到法律与她的那个“理”之间的错位，她并不想告倒村长，仅仅是希望能扳平这个理。寻求公正，获得做人的基本权利，这种信念也在何碧秋这个农村妇女身上体现出来。这与传统小说中常见的“复仇主题”不同，这个上告的妇女仅仅是为了捍卫她做人的权力。

对于九十年代的乡土作家群落来说，关注现实问题并不是一件轻而易举的事，这并不仅仅是于整个文学共同体的责任感和使命感的大大削弱，而且人们也意识到并且承认，社会问题并不是文学能够解决的。乡土派不得不向着“本土化”立场转化，也就是说，现实地描写乡土生活的写作，更多地倾向于历史表现中国乡村文化性状。万方的《杀人》（《收获》，1994 年）讲述一个被遗弃的女人的故事。这个女人（六团）自觉而顽强地背负传统婚姻枷锁，丈夫从新婚之夜起就对她毫无热情，长期出走不归，她却耐心等待。类似的主题被无数次地表现，显然，万方在九十年代的重新讲述有着特殊的意义。这篇注明写于美国洛克菲勒基金会 Bellagico 中心的小说，显然刻意地考虑了中国文化的本土性问题。作者着力要表现的是东方中国依然顽强存在的那种传统性的存在方式，并且试图表现男权制度强加在妇女身上的无意识结构。

这篇小说的叙事不是清晰地去描述这个叫六团的妇女为什么杀死婆婆，而是审视这个行为背后掩藏的历史——这个农村女人艰苦无望的生活史。这篇小说讲述的故事并不离奇，类似的事件在中国农村时有发生。小说显然对这个杀人行为并不特别感兴趣，它关注的是背后的历史，是六团这个女人如何渡过那些艰难可悲的年月，那种绝望是如何转化为愤恨的。六团其实是一个极为老实、胆小而且善良的劳动妇女，她坚韧而无望地等待鞠生回心转意，她是如此死心塌地、坚韧不拔，足可见中国农村的传统伦理是如何根深蒂固。而在这里，那个善良“正义”的服仙，与其说同情六团，不如说是怂恿六团，她坚决站在六团这边，成为六团的靠山。这两个绝望的相依为命的妇女，其实是把自己逼到生活的绝路上。

乡土中国的妇女是如此自觉地屈从于这种男权制度，她始终不肯离婚，她这个受害者终至于“杀人”。显然，这里的“杀人”不是觉醒意义上的复仇，而是对这种男权制度绝对认同的疯狂意志。应该看到，万方的叙事超出以往之处在于，他并不着力去表现传统礼教的外在化的“吃人”（祥林嫂式的），也不去勉强地表现妇女的觉醒。在这里，六团这个女人在“自觉屈从”这一意义上达到疯狂的地步。她最终走向疯狂，杀死了服仙这个与她命运如出一辙的女人，她埋葬了鞠生，当然也埋葬了她自己。与其说她达到复仇的目的，不如说她最终以殉葬者的姿势完成了彻底的献祭。

小说叙事的成功之处在于，它极为细致地表现出这个女人的心理变化层次，显得很有张力。客观化的情节性叙事，与叙述人的重述形成某种对位结构。叙事不断切进六团这个固执女人的心理意识深处。心理的层次与故事同步推进，那些疯狂的行为事件，悲剧性高潮与人物的绝望和疯狂相交合，将乖戾的、无望而偏执的女人心理刻画得极为出色。那些等待，那种坚持，逐步变成仇恨："这样难熬的日子记不清过了多久，笼罩着六团的阴云渐渐淡薄了，终于消散了。六团也变得炉火纯青。她那无尽的冤屈和艰难被磨炼得愈发坚硬，体积越来越小，最终成了一块深埋心底的燧石。有了它，仇恨就会随时迸射火星，燃起地狱的大火。"显然，这篇小说在观念上和叙事上已经摆脱了经典现实主义的规范，它对人物的潜意识的发掘与对人物性格的极端化处理以及对幻觉和可能性的处理，都表明它的探索性特征。它的叙事目的在于突出和强调超常的，当然也是被扭曲的东方文化性状，多少也可以看出这种"本土化"叙事刻意制造的"东方他性"的倾向。

从总体上而言，刘醒龙的《凤凰琴》、陈源斌的《万家诉讼》和万方的《杀人》，在九十年代的乡土小说中无疑是极为出色的作品，但同时也是十分少见的作品。它们或关注社会问题，或刻意从文化上表现本土性特征，但都显得十分困难，这当然是前面论述过社会大背景所起的作用。年轻一代的乡土小说群体中更多的人倾向于对当代乡土生活采取"印象主义"式的叙事，也就是说，乡土题材不再是包裹着社会性的和文化的硬核。乡土生活现在更多地呈现为表象式的生活状态，一种不再向深度转化的自在的生活之流。例如，刘醒龙近期的小说《彼岸是家园》（《峨眉》，1994 年），轻松自如的叙事把乡村的景致、小人物的悲哀、一段莫明其妙的谋杀（自杀）与一些欲望化的场景相拼贴。也许按过去的观点，这类乡土小说写得过于单薄，缺乏深刻有力的思想和有震撼力的情感，以及能够在人道主义、人性论乃至于在“民族寓言”的意义上表述的那种内涵。然而，问题的症结在于，那样一种背景已经不复存在，不管是作为写作的主体还是作为被表现的客体都无法从空空荡荡的“时代精神”中分享沉重的思想意识，乡村的生活也在现代化的规划中变得轻飘飘，变得不伦不类。尽管我们有理由指责年轻一代的乡土作家对乡村在现代化的规划中所处的历史境遇缺乏有意识的表现，缺乏基本的主体定位，但同时也应对这种摆脱了“民族寓言”的乡土生活给予必要的理解。

阎连科的《天宫图》（《收获》1994 年）是九十年代中后期十分出色的小说，它把中国农村依然存在的贫困和屈辱表现得淋漓尽致。《天宫图》讲述一个穷困潦倒的农民，为了还婚债竭尽毕生努力而几乎为之丧命的故事。小说叙事不惜把所有的不幸加在这个倒霉者的身上，他的半生经历汇集了中国农民在现时代可能有的屈辱。在某种意义上，这又是一个被污辱和被损害的典型。路六命十四岁就开始替人扔死婴、挖墓、抬棺材的别样生涯，这个瘸腿的人只能在红白事上干些下活，倾了家产，也讨不下一房女人。所谓娶媳妇不过是强奸和写下两千元婚债借据的一场骗局。为了还婚债，路六命开始了艰苦卓绝的劳作，先是烤红薯，所得却用于安葬老母；随后是为村长搞女人望风，赚得的钱又被派出所坑了。万般无奈，路六命咬一咬牙替人坐牢，不想又一次被人坑害，判了两年徒刑。为了尽快还债，他下到窑里干最危险的活。当他千辛万苦回到家里，老婆却离家出走，他不得不落个昏死过去的下场。

路六命绝不是那种乡间无赖，尽管他骗娶了小竹，但是他对两千元的婚债至死都认账。在某种意义上，这个极端无能的男人又是一个重承诺的汉子，他以欺骗的手段占有了小竹，却如此信守那张借据，并为之做了不懈的努力。这到底是因为这个人的善良本性，还是中国农村的道德观念，或是他对自己好不容易娶到的女人的挚爱？这个如此需要女人的人，却一夜一夜地缩蜷在媳妇的脚边，他最幸福的职守就是为他的女人暖被窝。直到有一天女人同意让他睡一次，第二天就离婚，他才第一次真正地做成媳妇的男人。也许是紧迫感和危机感，也许是女人一夜的温情，路六命第二天开始了悲哀且悲壮的还债行动。确实，他把那张借据看成是一次生命的承诺。他承受的那些屈辱和损害，出自于他对那张借据的负责。全篇故事没有一处写到他对小竹的爱之类的话，这个倒霉的蒙受屈辱的人，可能从内心就被剥夺了爱的权利。但是，他肯定是珍爱着自己的女人，他也渴望幸福，渴望真实地拥有一个真正属于自己的媳妇，因而还那两千元成为他改变自己命运的第一个台阶。小说叙事没有去描写他的内心生活，这些内心渴望都被贫困和屈辱压扁了。阎连科只是不动声色地去表现这个人的存在只有一个念头，那就是想尽一切办法，尽快使那张借据变成两千元现金。他对于其余的一切都麻木不仁，甚至知道老婆和村长睡觉，他也只能蹲在门口——他唯一的抱怨就是“咋就没完没了”。

这篇小说以毫无保留的直面现实的手法，写出了中国农村依然存在的贫穷和艰难，一方面是被污辱和被损害的人，另一方面是损不足以奉有余。小说对现实毫不掩饰的揭示，与对这个悲哀的人的细致的刻画结合得天衣无缝。作者那些不露声色的描写，却十分有力地表现出路六命的可悲的窝囊和最低限度的自尊相混合的复杂心理。村长进房睡他的女人，“在路六命燃烟的时候，灯哑然灭了。投在院落那窗灯光，转瞬即逝。他眼前顿时一黑，就钩下头去深深地吸了一口，咽进五脏六腑。从那窗缝、门缝汩汩流出了床响的声音，路六命的心立马高悬起来，在他和他女人做事时候，就是疯了也没有把床铺弄成这个样子……烟在路六命手里不紧不慢地燃着，烟灰愈来愈长，一星火点也越发暗了下来。时间似乎是从路六命嗓子眼里流失的，走走停停，停停行行，如同夏季时有时无的风，把他的喉咙吹得干燥欲裂”。这就是一个人在特殊境遇里的特殊感受，他处在生活的边界和生活的极端，他是一个最没有主休意识的人，他的怨恨也显得那么无力，他从来不对事情的质进行判断，他从不怀疑事物现存的合理性和合法性，他仅仅对事物的量进行反抗："就是疯了也没有把床铺弄成这个样子""咋就没完呢"。这些场景和细节极为有力地表现出现时代中国农民的处境，他们被压扁的性格和无法表达的内心欲求。

当然，这篇小说把苦难的生存境遇与性爱相杂交。那些折射着屈辱和快感的双重色彩的性从那些令人伤心欲绝的情境中透示出来。村长与小竹的奸情被描写得极为充分，它当然不仅仅表现了路六命的特殊的境遇，在某种意义上，它还表现了性与权力，性对人类生活的绝对支配力量。在去坐牢的前夜，路六命"和村长一样把床铺弄得天崩地裂"；女人也居然说："瘸子，你到底不如村长，村长如牛一样，让人好受活哩。"性在这里是生存中最令人绝望的事实，又是唯一具有绝对意义的超越方式，就是在这样的时候，生命还能体验到快乐，这就是人类的奇特的存在状态。

毫无疑问，小说叙事对这个小人物的命运的追问是对中国现实的彻底追问，无疑秉承了现实主义的伟大传统，具有令人震惊的效果。然而，这篇表现乡村悲苦生活的作品，却有一个事实不容忽视，那就是它大量运用男女之事作为原材料，那些欲望化的场景被刻画得栩栩动人，它们与那些悲苦屈辱的生活平分秋色。如此说来，并不是有意要抹杀这篇小说的价值（事实上，这些男女之事强化了阅读效果），这不过表明，这样一篇对现实极有穿透力的作品，也不得不用这些欲望化的叙事来强化观赏效果，它表明了九十年代的一种文学潮流。那些欲望化的场景是当代中国文学无法拒绝的重要奇观，在某种意义上，它还是这个时代最后遗留的中国本土的（乡村的）奇观。甚至于像《白鹿原》这样一部史诗式的作品，一部重新抒写中国本土历史，重建中国本土精神的不朽之作，也依赖大量的欲望化场景来支撑叙事，获取文化传奇的效果。

在更年轻一代的乡土作家那里，乡村生活现在更经常表现为一些错落有致的印象。王祥夫的《油饼纪事》（1993年），甚至采取了片断式的表现形式。这个故事被分割成“开头”“故事背景”“乡村故事之一”“杀人的故事之一”“杀人的故事之二”“鸡之一”“风俗之一”“刘小麦”“与刘小麦有关的故事”“对话之一种”“对话之二种”“玻璃”等十八个片断。这种叙事方法在观念性较强的先锋小说中当然不足为奇，但是这种形式对于乡村故事具有象征意义。有意去割裂乡村故事，去捕捉一些可有可无的印象、一些随便呈现的乡村图景：它们不再有古典性的传统农业社会的美感，而呈示出各种非历史化的表象。王祥夫的《玉山河》（《上海文学》1994年）是一篇非常细致的小说，但细致的不再是曲折动人的故事情节，而仅仅是一些场景片断。乡村女子的失意与向往，人与人之间的对立与冲突，都不再有大悲大恸的意蕴，看不出坚决而执拗的人生行为，散文化的乡村生活不过是各种印象的汇集。

葛安荣的《花木季节》（《上海文学》1994年），讲述一个做花木生意发财的农民企业家的故事。在贫困的年代，六子贫困至极，但他始终不安分，寻求各种方式发财致富，改革开放时代给他创造了机遇，他迅速成为乡里的首富。六子精明而清醒，对权力他保持距离，他的信条就是金钱至上。六子的身上折射出当今中国农村传统的家族伦理社会和社会主义的权力体系面临着的变化。商品经济全面渗透进脱贫致富的中国乡村，人际关系和权力关系都为新型的商品经济金钱关系所重新结构。在商品经济的背景上，乡村生活也变得简洁明了。社会现实的变化，影响了新一代的乡土小说，这些作品旨在表现农村新型人际关系和行为方式，不再去纵深发掘人物蕴含的历史内容和文化内容。小说也简洁地写到主人公六子和一个女人（兰芬）的暧昧关系。乡村的情爱历史向来简洁明了，纯粹的欲望、人性的欲求，现在不过是作为一次借贷的附加行为。农村的深刻变化全面反映在两性关系上，最鲜明体现在妇女的价值认同上。

熊正良是近年颇为出色的乡土派作家，从他的一列作品，《红土地》《卧槽马》《红锈》等等中，可以看到他对乡土的特殊表达。他把乡土生活作为某种审美情态来表现，既不像传统味很重的老一代乡土派作家，刻意表现优美的乡土人物风情，也不像经典现实主义一样生发那种悲天悯人的历史意识。在他这里，保持中性立场，在特定的乡土情境中观看乡土上的人物行为方式和人们的生活状态。对于他来说，乡土生活既不特别美丽也不特别令人悲哀，他总是把二者相混淆，使之中性化。

《红锈》讲述一个年轻的农村妇女为丈夫求医，而与游方和尚发生纠缠不清的关系的故事。这篇小说的叙事实际由两个故事构成，一个是关于"我"的故事，一个是关于"野狸子"的故事。这两个故事通过"我"和野狸子若有若无的关系而勾连在一起。这两个看上去无关或关系松散的故事，其实有着某种内在的对应、相互折射的关系。"我"的故事表现着现在红土地上正在发生的一些微妙变化。传统的生产关系、人伦关系，被一种新型的经济关系取代。"我"与冬芥子这个同母异父的兄弟，也不能保持传统农业社会的那种亲缘关系，而是展开了经济竞争。冬芥子显然代表了一种新型的生产关系，他并不顾及传统的血缘关系，而把同胞兄弟挤垮。"我"也怀着愤恨接受了这样一种生产关系，来到冬芥子的油坊打工。然而，"我"本质上是一个怀旧的人，"我"向往这块土地上的那种流浪生活，为了流浪甚至提出与卜月离婚。于是"我"四处流浪，直至进入监狱到释放，多年之后才又返归故里。

"我"的这种心理状态，与野狸子的那个故事构成一种转喻关系。这个女人与游方郎中的关系渗透着传统乡村社会的意味。一个为丈夫的疾病所苦的女人，引来游方郎中在家里为丈夫治病，而病入膏肓的油倌无可救药。游方郎中是一个乡间自由主义者，一个无望却随遇而安的人，他为油倌治病又对野狸子想入非非，观看野狸子的乳房，甚至爬上她的床。他的医术和离奇古怪的药方、关于柳树的一些说法，具有乡间浪漫主义和魔幻现实主义的双重特色。也许油倌的故事穿于其间，具有一些勉强的象征意义，患了不治之症的乡村的那个莫明其妙的毒瘤始终存在着，占据着乡村生活，压制了乡村的希望。这个仅仅存在着的无实际所指也无明确寓意的障碍，并不是小说成功之笔。

“野狸子”的故事重现了乡间的过去时光，那种生活方式和生存情景，它们与现在的“我”的故事处于同一时空却若即若离，作为乡间勉强保持的一种记忆，散落在叙事之中。这里值得玩味的是，“野狸子”的故事似乎还是作为叙事，它占据了故事的开头位置，并且占据不少篇幅，但这个故事总是不断地在后退，退到叙事的背景，它们像是一些无法概括的乡间表象和情景，而具有“过去时”的存在情态。它们散乱在现在故事的各个环节，实际被现在的故事推到后景，变得无比虚幻，它们象征着一种逝去的乡村背景。

不管是“我”的现在的故事，还是“野狸子”实际指向过去的故事，都以极为松散的飘忽不定的笔调加以勾勒，熊正良力图浮现出的是一些关于乡村的印象和记忆，那些残留的过去时代的片断，与现在的不安分的躁动的场景相交融，给出了特别的乡村情景。感情色调被淡化处理，欲望化的场景在叙事中像一些剪贴画一样呈现出来，那是一些单纯的乡村情景，一些生动的印象，它们不隐含什么文化的历史和人类性的深邃内容。从中可以看出熊正良的叙事所表现的那种乡村情调和红土地生活的韵致。他的语言清峻，故事转换十分流畅，印象主义式的表达却又能给予出一种神秘的不可言喻的乡村感受。

在某种意义上，这样一种书写总是把乡村生活还给乡村，一种纯朴的，自然而自在的乡土状态。关仁山的《红旱船》《闰年灯》《红雀东南飞》等作品，力图给出一种乡村依然保持的传统文化风习。然而，在这风习的背后已经没有明确的文化意图，它们是一些简略而勉强的乡村记忆。《红雀东南飞》讲述的是乡村女子渴望改变现实命运的那种心态，而在城里上大学的秀子则是乡村剧变的旁观者，她反倒固执着某种传统的价值观念。红翎顺应着这个时代的潮流，随波逐流而自行其是，一再感到失落的实际是秀子。乡村的变化是惊人的，尽管叙述人试图给予某种价值评价，但是红瓴才是这个时代的真实存在，才是有生命力的生存方式。现代化企图在中国农村已经有了结果，没有什么确切的理由认为这个结果不好，失意的秀子是如此生硬勉强，她试图抓住这个变动的生活表象背后的东西，而实际上，她作为一个传统的守望者无处着落。

王彪的《欲望》当然不是那种标准的乡土小说，这篇小说的故事情节十分简单，一个高中生受到戏子的诱惑，而戏子却死于非命。不管是故事的过程还是它的结局，都没有什么惊人之处，但是里面隐含的韵味十足，那种民间的氛围异常浓厚，那种文化情调颇有特殊的本土气质。事实上，这篇被命名为《欲望》的小说，它的那些精细的欲望化的场景并不是它的全部价值所在，这些是诱惑蒙的，当然也是诱惑读者的欲望化代码，它们掩盖着一个女人的命运，并且包藏着一种文化记忆。

这个心性甚高的女人，有着不如意的婚姻和一些暧昧的情感生活。她与琴师的恋情虽然散发着陈旧的味道，也不无哀怨动人之处。水性杨花与破罐破摔构成了她的相辅相成的生活状态。对于这篇小说来说，这种社会性的生存关切并不重要，它的叙事别具一格就在于写出了一种少有的生活情状，一种放浪而任性的、无望而幽怨的女性生活。这种生活情状被表现得极为出色，它们和那些流传已久的民间情爱戏曲相混淆，显示了一种古典性的美感。蒙对戏子的迷恋，与其说是一种欲望的迷恋，不如说是对一种生活，对一种情状，对一种文化记忆的迷恋。在这一意义上，这篇小说的叙事沟通了一种“复古的共同记忆”。在当代生活的背景上，剪贴出一种早已忘却的记忆，一种久已失传的生活。没有什么事物像民间戏曲那样显示中国的本土化特征，这是一种文化垂死的记忆，它是对逝去的历史进行拙劣的模仿和勉强的保留。王彪的叙事以抒情性的笔调浮现出一种生活、一种记忆和情调。那种精炼流畅的语言，那些细致清丽的情境和透明的感觉，都可看到作者很不一般的艺术技法。

张继的《五月六月》(《青年文学》1994年),把乡村生活改造成叙事结构的原材料,探究偶然性和那些人为的谬误对生活的支配作用和损坏程度。但是叙事本身把乡村生活从传统、文化和历史中剥离出来。

小说叙事如此惊人而细致地展现了乡村生活的神奇诡秘,它是如此合目的性地朝着非目的的方向发展,那些环节像是被一只看不见的命运之手推动,向着那条粉红色的内裤逼进,终于使生活在顷刻间瓦解。对那些线索的设置,发掘那些无数可能性和偶然性,足可见作者的叙事技巧。生活既是被预期决定的,又像是一连串偶然环节的变数构成的未知方程,那些极为偶然的行为,可能承载了生活的全部的重量。在这一意义上,那些偶然犯下的错误是生活不能承受之轻,仅仅是对一条鱼的选择、对一张床铺的制作,就可能把平静、幸福和美好的生活击得粉碎。

小说叙事的根本性环节,那个内核或焦点由一条粉红色内裤来承担,也显得意味深长。这个支点使全篇小说充满着准色情的气氛。应该说这篇小说并没有多少性爱描写,在这方面,它甚至显得十分干净整洁,然而,它又抑制不住那种暧昧的色情味,这一切都是由那条粉红色内裤发出的味道。它使这个故事,使整个乡村生活笼罩在一片色欲的粉红色之中。作者不写性,却使全篇故事沉浸在性的幻觉之中。那条粉红色的内裤,如此困难地而无法拒绝地把这几个人纠合在一起,轻而易举使这些人在“性”的误区性角色的错误指认中,相互误读中走向悲剧。

这篇实验性很强的小说同时是对乡村生活进行的一次强制性书写,它清楚地呈现出平静温馨的乡村是如何被一些偶然性的细节错误全盘颠覆,一种叙述技巧的玩弄,却揭示了生活一些令人惊异的境况。从这里也可以看到新一代的乡土派作家,对形式的注重,并且有意识地运用形式,对乡土生活进行重新编目,进行强制性的书写,去发现隐含于形式底下的中国本土(特别是乡土)的生活传奇。一些似是而非的乡村生活特征,大量暧昧的欲望化的描写和一些闪烁其词的乡村场景被推到叙事的中心,它们富有观赏性却无须深邃的内涵,它们自在而清新如同乡村的河流呈现为一些清亮的印象。这篇小说尽管说不上多么有力度，但是它恰如其分地表征着乡土叙事不断表象化和传奇化这种当代性趋势。

第六节　两难处境与“超本土化”战略

事实上，八十年代的“本土化”在很大程度上还是一个理论的视点，应该承认，在创作方面还只是有朦胧而含混的思想意识。李锐等人的创作尤为深刻地触及本土化的生存现实，主要是基于他对“刻骨真实”的追求。在九十年代，本土化问题不可避免要向创作领域渗透，特别是随着国际化交往的增加，在世界格局中，在与西方对话的语境中来表现中国的现实，无疑会成为作家写作的一个抹不去的参考系。例如，李锐本人就承受着国际化视点的关注，尽管他本人有能可能一如既往地固守住他的“刻骨的真实”，但这个国际化的视点将借助历史之手，给他的写作添加上一些额外的意义。这种添加值得庆幸，也值得警惕。这就是一种文化的命运，当代中国有意识的文化创造难以摆脱的历史境遇。

当代中国文学中的“本土化”问题经常处在反复颠倒的状态。那种主体意识很强的本土化写作，乃是在现代主义思潮的延续性意义上强调回归本土，它本身置放于现代性与反现代性这种国际化的文化思潮格局中，对本土化的强调，奇怪地隐藏着“非本土化”的视点。“本土化”在这里作为一过程、一种出发点，其结果经常被历史之手推到前台与那个隐含的西方对话。另一方面，不难发现那种非主体化的自在的本土性意即乡土性的叙事，已经难以在经曲现实主义的范式下去书写乡土气息，去表现“最富有中国特征”的农村生活。它本身越来越远离本土的历史性存在，本土化的生活从经典权威话语中剥离出来，并且从本土化的历史性存在中剥离出来。它们更多地呈现为一些散乱的表象，一些欲望化的观赏场景，一些为现代化重新编目的不伦不类的乡土情景，它们与中国传统风情和民族性相去甚远。

这样一种双重颠倒，使当代中国的本土化叙事处在很不切实的状态。刻意为之的本土化，有意制造的“东方他性”，在很大程度上与中国电影业的某些事例如出一辙，它们总是有着十分可疑的出发点和尴尬的倾诉对象。然而，依然停留在乡土层次上的叙事又显得单薄无力。这样一种两难处境，反倒给当代中国的文学叙事提示了一种“超本土化”的文化策略。明确意识到当代中国文化所处的这种历史境遇：刻意制造的本土性（东方他性），必然落入文化上的窘境，没有历史敏感性的写作，则只能作些印象式的描述。写作主体与其为含混的思想氛围所左右，为似是而非的现实所吞没，不如站在某个历史高度，在文化和现实的双重视点重新看待中国的本土，写出一种当代性意义上的中国本土，对当代中国的最根本的现实境遇作出强有力的表述。

在狭义的本土意义上，即表现乡土生活方面，对中国乡土所受到现代化的渗透情境做出透彻有力的描述，对变动的被现代化重新编目而弄得面目全非或多重错位的境况做出表述。广义的本土，即相对于西方的中国本土，不再把西方作为一个至高无上的倾听者，也不再把西方作为一个隐藏的终极视点，而是把这种历史境遇公开化，对中国文化处在国际化思潮中的位置给予描述，对中国的农村乃至更广大意义上的，一个正在“变革”的中国本土现实，是如何处在当今全球化的逐步渗透之下而重构的状态给予有力的表现。

有意识的“本土化”叙事恰恰是对西方/东方的超越，对文化的历史性和等级制度的颠覆。九十年代中国文化将会更大规模走向国际化，传统的乡土也将以更加妩媚狂放的姿态走向现代化的规划之中，“超本土化”的叙事策略将有力地表现当今中国真实而深刻的历史境遇。

第八章　意外的合谋：精英与大众的重叠影像

九十年代中国文学叙事最敏感的部分，何以只能抓住“剩余的想象”？当我们面对这样一种历史现象时，我们不得不全面考察文化危机的总体情势，文学在这个时代不再引导时代精神的历史实践，它只是一种被给予的文化实践，被历史拖着走的文化样式。

八十年代后期以来，中国大陆文化发生根本性变化——这种描述并非夸大其词：历史总体化有所衰落，社会的中心化价值体系多元分化，先锋文化反抗经典与权威，寻求一些尖锐的和嘲弄的表达方式。与此同时，大众文化（市民文化、流行文化）全面兴起，支配人们的日常生活。知识分子扮演的启蒙角色已经无力在历史实践中起到实际的作用，主体性及其文化想象也已破产。随着知识分子在政治经济领域中的实际生活地位的败落，它也不可能在意识形态的历史实践中起到中介的作用，整个社会的文化发生多元分化，不再有一个中心化的价值体系在当代文化实践中起到整合的作用。现在，商业社会信奉的实用功利主义和娱乐行业制造的享乐主义已经基本控制了民众的精神需求和实践需求。曾经期待中心化价值解体的先锋文化现在同样被逼到一个尴尬的境地，知识分子精英文化正在被抛到这个急剧扩张的大众文化的边界之外而成为剩余的文化①。

具有反讽意义的是，知识分子精英文化最前卫的部分，一直试图对既定的文化秩序进行激进的挑战，他们所表达的价值取向和感觉方式，在很大程度上就是改变经典的文化秩序，这与急剧兴起的大众文化不谋而合②。对于大众文化来说，它控制住民众的想象和欲望，他们成为“创生的”文化；而知识分子文化，则无力把握这个时代的精神实践，就是那些最具有历史敏感性的先锋文化，也不过是依靠有限的剩余想象来制作这个时代混杂的表象。结果是他们承担了这个分崩离析的文化现实的后果，自己也没有立足之地。为了寻找新的适应性，九十年代的大众文化实践和价值重建对知识分子精英主义立场进行了颠覆，现在的情形是知识分子大规模地认同大众文化或消费社会确立的价值取向，甚至于在文化实践方面也采取了这种形式。所谓最有历史敏感性的文化实践，只有向大众文化靠近，才能与这个社会协调，才能找到进入这个社

① 当然，这只是就九十年代初期的文化现象而言。实际上，当我对本书进行修改时，历史情势似乎发生了一些变化，精英知识分子正在作各种努力回到价值中心化的领地，例如关于“人文精神”的讨论，以及正在崛起的文化民族主义等现象。

② 这一点要作必要的说明，毫无疑问，大众文化、娱乐工业，它是占统治地位的经典文化的寄生物，它不断地复制经典的主流文化，这样它自身才成为主流。但是，当代中国非常特殊的历史语境表明，这种复制和分享，总是颠覆和损毁了经典的主流文化。这本身是因为经典的主流文化面临合法性的危机。

会的合法途径。

激进的挑战殊途同归，臣服于大众，这就是当代知识分子文化中最具历史敏感性的先锋派文化走过的短暂行程，因此，毫不奇怪，九十年代（后新时期）的文学叙事，它的最好的状态也就是在剩余的文化空间里随遇而安。由此也就不难理解在九十年代中期，终至于有一部分知识分子激烈地抨击现实和大众（本书的随后章节将要论述）。本章力图揭示当代中国这种文化情势形成的历史过程，去追溯当代文化变故的历史环节，审视“精英文化”与“大众文化”的冲突及其共生现象，有助于我们理解当代文化多元分化的现状及其症结问题。

第一节　主体与历史的迷失：后个人主义与大众面孔

由“反文革”的历史意识抽译出的“人”的观念，在八十年代上半期以“主体论”完成它的辉煌的理论定格。不管是作为一种理论话语，还是作为一种情感基调，甚至作为一种感觉方式，到处都渗透主体的力量。更不用说与“主体论”密切相关的“人的本质力量对象化”这条美学公理，和在“主体论”基础上构筑的文学理论引起的广泛热情。八十年代的“美学热”，在某种意义是“主体热”，人们能够“审美”，能够作为一个主体能动地感知对象世界，并且可以反观自身的美，还有什么比这种认识论更能强调人的存在价值？

八十年代中期，“现代派”和“寻根派”风行一时，前者在个人的存在价值的定位上确认超群体的孤独个体（刘索拉、徐星），后者则是作为一种文化的叙事主体，把自我设想为把握群体命运的历史主体。显然，关于“主体”的观念又是与历史意识相联系的，在“寻根文学”这里，企图获得历史感与主体的自我意识具有同等的意义，正是在讲述一种历史故事，正是在建构民族的历史和前景，这个叙事的主体才成为文化的主体，历史的主体，当然也是通过这种文化的代言人而与世界文化对话。强烈的主体意识正是在深远的历史意识内部获得现实的完整含义。

历史神话的缩减与主体地位的失落，其实在历史总体性的实践中就不可避免，外部社会经济现实和日常经验不过加深了思想领域的变革。年轻一代的诗人、作家、艺术家、批评家，包括从事各项专业活动的青年知识分子，他们在八十年代后期寻找一种新的话语，一种新的价值立场和表达方式，这使得他们与八十年代上半期奉古典人道主义为圭臬的那一代“文化英雄”貌合神离：他们在基本的文化信念方面，在基本的社会理想和文化道义责任方面并行不悖，然而年轻一代追求的艺术规范以及学术规范、价值立场，他们所接受的文学艺术传统及思想资料，乃至于语言风格都相去甚远。他们适应了八十年代后期“中心化”价值体系重构的现实，甚至可以说他们浮出文化的地表本身表征着并且加剧了“中心化”的分离，反权威、反文化、反主体、反历史，几乎成为这一代激进诗人的流行用语。

也许诗人是时代的敏感之子，他们不仅感受到外部现实的急剧变化，同时在内心反感主流话语的夸张与虚假。“朦胧诗”群体不管如何歌颂“自我”，如何强调个人的情感价值乃至于语言风格，它都不得不重新成为时代精神的表达，放大为集体的精神镜像，“朦胧诗”客观上成为思想解放运动的情感补充，成为“大写的人”的情感内容。因此，八十年代中期，“朦胧诗”几乎与小说领域的“现代派”和“寻根派”共同构筑了这个时期的历史主体的神话。同时，诗歌领域出现了自称为反朦胧诗和“第三代”的群落，他们高呼“打倒北岛”，打倒“人”的口号向文坛冲撞而来，他们标榜“莽汉主义”，“没有乌七八糟的使命感”，“也不以为生活欠了他们什么”，他们自认是一群“小人物”，是庸俗“凡人”。他们什么都干：“抽烟、喝酒、跳迪斯科、性爱，甚至有时候也打架、酗酒，让那些蓝色的忧伤和瓶装的忧郁见鬼去吧。”他们撕毁了诗人充当时代抒情主人公的形象，摧毁了“大写的人”，也摧毁自我，他们自称“变成了一头野家伙，是腰间挂着诗篇的豪猪，以为诗是最天才的鬼想象、最武断的认为，和最不要脸的夸张”①。他们甚至连“诗”这个一直被奉为神圣的语言祭品的物件也随便搓揉，仅仅是因为“活着，故我写点东西”（于坚）。他们不再像顾城那样以一双忧郁的黑眼睛执拗地去寻找“光明”，也不像梁小斌那样痛心疾首地呼喊“中国，我的钥匙丢了”，他们的存在平凡而世俗：很多年，屁股上拴串钥匙，很多年，记着市内的公共厕所……他们乐于咀嚼“无聊意识”甚至“病房意识”。这一代人表征着完全不同的文化立场，那个悬置于集体想象中心的历史主体镜像，正在被一群崭露头角的“小人物”胡乱涂抹上一些歪斜的个人自画像。

八十年代中国的先锋美术（前卫美术）一直站在文化的前列，事实上，美术一直就是现代以来的先锋派文化中的先锋，因此，毫不奇怪，它表达了这个时代最尖锐的感觉方式。试图笼统地描述先锋美术运动显然是不自量力，而且根本就做不到。如果依然坚持在八十年代中期划下界线的话，那么，也不难发现那非常个人化的、乖戾的、荒诞的以及随遇而安的艺术感觉和艺术手法。典型的当推“装置主义”“达达主义”“波普主义”，尽管八十年代中期的先锋流向多少还强调社会批判，但是其中散发的更多的是个人对社会的背离，那些叛逆性的色彩、线条、构图以及材料的运用，企图在一个封闭的自我空间完成自谑式的精神漂流。漠视社会，逃避群体乃至拒绝历史，成为这一代艺术家的基本立场。八十年代后期（1988—1989 年），“玩世现实主义”和“政治波普”风行一时，“渎神运动”其实正是主体和历史死亡的一次祭祀仪式。“玩世现实主义”嘲弄现实，戏谑一切被奉为神圣的事物，乐于把

① 参见徐敬宜《圭臬之死》，《文学研究参考》1986 年第 6、7 期。

自我流放到混乱不堪的文化糟粕中去。而“政治波普”则把权威形象庸俗化，用反讽性的拼贴手法消解来自历史的巨大压力。“文革”不再是一段含义丰厚的历史和政治启示录式的思想库，它仅仅是一种意象，一种传说和记忆。“政治波普”经常把“文革”嫁接于当今的商业社会，这两个迥然不同于历史的拼贴，不啻是历史自行解构的明证。

在某种意义上，像“新生代”的诗和先锋美术，应属于亚文化群，它们处于社会的边缘状态，天性就反社会，反主流文化，当然也反“精英文化”。但是，在当代中国非常特殊的文化情境中，它们又总是被置于精英文化的话语谱系中来读解，它们表征着当代精英文化的先锋群体。在二十世纪五六十年代，乃至七十年代，激进主义盛行的西方，那些标榜“popular”（流行、大众）的先锋艺术运动，理所当然反对精英主义，反对中产阶级的价值立场及其美学趣味。在中国，这些亚文化群并不是立足于“民众”的立场而反精英主义，而是一开始就把自己定位在反传统的先锋派立场上，它们标榜“现代性”（或“后现代性”）。这些群体当然不是使自己的艺术观念变得通俗流行，而是使其具有革命的“超越性”：超越传统及其现行的占统治地位的（或主流化的）文化秩序和语言秩序。它们不可避免要成为新的精英话语——有活力地预示着文化变革和创新前景的新精英文化。由于中国民众在文化趣味和文化价值取向上的低水准，这使得流行文化（或大众文化）骨子里趋向于保守和陈旧，这个背景显然轻而易举地就把反权威的亚文化群推到“先锋派”和精英主义的阵营，并且夸大了这个阵营的反叛性和激进性。

相比较而言，先锋派小说似乎更具有精英主义倾向，这主要得力于它的语言风格。正是这种语言风格完成了一次小说叙事形式的革命，它不仅仅损毁了经典的小说规范，损毁了“新时期”主流文学指认的那些价值体系，而且它在确立一代人的语言风格的同时，把小说这种艺术形式推到了一个前所未有的水准高度上。它是精英文化在小说这一维度的理想重建。八十年代后期，历史整合功能的衰落使文学“失去轰动效应”，小说叙事不再追踪社会性热点，它与思想解放运动分道扬镳而专注于艺术本体（本文）的意义。马原在1986年玩弄“叙述圈套”，改变了小说叙述和阅读的重心。小说不再是现实生活的影子或真实反映，它仅仅是一种虚构的故事。洪峰跟随马原而有意胡作非为的《奔丧》也不单纯是模仿之作，在八十年代中后期，洪峰的作品强化了“渎神运动”，它标志着主体与历史面临严峻挑战。不应忽略的还有残雪，她改变了妇女写作的含义，把那种温馨的感伤的女性故事改写为一些压抑的乖戾的心理独白。一些碎片和断裂在残雪的小说中涌现出来，它们呈示于主体历史共谋构成的父权制话语的祭坛上，成为后来更年轻的写作者超度至“纯艺术”飞地的跳板。

带着强烈的个人化话语欲望的表达，年轻一代的写作者（苏童、余华、格非、孙甘露、叶兆言、北村、吕新等），强调个人的主观感觉，力图在叙事结构上标新立异，追求独特的语言效果。他们对幻觉、暴力和逃亡主题的特别偏好，强烈的叙述欲望和形式主义策略，无形中破坏了故事和人物的完整性，当然也消解了主体和历史的优先地位。当然，八十年代末期先锋派小说有所转向，形式主义实验明显弱化而叙事的完整性也趋于明显，甚至经典的人物形象也隐约可见。但是，仔细辨析则不难发现，转向讲述历史故事的先锋小说并没有恢复主体和历史的权威地位。像苏童讲述的那些家族颓败的历史故事（例如《妻妾成群》），其中流宕着的浓郁的怀旧情调确实散发着古典意味，但是那种士大夫式的文化记忆（文化玩味），掩饰不住历史和文化无可挽救的衰败命运。对于苏童来说，这种历史之破败是致命的，因为“性”（生殖和延续）已经倒错或紊乱。对于“先锋派”作家来说，自我已无法指认，瓦解、怀疑、逃避和放弃自我，使他们明显区别于八十年代中期的现代派作家。而历史总是在幻觉中无法辨认，在疑难重重的各种事件中无可捉摸，历史充当了叙事形式和对生活质疑的牺牲品。也许在同时期更具有社会影响力的“新写实”小说那里，可以看到完整的人物和故事，然而，“新写实”笔下的人物大多是“小写的人”，人们为日常生活琐事所困扰，乐于咀嚼那些微不足道的生活趣味，随遇而安。某种意义上，“新写实”小说所持的生活态度和价值立场与“新生代”诗相去未远，对生活的细枝末节过分热衷的玩味本身是对庞大的意义系统的抵制，当然也意指着历史意识的根本衰落。

令人惊奇的是，与精英文化相对立的大众娱乐文化，在反主体与缩减历史方面不谋而合。当然，八十年代初，方兴未艾的大众娱乐文化借助精英文化倡导的“人”的解放观念进入民众的生活，也许可以从另一方面来表述这一历史现象：精英文化为大众娱乐文化在内地（大陆）的合法传播鸣锣开道或推波助澜。内地（大陆）的大众娱乐文化率先由港台流入，最初始的样式当推流行歌曲，这些东西过去被称为资产阶级的靡靡之音，而在改革开放的最初岁月，它则成为人们寻求个人情感慰藉的理想方式。人们从大合唱和集体群舞中解放出来，从歌颂、歌唱人民的被动角色改换为自由自在的边走边唱，歌唱爱情和童年，沉湎于回忆和憧憬。唱流行歌曲，阅读三毛和琼瑶，看武侠小说，穿太阳裙，跳交际舞，八十年代初期的大众娱乐文化洋溢着解放的激情和温馨的浪漫，它有着“朦胧诗”般的美感。那时走在“思想解放运动”前列的知识精英们多半为大众娱乐文化辩护。同样，寻欢作乐也具有改革开放的意义，它和时代主潮文化倡导的“现代化”“个性解放”“主体意识”和“审美的自由”遥相呼应。然而这次“呼应”不过是陌路相逢，导源于港台流行文化的内地（大陆）的大众文化与精英文化本来就非亲非故，随着市场经济的逐步发育成熟，大众娱乐文化扎根于商业社会而自行其是。八十年代后期，内地（大陆）的娱乐行业普遍兴起，通俗读物四处泛滥，影视行业大规模控制人们的日常生活。观赏替换了阅读，行乐取代了思想。卢梭说过：“思考的状态是违反自然的状态，而沉思的人则仿佛是变了质的动物。”跟着感觉走的人们当然拒斥思想、理性、深度和历史意识。对于有理性传统垫底的卢梭而言，崇尚自然本身就是一种社会理念；而托付给娱乐行业和通俗读物的中国大众，跟着感觉走只能是秉烛夜游。

八十年代前期追求个性、自由和人的价值的那种感觉已经荡然无存；知识精英的声音已经从这个社会中清除出去，自行其是的大众娱乐文化完全依照商业准则，它的消费性质决定了它的纯粹娱乐功能，而流行既是其目的也是其存在方式。这种文化既是普遍性的，又是暂时的，消费者也是模仿者，是追逐时尚的某个群体中的一个跟随者。大众娱乐文化成为一种“文化工业”，它大批量生产文化产品，同时也大批量生产文化消费者。人们倾听同一首乐曲，模仿同一个声音，崇拜同一个偶像。卡拉 OK 歌厅是八十年代后期一个奇妙的文化现象，它在这时风行于中国大陆是自欺欺人的结果。卡拉 OK 制造了一种强调个人的假象，用自娱、自我表现的方式替换了充当听众的被动角色。人们为敢于突出自我而自豪。然而机械化的电子设备，已经事先设定了的“自我肯定”的模式，对屏幕透出的声音和画面的模仿被自我欣赏的假象掩盖，人人都在玩着同样的游戏，用同一首乐曲来表达各自的心愿。人们已经满足于这样的虚假肯定，在当今为时尚所左右的娱乐生活中，人们只有进入一种时尚才能肯定自己，时尚是自尊的依托。人们为落伍，为与众不同而感到沮丧，别具一格现在只有与窘迫混为一谈，而穷困才能使人独善其身，现在谁愿意清心寡欲地生活呢？时尚把人们拴在同一棵幸福之树上。人们追逐时尚，也互相追逐，当时尚抹平了个体存在的差异时，人的心理上的不平衡也就归于平静。时尚这只温柔之手勾画了商业时代的大众面孔，所谓个体、主体当然隐匿于这张巨大的面孔之后。

大众追寻当下的快乐，追逐流行，瞬间的辉煌是对“历史”的断然拒绝。商业社会当然并不仅仅加快了人们的生活节奏，它根本就消解了时间向量，一切都处在变化之中，处在转瞬即逝的替换之中。“文化快餐”这一概念揭示了文化的消费性质，并且给出了大众文化的非历史存在方式。经典文化的传统延续性和永恒性观念在这里没有实际的存在处所，文化工业毫无计划地生产它的产品，利润率增长的欲望吞并了文化秩序井然的进步图式。只有文化产品迅速被遗弃和再生产的二元抵消模式才能制作文化工业的繁荣景象。喜新厌旧的动力是“遗忘”，大众文化的历史发生学是以健忘症的病理学为前提的，记忆的丧失才使大众文化有着如此强盛的流行欲望。

确实，我们也可以从流行文化中看到其重返“历史”“传统”的愿望，然而，“重返”的愿望其实是自我欺骗，它不过是丧失历史的补偿和损毁传统的遮掩。例如，流行歌曲总是以“怀旧”为主题，追忆童年时光，怀恋往昔的青春年华，鸳梦重温，旧情难忘。然而，工业化（后工业化）时代给人们的生活揭示了各种机遇。个人的生活史总是处于变动中，人们从乡村来到城市，从这个城市迁到异地他乡，人们不断地进入到另一种生活，抓住背离现在命运的机遇而跨入发迹者或失意者的行列。商业化时代的生活找不到历史感，因而娱乐工业以“怀旧”的方式来恢复人们的历史记忆。然而，对“历史”的体验又总是（也只能是）在当下的有限形式内，“历史”也采取了瞬间的存在形式，娱乐工业在强调历史记忆的同时，恰恰再次损伤了历史的最后的个人化归宿——个人的情感记忆。它实际给予人们的感受是历史感的彻底丧失。

娱乐工业（或文化工业）也标榜尊崇传统，各种以“弘扬传统”名目而开展的娱乐活动，似乎显示了向工业文明时代传统复活的种种美妙景观，特别是在那些以古旧传统为标记的旅游景点，人们可以看到传统被保存和强调得完美无缺。当“传统”不是沉潜的民族历史底蕴，不是隐含在人们的心理习性和日常行为内部，而是被作为文化工业制作的观赏项目，作为发展旅游事业和增加外汇收入的诱饵，传统的真实含义，它在商业时代（后工业化时代）的命运已经被注定了。只要我们看看那些被装点得艳俗的象征着传统的牌楼与书写着洋文字母的广告牌相映成趣时，我们对“传统”的真实存在可能会有所疑虑。更不用说在那些旅游景点里，手持伪劣古董工艺品的小贩追逐游客叫卖的情景，会使我们感到触目惊心。商业化时代对“传统”的保留（保护）在这个场面放大了它的本质含义。

总之，不管是在精英文化的历史实践中，还是在大众文化的实际操作中，“主体”与“历史”是无可挽回地衰落了。在“精英”文化系统内部，主体与历史的衰败是与知识分子启蒙地位的丧失相联系的，年轻一代知识分子不可能（当然不排除有人也期望）充当启蒙者，他们不得不正视文化的经典形式面临全面危机这一现实，更倾向于把文化的意义压缩到个人宣泄的方位上，由此则表征着一种“后个人主义”文化时代的来临①。大众文化通过把文化改变为娱乐工业，改变为消费品而消解了文化的经典形式及其意义。在文化生产传播和接受的各个层面上，拒绝、嘲弄和戏谑了八十年代的精英主义指认的文化立场和价值取向。“精英”与“大众”这两种完全不同的文化形式，从八十年代后期以来，怀着完全不同的文化动机和目标，并且以根本不同的实践方式共同完成了对“主体”和“历史”的重构。

第二节　情感价值的萎缩：性神话的兴起

文学写作突破人的情感禁区具有划时代的意义。显然爱情主题是这个时代最能引起共鸣的集体幻想，是“大写的人”最初的立足之地和

① “后个人主义”（Post individualism），语出 F. 杰姆逊《On Goffmans Frame Analysis》。载美国《理论与社会》，1976 年春季号，第 130-131 页。在该页，杰姆逊说，作为马克思主义者，他深信，意识之非中心化的理论和实践必然服务于“清除资产阶级个人主义残余并为即将出现的后个人主义思维模式准备基础”。显然，杰姆逊在这里带有马克思主义反资本主义意识形态中心化的特征，并且带有明显的理论乌托邦特征。我改变了杰姆逊的原意。在这里，我使用“后个人主义”这个术语用以指称不再固执己见，随遇而安，找不到准确的历史插入点的个人主义，丧失了历史意识和历史主体位置而又倔强地进行文化实践的个体，这种个体经常处在精神漂流状态，因而沉迷于表现幻觉、暴力、逃亡和情欲。

最后的归宿。从舒婷的诗和张洁的《爱，是不能忘记的》开始，可以看到关于“爱情”的幻想所表达的时代精神的地形图。那些关于个性解放、人的价值、存在的自由等命题的作品，以爱情主题为线索流宕着古典浪漫主义的情愫和现代主义式的迷狂。令人惊异的是，八十年代后期以来，中国当代文学（诗歌和小说）不再讲述爱情故事，爱欲萎缩为“性”。那些温馨而感伤的情感价值逐渐消失，而那些含蓄的和赤裸裸的性事从生活破碎的各个边际地带凸现出来，它们像是一种证据，又像是一种抗议，像是一种炫耀，又像是一种掩饰，如此醒目地呈示于当代文明混杂的祭坛上，表征着当代文化的深刻复杂。

“性”的崛起是主体的衰败以及历史神话缩减的必要补充，在某种意义上，它是“新时期”文化想象终结的后果，折射出后个人主义式的叙事冲进那些不可洞见的幽暗之处的企图，当然，也许它还表明对一代人新生活的渴望特殊理解。确实，“性”在苏童的叙事中具有起源性的意义，这种“起源”是双重的：它构成了故事和叙事的双重动机。在苏童那些关于家庭破败的故事中，“性”是一个根本问题。例如《罂粟之家》《妻妾成群》《米》《我的帝王生涯》等等，由于“性”生殖的根源出了问题，历史的延续性遭到破坏，于是这些故事中出现种种性倒错现象，它们与人物的命运构成转喻式的对位关系。历史的颓败是无可挽回的，因为历史的根源和延续的动力出了差错。也许把“性”作为历史观念的基础未免过于简单，但是，我们又不得不承认，苏童在这一片面的视野中对处在一种文化颓败状态中的人们的生活给予了非常独特的描述。他的那种典雅从容的叙事与这种“性本主义”的历史观念如出一辙，在士大夫文人的经典传统中又注入某种本雅明式的“震惊”效果。

对于余华来说，“性”是暴力的罪恶和根源，又是父权制实施自戕与他虐的唯一工具。余华的小说中经常有个类似部落长老或巫师的苍老的“父亲”形象（例如《世事如烟》中的算命先生，《难逃劫数》中的老中医)。父亲从孩子们那里掠夺寿数，以维持“性”的延续；或者通过对儿子一代的“性”阉割来维持父权的统治。“性”是一个巨大的陷阱，它包容了父子的天然敌对以及由此产生的种种暴力、罪恶和刑罚制度。在对“性”的极端性描述中，余华把人类的生活推到了一个极端丑陋和凶险的状态。一个丧失了美和爱、丧失希望的生活，不过是余华寻找幻觉和特殊的语言句法的附着物，但是它表明这种叙事话语所持有的观察角度。

当然不仅仅是苏童和余华，在格非、叶兆言，甚至在“新写实”作家的小说中也都可以看到这种变化。年轻一代的文学写作者已经不再讲述“爱情”故事，池莉干脆直言相告“不谈爱情”。与先锋小说把“性”作为生活破败的原始见证的做法有所不同，“新写实”小说“不谈爱情”，也不过于沉迷于“性”的诡秘莫测之中，它把生活的意义压制到日常性的需求水准上。这里当然没有什么浪漫情调可言，对个性“共同语言”的追求，已经让位于非常实际的考虑（例如庄建非对吉玲的选择)，当然这也并不意味着就找到温馨而一劳永逸的归宿。刘震云在《一地鸡毛》中玩味了这种生活，令人惊异的是，生活如此缺乏诗意却又兴味盎然，连一碗炒肝也引发出无穷的乐趣，“性爱”只有在生活琐事得到意外的收获时才会如期而至，它表明生活实际上已经了无生气，生理和心理的快乐都已全部为日常琐事吞没。一个“不谈爱情”的时代，还能指望生活会有什么更大的乐趣呢？理想化的价值就这样无可挽回地失落了，文学写作对这个时代的生活作出尖锐的反应，它除了去讲述那些破败的令人绝望的故事，也就是去咀嚼那些无聊的快慰，而“性”不过是浮出地表的标签，它是剩余的乐趣，也是最后的诱惑。

当“精英文化”（以“纯文学”为表征）不再谈论“爱情”时，已经全面蓬勃兴起的大众文化早已向着感性解放的区域大规模进军。正如我们前面分析过的那样，大众文化初起时与精英知识分子主张的“人”的解放命题密切相关，那时的大众多半还是追求“精神愉悦”——它被理解、设定为精神幻想。与知识分子主流文化分道扬镳，大众文化终于回归自身，它选择了“性”为出发点。如果要明确划定一个时间标准的话，不妨选择1987—1988年。这两年通俗读物泛滥，它们主要登载艳情凶案；各种与“性”有关的丛书正在上市和处于酝酿之中；影视节目中若隐若现的床上镜头和半遮半裸镜头大幅度增加；广告中的性感形象全面普及，最有象征意义的可能要推中国美术馆举行的大型人体画展。学院派画家重温西洋十九世纪浪漫派的美学之梦，在八十年代后期的中国居然具有现代主义和性启蒙的双重意义。前者是指它的那种挑战和反抗姿态，它是对“人”的观念实施一次最直接的强调。没有人把它当作一次温文尔雅的古典主义行为，它的那种激进叛逆的冲力，似乎是对现行文化观念的全面扫荡。显然，这是一种文化错觉，它的真实意义在于它的“性启蒙”——以直观的感官效果让公众大开眼界。人们排着长队，潮水般涌进展厅，目瞪口呆，兴奋不已。有调查资料表明，50%以上的青年男女在观画时有明显的生理反应。饱受压抑的中国人民把这次典雅的学院派画展，当成一次合法的启蒙教育，更不用说以这些人体作品为样本制作的各种版本的画册、图片，其惊人的销量足以说明它的观赏功能。

人们同时在观赏，歌唱爱情的女郎总是打扮得十分性感，在这个情境中，观赏压倒了倾听，情感的外表退去了，这在歌唱者上台的时候情感的外表就明确被否定了，她的性感形象准确无误地规定了观赏效果。也许人们会举例说，歌唱也会得到喝彩，但是，在这种情境中，我们有必要分辨“最高兴奋值”和“最低兴奋值”。在这种情境中，“最高兴奋值”无疑总是由性感形象决定的。那些情感价值不过是铺垫、渲染和遮掩，它们是一片绿叶，在朦胧的情感启示录中读出性感的本质内容，这可能是娱乐文化最需要的“挡不住的诱惑”那种效果。在那些娱乐场所最受欢迎的“时装表演”节目，人们只要略加思索，那几块布头何以能叫做“时装”，而且人们津津有味，百看不厌，则不难理解“时装”的真实含义。至于“高潮”由泳装系列推出，娱乐工业制造的快乐的本质则已真相大白。

第三节　面向世界的“民族特性”

随着对发展中国家的经济介入，不可避免导致文化认同的困扰。帝国主义对落后民族实施的军事侵略已经不复存在，在世界走向和平共处的时代，发达国家通过经济资本和技术的输入，在经济上和文化上对发展中国家形成又一轮的优势。这种“优势”已经消除了资本原始积累时期的明火执仗的压迫，相反，这完全是自愿的、自觉的、心悦诚服的认同，因而，这种优势就来得更加深入和牢靠。如果说发展中国家在经济上被发达国家领着走；那么它在文化上则是自觉跟着走。

像当今中国这样传统悠久而且自主意识尤为强烈的国家，也未必就摆脱了这种第三世界文化的普遍命运。正如我在前面分析过的那样，八十年代的中国大众文化一度为知识分子精英文化所解释，它被划归在“反文革”的历史序列之下。八十年代中后期，知识分子的解释权失落之后，大众文化的起源及其价值取向已十分明显。就其起源来说无非两方面；其一是对港台地区流行文化的模仿，其二是由中国大陆本土社会现实酝酿而成的。前者不消说是对发达地区文化的模仿的模仿；后者也多半与中国传统无关，它置身于其中的现实，显然也是指在发达国家（和地区）的经济输入和刺激下成长起来的商业社会。某种意义上，这是人类创造的成功的社会经验，在相当长的一段时期内，中国要求实现现代化就无法拒绝这种经验。但是，这种“人类经验”毕竟是西方人创造的；“现代化”的神话本质上也是发达国家设想的文明图景，中国现在认同这种经验和“神话”，她的社会就不可避免打上西方的烙印。

因此，在九十年代，那些即使由中国本土现实孕育的都市文化，也同样难脱西方的烙印。比如时装、流行音乐、舞厅、影视、酒吧、广告、摇滚乐等，哪一种类与中国传统社会有关？

对于西方文化的认同，并不仅仅在于当代商业社会制造的文化形式和种类出自对西方文化的抄袭，说到底，这是一种不自觉的认同，它被历史之手不由自主地推着往前走，它是现代工业化社会的伴生物，是世界经济一体化的副产品。更重要的本质意义在于，这种认同隐含在自觉的文化创造中，隐含在文化想象力的原始动机中，特别是渗透在对中国本土文化的自我指认中。某种意义上，“越是民族的就越是世界的”，“中国人只能搞中国自己的东西”已经变成一个致命的悖论，这种“民族性”的自我指认，包含着对西方文化的认同前提。也许张艺谋的成功足以说明认同文化的真实意义。

张艺谋是在走出“第五代”困境之后而走向中国影坛的巅峰位置的，西方的颁奖和海外源源不断的资金，使得张艺谋的成功势不可挡。能把商业性和艺术性结合得天衣无缝，能够同时扮演中国民族的“文化精英”和大众娱乐的生产者，这无疑是一个奇迹，这个奇迹显然得力于“民族性”这个黏合剂，它抹平了这个奇迹的表面曲折。张艺谋的选材其实十分富有商业性，《红高粱》是“野合抢亲”，《菊豆》属“通奸乱伦”，《大红灯笼高高挂》则是“妻妾成群”……这些核心事件（和场面）都极富观赏价值，令人心驰神往、想入非非。尤其是巩俐被包装成中国头号女星，这使张艺谋拍摄的电影具有无可争议的商业性观赏价值。然而，这些商业性的观赏场面，又是作为东方（中国）民族的特殊生活来表现的，例如《红高粱》的故事不仅具有观赏性（抢亲、野合、土匪、杀戮等等），更重要的在于它表现了某种文化的民族性特征。莫言的《红高粱家族》多少就沾染民族主义情绪。莫言有感于“寻根文学”已经步入文化的玄虚境地，而要寻找更为实在和切近生活本身的生命意识（中国民族原本的生命状态），他对现代文明尤其是柔弱的当代中国人投去断然的蔑视，他自认为触摸到了中国民族的粗壮根基。电影《红高粱》显然强调了那些显示中国民族生存性格的情节：颠轿、抢亲、野合，乃至酿酒抗日，这些都具有鲜明的本土文化特殊性，它表现了中华民族的粗野、强悍、勇猛的生存性格。与其说莫言和张艺谋找到了中华民族“原始的”或“本质的”性格，不如说他们为八十年代在现代文明压力之下的中国人急于自我认同的时代心理提供了满足的精神镜像。现实的愿望被改变成民族的历史规定，中国人当然明白（也乐于）以此满足。而张艺谋的那种“走向世界”的动机和姿态，却又使得这种“民族性”剥离了现实文化背景而被赋予自明的客观真实性。莫言的那种“自强”的民族性因为有时代心理作依托，它多少还是具有现实的真实性，作为一种自行讲述（“我爷爷，我奶奶”）的民族自强话语，它具有振奋人心的特点，而无欺世盗名的夸饰。

如果说以这种眼光来看待《红高粱》显得有些苛求的话；那么，以此来审视《菊豆》却有另一番意味。显然，《红高粱》的成功鼓舞着张艺谋在“民族性”的道路上大胆前进。与前者相比，《菊豆》除了取材颇具商业性眼光，它的叙事却非常严肃地追求纯艺术效果，甚至那个一直为人们津津乐道的“窥淫”镜头也被淡化处理。这个婶侄通奸乱伦的悲剧故事带有非常浓重的东方（中国）民族色彩：父权制度、传宗接代、妇女的卑微地位、严酷的伦理禁忌、东方（中国）男性的怯懦与负罪感等等，都以非常细腻的手法加以刻画。在刘恒的原作中，杨天青作为主角，更主要表现了中国男性文化的萎缩与困乏，叙述人其实隐含着深刻的现实文化批判之倾向。而在张艺谋的改编中（当然是为了适应巩俐主演的需要），菊豆成为主角，她的东方女性特征被突出了，现实性的文化批判眼光被改变为对东方（中国）民族生存状态和文化禁忌的客观展示。文学语言叙述出来的是一种生活矛盾和个人性格；而影片的直观性呈现（特别是张艺谋刻意选择的全封闭视角）却给予了一个自足的生活边界，那里面自然而充分显现出东方情调和中国“民族性”的文化符码（例如“梁坊”及其工艺、古旧的房屋、生活习性、节庆风俗等等）。很显然，影片的叙事风格也在“民族性”上刻意下功夫，鲜红色与青蓝色拼合的基本背景中流宕着诗意的情愫和压抑窒息的气氛，精致凝练的远景不时强调中国农村的格调，颇具中国工笔画的那种韵致。这些确实使《菊豆》的叙事舒畅而纯净，压抑而富有诗情，然而，它与整个故事以及文化符码相交合，却刻意显示中国民族的文化性状与生存方式。那些“人性”或“人类生活”的普遍意义，无不打上中国民族的标签，《菊豆》因此在西方世界大获成功。然而，这个“乱伦通奸”的故事，却也使它的“民族性”不那么理直气壮，不管“批判”还是“弘扬”，在西方文化权威的惊奇或同情的目光注视下，《菊豆》不得不像是一个刻意讲述的压抑的东方传奇。

应该承认，《菊豆》还是比较深刻地表现了一种生存状态，表现了人类处在那些非常境遇中所承受的精神磨难。虽然它在思想方面所表达的意义完全得益于文学原作，但张艺谋还是把握得恰到好处。如果不是因为它刻意强加的那种面向世界文化的姿态，它发掘“民族性”的文化蕴意也无可厚非。总而言之，《菊豆》本身具有某种真实的民族性内容，其艺术表现形式（在电影文本的限度内）也十分洗练而精当。相比较而言，《大红灯笼高高挂》则有“民族性”的外表，而无民族性的实质。它可以使人们看到，张艺谋刻意追求的那种“民族性”已经变成十足的文化标签——那些第三世界文化为获得发达西方文化霸权的认可而表现自己的所谓的“民族性”。显然，这是一种被扭曲的“民族性”。它仅仅表示文化上的“他者”地位而没有表现民族的文化或生活的真正历史命运。

《大红灯笼高高挂》（以下简称《红笼》）取材自苏童的中篇小说《妻妾成群》。作为大陆“先锋派”代表作家的苏童，在1989年开始尝试用传统手法来讲述一些旧式故事。实际上，苏童的叙事非常强调叙述人的语言感觉，强调人物心理的微妙变化，并且尤为注重故事的情境描写和生活潜伏的诗意。总之，《妻妾成群》的叙事风格十分精致而富有南方情调，这与故事企图表现的那种南方旧式生活和破落家族的氛围是十分贴全的。显然，张艺谋对这种生活情调和文化品格比较陌生，特别是对原作蕴含的那种“历史颓败感”浑然不觉。张艺谋把这个故事改变为一个年轻女性的婚姻悲剧，这个悲剧因为置放在东方（中国）的文化传统中来观照，而表现了它的民族性特征。这个故事不仅被张艺谋十分鲁莽地挪到北方，而且关于女人心性的刻画也被粗略地表现为女人之间的争风吃醋。更加令人不可思议的是，为了强化它的“民族性”特征，张艺谋竟然挂起了大红灯笼。那些民俗仪式在影片中占据过大的比重，争宠失宠的人际争斗，变成大红灯笼的重复仪式，而三番五次的捶脚则更显得生硬和做作。很显然，张艺谋并未抓住这种生活的根本特质，他不得不借助外在化的民俗来填补那个虚空的“民族性”，甚至不得不依赖民俗仪式程序来支撑叙事结构。民俗在这里压垮了真实的生活内容，陈佐千只剩下一个背景，当然未必是对这个人物把握不定，更有可能是故弄玄虚的设计。而这个“背景”则又可以制造“东方神秘主义”意味，它给大红灯笼填入一个不可洞见的精神底蕴。然而事实上，陈佐千隐没于大红灯笼的仪式程序中而变得虚无缥缈，纯粹的民俗学形式使影片叙事也显得无关紧要。张艺谋在这里如此生硬而过量地使用民俗材料，当然不仅仅是掩盖他对这种生活的把握的力不从心，更主要的是，这些大红灯笼是为西方世界里的看客挂起的文化标签，它看上去更像是东方民族向西方世界挂起的一串文化招牌，而那些不厌其烦的民俗仪式，则是一次精心安排的民俗博览会。

张艺谋不过是一个象征，一个标志，一个样板和先行者，对走向世界的渴望已经成为当今中国文化普遍的具有艺术能动性的选择。甚至等待张艺谋改编都成为相当一部分当今中国有才华的作家的基本心理期待。这种期待在某种程度上已经渗透到当代小说写作的选材（那些富有中国民族本土特征的故事）和叙事中去。张艺谋无疑在推动中国文学走向世界方面，在提高一批有才华的青年作家的知名度方面做出卓越的贡献，但是张艺谋对于当代中国小说，已经成为一个诱惑，一个怂恿，一个隐秘的召唤，一个无法逾越的障碍。这当然不能怪张艺谋，也不必指责苦苦奋斗的作家们，这是我们这种文化的命运。看看那些落拓不羁的流浪艺人，见到资本主义画商就目光如电，看看那些电视剧制作者又是如何塞进一些让海外买主感兴趣的素材（例如《渴望》《京都纪事》），甚至不惜重金想方设法到发达资本主义国家去拍摄一个第三世界民族受压迫而又发迹的故事（《北京人在纽约》），这本身就是自相矛盾。只要看看从《孩子王》到《边走边唱》，再到《霸王别姬》的陈凯歌，他总算摸透了发达资本主义/第三世界这本经而捧回金熊奖，所有这一切，都不过是浮出海面的冰山，它们意指着我们这种文化所处的历史境遇。

对于那些操持理论话语的人来说（当然也包括我自己），也面临同样的尴尬处境。我们的前辈就奉“德先生”“赛先生”为中国新社会的理想，现在，我们奉那些理论大师的著作为圭臬，我们谈论福科、拉康、德里达、巴特、杰姆逊、哈贝马斯、列奥塔德、赛义德等，我们认为只有弄通他们的理论才能与西方对话，才能汇入当前国际学术潮流。我们谈论“后现代主义”“后结构主义”“晚期资本主义”“后工业社会”“第三世界”“后殖民地文化”，我们谈论我们自己……结果我们会发现，我们谈论的也都是西方的话语。这是一个无法摆脱的怪圈，我们（自认为）只有掌握这些理论才能拥有“新话语”的权力，才能对这个步入现代化的中国当代文化做出新的解释，因为这个“现代化的中国”已经为发达的世界的经济贸易、科技文化所渗透。我们的文化已经无法自我指认，也无法自我命名，在传统的名下，我们也没有自己的话语。这个怪圈是让我们心安理得，还是寝食难安？不管怎么说，保持一种批判立场的理论话语总是有别于那种臣服式的文化献技和艺术拍卖。

第四节　历史转型与文化阐释者的位置

确实，当代中国的“精英文化”和“大众文化”怀着不同的历史动机和文化目标，迥然各异的实践方式却殊途同归，历史之手填平鸿沟，把它们混为一体，酿造了八十年代末以来的总体文化情势。如果说在八十年代后期，精英文化中的“前卫”部分，出于反传统文化和权威话语的动机，寻找一代人的新的感觉方式和文化立场，它所表现的形式和格调具有历史的敏感性和创造性；那么，九十年代以后的所谓“精英文化”早已一败涂地，它向着固守书斋和随波逐流两极分化，而大规模的溃逃和下降则成为这一族类的主流。1993 年，这个充满喜剧色彩的年份，也许会被历史学家选作一个时间界碑，它标志着知识分子已经完全丧失了方向感和生存能力。文化的热烈和溃败在这一年都达到高潮。

关于“文人下海”的争论毫无结果，这并不奇怪，奇怪的是这个毫无意义的问题却被人们反复讨论，它除了表明一批文人已经无所事事和不知所措，再就是反映他们本身的犹疑徘徊。从 1992 年到 1993 年，一次壮观的文人队伍的分裂已经完成。下海经商当然不是无可奈何的选择，而是一种时髦，一种能耐和成功的雏形，岸上围观者除了羡慕也就是妒忌。这就是我们时代的文人心态。当然，也有“两栖动物”，客串商界人士，也成为一种时髦职业和体验，为的是不至于被周围的群众看扁。

如果说“文人下海”、作家向导演暗递秋波以及用一些准情色描写来吸引公众等，都还不过是犹抱琵琶、零敲碎打的话，那么 1993 年 10 月“深圳文稿竞卖”则无疑是一次盛大的集市贸易。像所有这类活动一样，都有冠冕堂皇的名目和招牌：为了推动文学艺术及公共学术走向市场，俨然是为拯救文化破败而拼搏。少数几个像样的作家被硬拉来支撑门面，更多的则是困窘无奈的文人，梦想一夜发迹，名利双收，不明真相和好大喜功的商人掮客居然也蜂拥而至。这是一次文学和商业的共谋和集体狂欢，它既不是在鼓励人们脚踏实地，负起文化的道义和责任，也不是为文化开拓新的出路；它仅仅是在提供一次文化生意，把商业上的营销技艺第一次输入文学（文化）的脆弱躯体，它怂恿着自以为是和想入非非的心理膨胀，它把这个时期已经普遍流行的浅薄、急躁和浮夸推向炉火纯青的地步。这是一次鱼目混珠的文化博览会，以狂欢的形式完成一次文学和商业的联姻，作为90年代文学自谋出路的尝试，它确实是别开生面。

也许“热烈”和“溃败”都不足以描述这个时代文化的根本特性。准确地说，从1993年开始，九十年代大规模的大众文化扩张已经开始，这不仅是说，我们生活中的一切事物都变成“文化”；而且，文化的外延边界也在无止境拓展；文化的界线被侵犯，“精英”闯入了大众的领地，大众侵入了“精英”的窠臼。从总体上说，大规模的大众文化扩张已经在迅速吞没精英文化的飞地（纯艺术、严肃文学、纯学术等）。处于节节败退的“精英文化”不再甘心居于被动的地位，“抓住机遇”这句话怂恿着人们大胆向大众、向市场靠拢。大众文化已经形成新的集权主义，它不仅控制了全社会的文化生产，控制了新的意识形态再生产，控制了欲望和想象的再生产，而且把生产方式轻而易举地套在所谓的“精英文化”的历史重建中。

这使关怀“文化的未来命运”的人们陷入恐慌和焦虑之中。那些期望充当这个时代的启蒙大师的“后精英们”，发现自己置身于形形色色的文化商业主义操作的愚弄之中，或者干脆就被大众文化抛到一边。知识精英现在被限定于专业领域之内，而不是像八十年代上半期那样，充当民众愿望的代言人。90年代初，“精英”开始变成专家，他们的社会职能似乎仅仅是为某些部门和新闻记者或影视制作人提供一些可有可无的咨询，除此之外，他们只能待在大学或研究机构的清水衙门里。现在，分化正向着两极展开：一部分“精英文化”的制作者纷纷投身于大众文化行列，而另一群“不屈不挠的启蒙者”正在奋起反抗。那种辩护型的理想主义者将把一批文化精英（“后精英”）重新描述成文化守护神，人们在近期内狂热地把“精英文化”与大众文化分离开来，徒然加深二者之间的鸿沟。“后精英们”依然把自己设想为在智力和文化品位方面优越于大众的精神导师。对于狂欢的大众来说，那些教化式的呼喊有如老式唱片机发出的声音。

当然，这并不意味着我们应该毫无保留地欢呼一个文化扩张时代的来临。对于文化工业行使的文化控制，对于各种虚假低劣的当代糟粕，无疑有必要进行戳穿。然而，我们毕竟面对着一个中心化价值系统陷入“合法性危机”的时代，我们自身的批判主体的位置，我们的批判前提、准则，我们的知识谱系，我们的立场等等，都面临“合法性”危机。在一个对独断论和权威主义厌倦的时代，自以为是的批判除了把文化拉回到一个虚幻的大一统时代，不会有真正建设性的效果。在这个时代，作为文化阐释者的知识分子确实陷入一种两难困境：既要与当代的文化泡沫划清界限，抵御当代的文化控制，又必须警惕自以为是的批判。对困境的意识，并不是说要持一种中庸的立场，而是意识到我们面对的现实的复杂性。

尽管这个时代的文化从整体上来说，处在前所未有的混乱状况中，但并不意味着“文化阐释”把批判的主体设想为真理的天然拥有者；相反，它对自身的局限性和相对性有足够的意识。现在，知识分子已经很难把批判主体设想为一个引导文化前进的超人，它仅仅是文化的观望者，站在当代文化的前列的对话者和游走者。正是这种立场——使新一代的知识分子不至于固守现代性的“启蒙主义”立场而成为新的学术权贵。当然，这个时代文化阐释的主要任务是把那些“无价值的东西撕开给人看”。“无价值”不过是一种隐喻式的说法，它不是在二元对立的模式中来指认有价值或无价值；在文化扩张的时代，人们固执于精英主义的立场，指认一种价值的做法过于武断。价值的多元性使人们无法明确指认什么东西有价值，什么东西没有价值。也许“无价值”是对置身于其中的文化现状所采取的怀疑主义策略，一种天然的解构主义立场。因此，拆解那些层层包装或伪装的文化产品，迫使那些流行的、时髦的、其实是陈旧的诉求规训露出真相和呆相。在拆解中找到一种表达的快乐，从而游离于当代文化假象之外。

如果要理解这个急剧转型的文化多元化时期，知识分子有必要完成知识谱系的转换。说到底，在“合法性”危机的时代，那些绝对的理念当然陷入危机。因此，人们的表达就未必真的是去切近那个终极真理，去和“上帝”或“神”对话，找到一劳永逸的“精神归宿”。一切陈述都被看成一种表达，看成知识和叙事。问题在于人们拥有或认同哪一种知识谱系，就将表达哪一种立场，并以特定的方式谈论那些问题。人们认同“本体论神学”知识谱系，当然就去谈论“存在”“绝对”“终极”“神启”“永恒”等命题。九十年代，人们正在全面讨伐后现代主义，把后现代主义视为异类和文化怪物，宣布其为文化的非法入境者。而我则认为，在这样的过渡时期，也许后现代知识能使人们保持更冷静客观的态度。列奥塔德说道：“后现代知识并非仅仅是权威手中的工具；它增强我们对于差异的敏感，促进我们对不可通约的事物的宽容能力。它的原则不是专家的同一推理，而是发明家的谬误推理。”① 后现代知识将与文化霸权无关，因为这种知识谱系目前（以及在相当长一段时间内）不可能在学术制度体系内占据显要位置，它天然被主导话语排斥。“后启蒙”具有的霸权潜能，与它在大学（和学术）制度机构中占据实际显要位置相关，讲述经典权威话语，并努力使这种话语支配当

① 让-弗朗索瓦·列奥塔德：《后现代状况：关于知识的报告》前言部分。明尼苏达大学出版社，1984 年英文版。译文参照赵一凡译，见王岳川、尚水编的《后现代主义文化与美学》第 27 页，北京大学出版社，1992 年。

下的文化实践。

“后现代知识”并非走进相对主义的虚无空地，它当然不可能凭空创造一套话语和立场，某些基本的价值准则、立场定位仍是不可避免的前提规定，对相对主义的相对性需持有清醒认识。尽管我们对文化的现状有这样和那样的不满，也不必急于重建未来文化，因为，文化合谋、文化扩张都并未明确标志着文化末日的到来。这是一个转型期，一个混乱如巴赫金意义上的文化狂欢节，面对这样的文化现实，给出文化前景的承诺还为时过早。但是，不停地读解，勾画当代急剧扩张而多重错位的文化地形图，尽可能戳穿那些冠冕堂皇的“新衣”，这无疑是迫切而必要的。

第九章　超越剩余：重建历史主体位置的文化策略

我们这个时代是一个在精神跨度上过分宽广的时代，人们以很不相同的姿态和立场生活于同一空间。一些人以个人的方式抓住一些剩余想象，讲述一些自怨自艾的故事，而另一些则依然要冲进历史的中心，建构这个时代庞大的共同的想象关系。在某种意义上，知识分子的理论话语和学术话语也是一种叙事，一种更为复杂的，在历史与现实轴心的多重关系之间来讲述的知识分子的故事——一部纯粹的历史之书。

确实，任何具有历史敏感性的知识分子都不能心安理得地接受中心化价值缩减的现实，处在文化剩余的历史空档，令大多数知识分子困扰不安。特别是九十年代过去数年，知识分子相对又有了一些文化空间，这使人们无法忍受处在历史边缘的位置。从1994年到1995年，有一种重建价值中心的呼声越来越高，倡导人文精神成为九十年代最热门、最有号召力的知识分子话语。这个话语从学术界到文学界，从学院里“最纯粹”的学者到不名一文的职业写手；从“骨格奇高”的文学大家到上蹿下跳的文化掮客，都在弘扬人文精神。它以高昂而激烈的姿态试图穿越松散无力的文化剩余空间，构成了九十年代最为庞大的文化奇观。

事实上，人文主义话语并不是突然从天而降，它在八九十年代之交的历史空档就以特殊的历史蕴涵打下基础。只要把历史视野稍加拉开，就能看到这条历史线索的来龙去脉。它最初的思想源头可以在一代学人对历史事件的直接反省中看到；在随后的反省近代以来中国的革命道路和“反激进主义”的思潮中，可以看到这种思想浮出历史地表的状况；直接明确地倡导人文主义精神，则可以看出一代知识分子重返历史中心、重建中心化价值体系的愿望；而更加激烈的动作则给这一历史流向引入新的激进主义情愫，使它终至于变得有些狂怪混乱。它与那种以后个人主义姿态游走于剩余文化空间的文学写作者构成强烈的反差，进一步打开这个庞大混杂的文化语境，对于理解剩余时代的文学叙事和与之相反的文化启蒙，都无疑具有特殊的意义。

第一节　反激进：重新确立知识分子的立场和品格

每一时代的知识分子都面临他们的历史使命，并且他们都以不同的方式对待、处理、完成各自的历史任务。然而，没有任何时代的文化像当今中国这样面目全非。在表象与内涵之间、动机与效果之间、目的与结果之间，都发生多重变异。当今的中国知识分子总是被多重历史力量支配，他们不得不处在一种移位的状态中。当然，当今的“中国知识分子”是个非常暧昧而含混的指称，在考察历史的那些最新变动和最内在的含义时，我们只能去考察那些具有历史敏感性的人们。我无意于夸大这样一批知识分子的“历史能动性”，也许这正是他们要回避的动作，我不过认为理解这一群落的立场和姿态，是理解当今复杂的文化情势的一个有意味的切入点。正如陈平原所说的那样：“由于特殊思想背景造成的学者落寞的神色徘徊的身影以及一代学术的困惑与失落，同样也值得研究。这种研究，不乏思想史意义。”① 显然，这句话也适合于当代思想史的研究。因此，当我把视线投向同代人的时候，发现在二十世纪最后十年，有这样一批知识分子着手全盘反省本世纪中国知识分子的文化立场和学术态度，由此细绎出“反激进主义”的命题（思想纲领）——它并不仅仅只具有学理的意义，同时也有更广泛的文化象征意义。解读这一行为或事件，或许可以重现这个时代复杂而意味深长的历史情境。

九十年代初的“反激进主义”话题的提出可能应当追溯到 1988 年 9 月余英时先生在香港中文大学以“中国近代思想史中的激进与保守”为题的长篇讲演②。余英时先生认为，中国百余年来走了一段思想不断激进化的道路，过分微弱的政治保守主义和文化保守评论几乎没有发生制衡作用，现代以来的中国为此付出了极大的代价。余先生基于他的“新儒学”立场，这是他一贯思想的延伸，在这里不作评介。随后 1991 年 7 月，在美国纽约召开了题为“中国重要转型期知识分子的角色和贡献”的学术会议，与会者为海外汉学大家。会议的中心议题就有“近

① 《学人》创刊号，第 5 页。

② 原文笔者未见到，余英时先生在《再论中国现代思想中的激进与保守》一文中提到此事。参见《二十一世纪》1992 年 4 月号。

代中国知识分子的乌托邦理想与不断激烈化的过程……以及这一思想趋向所埋下的自我毁灭的种子”①。1992年，《二十一世纪》发表姜义华先生与余英时先生的商榷文章引发讨论。不管观点结论如何，足可见这个话题引起的广泛兴趣。也许刊物为表明中性的立场，对赞同与反对的意见都给予同等的重视。如果把视野转向国内学坛，不必去浏览官办杂志，只需注意几份同仁刊物，以及各种同仁式的小型讨论会，不难发现一股强烈的反激进主义的倾向。引人注目的《东方》杂志，创刊号发表陈来的重头文章《二十世纪文化运动中的激进主义》，他认为“从‘五四’到‘文革’‘文化热’的过程，文化的激进主义始终在其中扮演了重要角色。……整个二十世纪中国文化运动是受激进主义所主导的”。对文化激进主义加以反省，“是走向二十一世纪的起点”②。何以在九十年代初期，人们对反激进主义持有浓烈的兴趣呢？

八十年代以一个巨大的历史事件的破碎而宣告终结，它令人震惊而发人深省，在相当长的时期，这个历史事件构成大部分中国学人思考的出发点。那些纯学理式的构想，多少都隐含与这个历史情结“潜对话”的心态，至少在最初的两年难以摆脱这个特殊的历史语境。由反省具体的历史事件，而导向反省八十年代的思潮学风，进而重新审视近现代以来的文化传统。这种反省显然具有历史批判和学理探求的双重意义。现代以来的中国历史进程中存在一股强烈的激进主义潮流，它左右着历史进程并总是在些转折关头把历史推向灾难的境地——这样一种历史共识很快转化成学理上的默契，于是清理八十年代的“浮躁”“空疏”学风，建立九十年代新的学术规范，正成为一代学人的精神信念。《学人》，一个富有象征意义的刊名——创刊号推出一组具有宣言性质的“重建学术规范”的笔谈。陈平原说道：“如果说八十年代是学术史上充满激情和想象的变革时代，‘跑野马’或者‘学风空疏’都可以谅

① 参见《中国论坛》总第372期的专题报道。

② 《东方》创刊号，第38页。

解；那么，九十年代或许更需要自我约束的学术规范，借助于一系列没多少诗意的程序化操作，努力将此前产生的‘思想火花’转化为学术成果。”① 钱文忠则把学术史研究看成一代人的新的历史责任：“我们这一代人必须在廿世纪行将结束，廿一世纪即将来临之际，当仁不让，断然肩负起学术史研究的重任。我们之所以心甘情愿地给原本已是疲劳瘦弱的双肩压上这么一副重担，我想归根结底首先是因为我们从一度曾陷入迷茫的内心深处感受到了学术史研究不可回避的重要性。”② 靳大成的文章题目“对历史的重新阐释与激进主义反传统的学术神话”——足以表明他的立场定位。

因而，学术史与思想史的争辩就不仅仅是一个学理的问题，在特殊的历史时期它具有了文化的象征意义。在思想史领域叱咤风云，入世过深，这正是现代以来的中国知识分子的谬误所在，终至于八十年代重蹈覆辙。一方面是屈于现实条件，在主导的思想意识的压力之下，无路可退；另一方面却又在对历史作学理式的反省中，找到了退却的理由。前者显然被隐蔽于后者的底层，被纯学理话语缝合而不留痕迹。对于曾经怀有启蒙理想的一代学人来说，退居学斋不过是无奈的选择，然而，在学理的探讨中，这个被动的局面变成主动的抉择。现在，溃败的人们在学术史这个清静的去处找到新的地平线，恐惧、沮丧与无奈都被大彻大悟的冷静姿态遮蔽了。人们重新聚集起来，显得沉着而成熟。建立九十年代新的学术规范，确立一代知识分子的纯学者化立场，远离意识形态中心，既无风险，又划清界限。因此，反激进主义在学理的意义上是退居学术史的理论前提；在人生态度抉择方面则是固守书斋的思想防护罩。这代人设想自己要在社会的潮流之外去寻找安身立命的根基，从某种意义上来说，这个虚拟的叙事被当成现实，退却和拒绝被混为一谈，因而具有了悲壮感。丹尼尔·贝尔在描述五十年代一群英国最激进的左

① 《学人》创刊号，第 3 页。
② 《学人》创刊号，第 10—11 页。

翼青年知识分子（他们合写了一部轰动一时的书《定罪》）时说：他们“在对‘事业’的寻求，有一种深深的、不顾一切的、几乎感伤的忿恨”①。这种说法某种意义上也适用于恪守学术化立场而倾向于保守性价值的九十年代的中国学人。

第二节 反激进的历史与现实涵义

反激进主义并不是什么新话题，激进与保守之间的对立，一直构成人类文化转换、调节的内在张力。在这里不用追溯西方的文化传统，二者在中国“五四”时期就有过激烈的交锋。所谓中西文化论争，换种说法就是激进与保守之争。重新去描述这场争论已无必要，但是重新评价这场争论时，至少要考虑到不能脱离时代的历史任务来评价那些偏激的主张。激进总是相对当时的历史情势，陈独秀固然主张：“既然想改用立宪共和制度，就应该尊重民权、法治、平等的精神；什么大权政治，什么天神，什么圣王，都应该抛弃。”② 但陈独秀这些主张是基于他对当时中国现状的判断：“我们中国，已经被历代悖谬的学说败坏得不成样子了。”不能说陈独秀的说法过于偏激，在一个被历代的悖谬败坏得不成样子的时代，陈独秀反传统的态度相形之下也未见得多么偏激。陈独秀对文化采取“政治功利主义”的态度，是时代使然。除非我们认定那个时代的政治理想纯属谬误，否则我们难以指斥陈独秀对文化注入政治理想后患无穷。

任何时代的知识分子都有政治理想，只不过在不同的历史时期人们认同一种取向而贬抑另一种立场而已。况且我们不能要求任何时代只有

① 丹尼尔. 贝尔《意识形态的终结》，“后记”，格伦科，1960 年。
② 陈独秀《今日中国之政治问题》，原载《新青年》第 5 卷第 1 号，1918 年 7 月。

一种知识分子，只有固守书斋才是知识分子的上策。现代以来的中国知识分子不断被卷入社会变革的潮流，这也很难说是误入歧途。在不同的时代，知识分子必然以不同的方式生存于历史之中，不是知识分子选择了历史，而是历史选择了知识分子。“知识分子无法拒绝革命”，不仅要把这句话置放到现当代中国的历史情境中去理解，而且要把它当作近现代历史赋予知识分子的本质规定来理解。设想一个对强盛的西方不作回应的现代中国是不现实的，那么在现代化的基础上来构想中国的出路，也就不得不成为中国知识分子的人文理想。急切渴求现代化与保守派的强大阻力不无关系，正如汪荣祖先生所言：“强大的社会保守势力似乎很有效地牵制（不止制衡）了激进的思想趋向，而激进思想之挫折似乎使其愈趋于激进。若然，则近代中国思想趋向之激进，恰与社会势力之保守成正比。”① 对中国现代化的关怀终至于倾向革命，为现代性困扰的知识分子固然有所偏颇，保守派推波助澜也难辞其咎。直至八十年代的“整体性反传统主义”也可作如是观。

设想八十年代的文化思潮为“激进主义”主宰是不合乎历史实际的。八十年代的所谓“反传统”“全盘西化”的极端提倡者只是少数人，而认同者也极为有限。即使是青年学生也未见得应者云集，引起广泛的反响是一回事，普遍赞同又是另一回事。事实上，八十年代主张“反传统”者，遇到的阻力十分强大。主导文化对此绝对不能赞，所谓“左派”对此断然反对，所谓“右派”也未见得响应。如果说八十年代存在一个主流思潮的话，那也是“补天派”和“渐进派”获得最广泛的支持。至于说八十年代的“文化激进主义”在整个文化热中占主导地位，则是只见《河殇》，不见其他现象。其他姑且不论，只要想想伴随着“反传统”的呼声，迅速举办的各种关于传统文化的讲习班，耄耋将至的国学大师、海外“新儒学”大家，令莘莘学子毕恭毕敬，就

① 汪荣祖《激进与保守赘言》，《二十一世纪》1992 年第 6 期。

不难推断激进之十分有限。事实上，八十年代对国学以及对新儒学的兴趣至少与西学平分秋色。作为一代思想大家，李泽厚转向国学，不仅表明国学及其传统价值在八十年代的现代性思考中占据重要位置，而且具有文化示范的意义。李泽厚本身的价值取向如何无关紧要，他那启示录式的姿态指认了一个知识谱系的存在，为当时的青年学子提供了回归传统本位的一个方向，为后来（九十年代）重建学术规范埋下伏笔。

这些显而易见的历史事实与历史前提被有意隐瞒了，人们在讲述激进主义的历史时，采取了倒叙的手法。以某一个非常复杂的历史事件作为推论的起点，以此来推导八十年代、“文革”、现代乃至近代的“思潮”线索。历史本身的复杂性、偶然性、多元力量冲突相互作用的关系等等均被抹去。激进主义变成一个无所不包的神话，它从现代以来的中国历史背景上浮现出来，囊括了所有的政治事件和文化后果。这个神话的历史真实性已无关紧要，重要的是激进主义构成了一个二元对立模式的一个方面，从反激进主义自然推导出尊崇保守主义的价值立场。

“五四”时期的保守派长期以来受到极“左”意识形态的贬抑，他们的形象被严重歪曲。重新还历史以本来面目，当今学人的工作无疑很有意义。但是在认同保守派的同时，又导引出对“现代性”的反省批判——它是反激进主义这一批判性命题的自然延伸，保守派被指认为立足于中国传统本位文化的至圣先师。对现代性的批判性反省，是保持学术化立场的价值限定，并且是皈依传统本位的逻辑起点。显然，这不仅是价值取向和学术立场的转变，同时也是知识谱系的转换。知识谱系在价值意义上具有无限的扩展能力，讲述这种话语，也就在不断强调这种话语的价值，促使它的意义增值。显然，保守派强调中国传统本位，质疑“现代化”（西化），现在受到特别重视。事实上，对“现代化”的质疑本来就是西方传统中的一股重要思潮，而“五四”时期的保守派在很大程度上受到这股势力的影响。辜鸿铭之于阿诺德、克莱尔以及一些十九世纪浪漫派诗人，后者经常是辜氏论据的来源。梁启超对西方文明的批评、对现代化的质疑，与第一次大战西方知识界的悲观论调不无关联。梁漱溟早年热衷于边沁式的功利主义，某种意义上还是全盘西化派。当然转变后的梁漱溟是另一回事，但梁熟知西方文化，而且对西方给予泰戈尔的礼遇津津乐道①，这也是事实。张君劢确认西方世界陷入危机，得益于艾柯、柏格森，特别是斯宾格勒的《西方的没落》的影响。张君劢早年对西化及现代化的怀疑，呼吁中国人停止模仿西方，主要是因为西方人已经开始对他们的文明产生怀疑，张君劢对科学及现代化的抨击，与他称道柏格森哲学如出一辙。

“五四”时期的保守派并非书斋里的圣贤，恰恰相反，他们同样是一些社会理想的热烈鼓吹者。他们推崇中国传统文化，不仅要给中国现实找到生存的依据和发展的精神导向，而且，要给世界文明引路。梁漱溟的主张众所周知，并且身体力行，他甚至设想在乡村重建的基础上创造一个崭新的中国。张君劢则热衷于提倡地方自治，对集权和官僚制度猛烈抨击。后期的梁启超也孜孜不忘将中国文化融于未来的世界文化，这些“保守派”对现实的投入并不亚于“激进派”。“保守派”过分强调中国传统文化的绝对价值，并且要用东方（中国）文化融合或统摄世界文明似乎也有激进之嫌。

保守派是一个庞大而驳杂的阵容，也是一个宏大的背景和一个广博的知识谱系，因而保守派也是一个伟大的象征，它意指着回到中国传统本位的思想资源库，并且怀疑与批判“现代性”——这就是反激进主义终于酝酿成熟的九十年代的学理规范与文化目标。

事实上，皈依传统文化资源，反省现代性，不过是在学术的水准上再次人为地制造中西对立。强调学术话语的东方（中国）他性，在完成本位文化的权威代言人的同时，也获取了与西方平等对话的资格和权力。因此，回到本土文化资源实际隐含了双重的西方背景：其一，现实

① 参见梁漱溟《东西方文化哲学》，上海，1922年，第186-187页。

地与西方对话的背景；其二，无可摆脱的西方思想资源和西方视点。正如五四前后的保守派没有真正超越西方文化资源一样，当今学人也不可能做“纯粹中国的”学问。时下引为美谈的是陈寅恪、张君劢诸大师，深谙西学却并不为其左右。张君劢如前所述，早年何尝回避过西学，后来也未见得完全脱开干系。至于陈寅恪，也受到过兰克（Ranke）实证主义的影响，对白壁德（Babbit）的新人文主义也十分赞赏。只不过大师技高一筹，不着一字而尽得风流。在当今国际间的对话和交流（尤其对于这些学人而言）如此频繁，恪守本土文化资源恐怕更难做到。且不说当今学人大都受到西学的熏陶，就时下最热门的话题“反省现代性”而言，未尝不是受到目前西学的影响。这一话题与其说是五四本土话题的延续，不如说是对当今潮流的应答。八十年代后期及九十年代西方大学墙院内时兴的“P. C运动”①，种族与第三世界文化问题备受重视。赛依德（Edward W. Said）的《东方主义》（1978）与《文化与帝国主义》（1993）风靡一时，立足于第三世界本位文化反省“现代性”，这是当今西方学者乐于采取的视角。这个趋势显然极大地鼓舞第三世界的知识分子回归本土文化。七十年代以降，被美国知识界称为“批评的黄金时代”。彼时美国成为一个巨大的思想加工厂，第三世界的文化资源源源不断地输送到美国，被这个巨大的加工厂吞噬，吐故纳新，而造就出最新的西方理论。这是在反西方文化霸权中产生出来的又一种新的更具有召唤力的西方知识话语。

当然，更直接的对话语境是国际汉学圈。海外汉学家为在西方文化霸权的缝隙中占据一席之地，自然要强调中国文化的优越性，强调中国传统文化的源远流长与博大精深。反激进主义，恪守学术化立场，回归中国本土文化资源，这就与国际汉学研究达成共识。以一个宏伟的东亚的经济圈作为这个共识的背景，东方（中国）文化的复兴，并且引导

---

① “P. C”即“Politics Correct”，其重点是美国大学知识分子在反对种族歧视方面做出高姿态，以及关注女权运动、环境问题等等。

二十一世纪的世界文明，就成为一个无法拒绝的梦想。

于是这一切都变得十分清楚：反激进主义，恪守学术化立场，推崇保守派价值，回归中国传统文化资源，反省现代性……这是一个顺理成章的逻辑推论，也是合乎历史变化的实践移位。它终于成为一个完整而封闭的叙事，这个叙事把年青一代学人由一个历史的失意者，转述成一个文化的觉醒者。它不仅在实践的意义上断然拒绝了八十年代，而且在文化品格的水准上重铸了九十年代的新形象。因为有了特殊的历史事件为背景，它作为“走向成熟的新一代知识分子”的含义也就被放大了。在九十年代的特殊语境中，它不得不被打上醒目的社会标记。历史之手重新把他们书写为这个时代的文化英雄。事实上，学人们的立场也是双重的，这不仅是说保持中性化的立场本身就是一种新的姿态，它必然派生出另一种意识形态意义；而且学人们也经常流露出以学术史为重建知识分子人文理想的领地的期待。学术史的研究中隐含着思想史的态度，这种态度指向文化重建的历史重任。

不管学人们是否愿意，这样一种立场、学术风范和价值取向，具有了“文化示范”的意义，它以“真正的知识分子”的形象呈示于二十世纪末的中国思想舞台上而发人深省。我们的文化背景过于复杂，意识形态充分弱化的年代也是意识形态充分活跃的时期，人们难逃历史语境的再次编码。退居于书斋的这个群落终至于被推到历史的前列，恪守“学者化”的姿态，更像是这个时代的先知、谕世者和新的启蒙者。

历史总是惊人的相似，现代以来的中国历史总是被涂抹上令人尴尬的西方色彩，甚至连我们所认定的非常具有中国本土特征的个人化选择，也不幸在西方那里找到类似的原本。1968 年法国“五月风暴”的失败宣告了一个激进时代的结束，左派知识分子的政治承诺化为泡影，大部分知识分子退到了专门的学术领域，对那些玄妙的语言游戏倾注热情，心安理得地恪守非政治化倾向。现在，皈依书斋的知识分子可以使“显然是政治的东西失去政治意义，使没有政治意义的东西带上政治意义”；或者它可以假定有各种俄狄浦斯式的父亲，抛掉意识形态立场，“就像摆脱了政治的人将屁股转向他的政治之父一样”①。当然，中国知识分子不可能如此随心所欲，但是，可以看到在意识形态衰退的年代，知识分子普遍转向学术化立场的趋势。学术总是这样一个场所——套用一句克里斯蒂娃评价罗朗·巴特的话来说：在那些遭受思想异化和历史困厄的文明中的主体看来，在这里这种异化和困厄时时都被人们以特殊的方式加以反抗。②

在非常的历史时期选择的一种姿态，却不得不循着历史惯性推演下去。七十年代以后的西方知识分子退出意识形态领域，一劳永逸去玩弄语言、结构之类的游戏，欢呼“大师死亡”时代的来临，正是创造性退化的最好托辞。然而，中国的难题并没有解决。八十年代留下的不仅是一些回忆，而且还有一大堆问题。这一代学人不可能回避这些问题，事实上，正是这些问题使他们处在两难的境地：恪守学术化立场，即是逃避问题的策略，也是处理问题的方式。这个退却的姿态，在历史的转折进程中，转换成能动性的创造，一代学人完成了自我“镜像化”的意识形态再生产。他们着眼于“未来文化建设”的情怀，再次把自己指认为九十年代的文化启蒙者——这种无法以明确、直接的方式自我指认启蒙者的主体位置，并且暂时不能取得社会化的合法性地位的启蒙——不妨称之为“新启蒙”。这是九十年代相当一部分中国知识分子扮演的历史角色。他们或者以勉为其难的声调相互鼓励，或者以“非启蒙”的姿态去完成新的启蒙任务。

然而九十年代初完成的历史定格——这个非常独特、非常精英化的定格却又不幸被普遍兴起的大众文化狂欢节涂抹上令人难堪的色彩。也许如休·塞西尔所说：“天然的守旧思想是人们心灵的一种倾向。”③ 人

---

① 参见加尔·代尔《本文的快乐》，第109页。
② 参见罗朗·巴特《写作的零度》，李幼燕译，三联书店，1988年，第212页。
③ 休·塞西尔：《保守主义》中文版，商务印书馆，1986年，第3页。

们认同保守的和传统的价值要比冒险激进的风险容易得多。在九十年代中国文化充分商业化和殖民化的时期，皈依传统被粗暴地漫画化了。甚至那些投合公众口味的畅销读物，也再三借用“弘扬”之名。1993 年，那些拥有最广大公众的“严肃文学”读物（例如《废都》《白鹿原》），浸透了“传统”“古典”的味道。现在，公众的狂欢节经常是后工业文明的物质手段加上富有传统意味的精神填充物。一方面是传统在默默消逝；另一方面是传统在轰轰烈烈地弘扬，这就是传统在工业文明（和后工业文明）中的命运。当然，把这样一种文化现状归结为一代学人对传统及其保守性价值强调的后果是荒谬的；但是，面对这样的文化现状，我们这些着眼于“未来文化建设”的学子们，应当有所警惕：采取这种“新启蒙”策略，很可能适得其反。

现在，“回归中国本土文化资源”已经具有了超级的意义。1993 年，亨廷顿（Samuel P. Huntington）发表《文明的冲突?》一文，在汉文化圈引起巨大反响。他认为：“……文化将是截然分隔人类和引起冲突的主要根源。在世界事务中，民族国家仍会举足轻重，但全球政治的主要冲突将发生在不同文化的族群之间。文明的冲突将左右全球政治，文明之间的断层线将成为未来的战斗线。”① 亨氏的结论是：在可见的将来，冲突的焦点将发生在西方与几个伊斯兰——儒家国家之间。亨廷顿的说法令人恐慌，更令人兴奋。它对于汉文化圈认同儒家传统，无疑是一次巨大的怂恿。事实上，亨氏并不了解当今中国，也不了解中国传统在现代工业化时代的实际命运。他只看到中国传统文化的巨大的能指群，而没有看到它的空洞而混乱的所指。在大众的层面上，所谓的“传统”多半已被现代化侵蚀；在所谓的精英层面，强调传统总是隐含着与西方急切对话的心态。认同危机的特性也许恰恰就在过分强调文化本位时产生。只有把一个对立的西方设想为一个倾听者，只有渴求西方的认

① 亨廷顿《文明的冲突》，载《二十一世纪》，1993 年 10 月号。

同，才会过分强调文化的“民族他性”。我们只要看看张艺谋、陈凯歌作为“东方（中国）文化”的代言人（诉求者）所获得的成功，就不难理解这一点。现代以来的东方（中国）文化他性的鼓吹者，大多是受到西方的暗示和鼓励。在九十年代初，与其说中国有一个与西方对话的本土文化，不如说有一个要重振旗鼓的“学人文化”。

第三节　人文关怀：重返历史中心的启蒙策略

总之，从反激进主义，到恪守学术化立场、寻求保守性价值，再到回归本土文化资源，这是一个完整的逻辑行程。然而，这个行程不过是在作为一种防守策略方面才具有完整性。事实上，保守性并不意味着放弃历史使命感，保守不过是一种价值内核，而它行诸实践则未必是明哲保身。例如，美国的新保守主义者就有很激烈的言行。六十年代，美国新保守主义者艾恩·兰德（Ayn. Rand）在抨击美国文化现状时说道：“我们目前在文化上处于崩溃的状况之所以得以存在和延续下去，并不是由于那样的知识分子，而是由于我们没有任何知识分子。今天，那些以知识分子姿态出现的大多数人是一些被吓呆了的傻瓜。”[①] 新保守主义者中有人在试图重新点燃精神火炬，去引导“已经失去方向感的美国公民”。当历史把中国一代学人指认为中国“真正的知识分子”时，他们是不会满足于退守书斋的，至少有其他的知识分子从他们手中接过接力棒，从边缘走向历史的中心，扛起时代精神的大旗，去引导民众，引导这个时代的文化。

进入九十年代，特别是第二轮的经济高潮，使人文知识分子更深切

① 艾恩·兰德：《关于新知识分子》，纽约，1961年，第6页。

地感到自己所处的无足轻重的地位，这个时代似乎打定主意要让人文知识分子处在一个“剩余”的状态中，去分享那些文化的、经济的和政治的剩余物。确实，八十年代后期到九十年代初，一度中断的中国“市民社会”（或称之为“民间社会”）趋于形成，与市场经济相适应的市民社会，既偏离权力中枢，更远离知识分子的精英主义立场。这个初级阶段的“市民社会”虽然不可能有任何规模化的组织形式，但是它初步形成自己的价值体系和实践方式。并且有了自己的文化——正是这个“大众文化”给予知识分子精英文化以猛烈的冲击，民众有了自己的娱乐方式。摆脱了被启蒙、被团结、被教育的被动位置的民众，哼着流行小调自由自在走向歌厅舞厅，他们看时装表演，玩电子游戏机，打康乐球。他们在卡拉 OK 的声响效果中追寻“瞬间的辉煌”，在街头书摊流连忘返，凶杀、艳情之类的野闻趣事足以填补闲暇。曾经作为民众启蒙导师的人文知识分子现在被悬置于政治与经济的空档，遗弃于庙堂与江湖的边界。

1992 年的经济形势无疑令人振奋，然而诸多的人文知识分子却陷入更深的危机。这一年到处都流传着科技知识分子在南方获得重奖的新闻，暴发户在祖国各地层出不穷，狂热的圈地运动使中国迅速进入一个经济腾飞的神话时代。这个时代的主旋律，这个时代的生活主潮都与人文知识分子无关。特别是巨额消费和豪华商场，把囊中羞涩的知识分子彻底拒之于幸福的大门之外。大款和大腕成为这个时代的主体，“发烧友”“追星族”趋之若鹜，大众文化这一次是真正全面而彻底主宰人民群众的精神生活。所谓“高雅文化”“严肃文学”的败落，不过是人文知识分子失落的佐证。关于“文人下海”的争议居然会成为一个普遍关注的问题，不过表明文人对自身存在的必要性已经没有多少把握。文化失败主义的情绪困扰文坛，它与明星大腕的趾高气扬、春风得意恰成对照。某次高规格的节日盛会，大腕们纷纷成为座上宾。这是一次富有象征意义的文化团圆，思想领域的纷争被划出这个圆圈之外。

这无疑使人文知识分子陷入极度的恐慌状态。九十年代初期，中国人文知识分子一度在精神上普遍失业。一个丧失了历史感、无法在社会的价值体系构造中起支配作用的群落，在九十年代初期找不到自己真实的历史位置。某个特殊的历史情境使知识分子以夸张的形式重温了启蒙主体的角色，不管是形式还是内容，这都是一次超越历史真实条件的“重温”，现在它正好作为一个历史起点加以运用。

面对商品经济大潮和大众文化的冲击，文化的责任感和使命感又被提到议事日程上来。事实上，八十年代后期以来，一直存在某种抗拒“文化溃败”的力量，只不过涓涓细流无以成江河。1989年3月，诗人海子在山海关卧轨自杀，以他绝对的姿势完成一次超越性的书写。对于沉迷于语言游戏，咀嚼无聊的快慰的“新生代”诗人来说，这是一次无法正视的警告。这也许是非常个人化的行动，却被广泛赋予了文化的象征意义。由于特殊的历史背景，它的象征意义变得博大精深，有如一部文化学、政治学和神学有机合成的现代启示录。海子是八九十年代之交非常特殊的现象，它倔强而又无可奈何地漂流于精神断层之间，不过给人们以短暂的震惊和有限的警告而已。

显然，1993年以来似乎有一股力量与之呼应，当然，这仅仅是在那种顽抗的姿态方面有相似之处，他们的动机和目标都大相径庭。重提责任感的一批知识分子，再次把自己指认为引导民众的启蒙主体：以精英主义的姿态对大众文化和文化大众进行猛烈攻击，在文化的荒野之中呐喊，肩负拯救文化溃败的历史使命，着眼于重建二十一世纪中国人文精神……一个由学院知识分子构成的启蒙主义集团正趋于形成。这个集团混同了八十年代末期固守书斋的“纯粹学人”——他们异工而同曲。固守书斋同样有文化示范的意义，它那精英主义的立场既是对大众的超越，也是对大众的引导。

与其说这是一个文化陷入深刻危机的时代，不如说这是一个文化全面转型的时期。由少数文化精英引导文化的局面已经被打破，取而代之的是各自为政的多元化的格局。过去偏执于“左”“右”立场展开的争吵，现在业已改变为文化位置和知识趣味的论争和对话。这里也不再有绝对的权威，无论人们如何试图成为中心，都不可能如愿以偿。当今文化真正进入一个众声喧哗的部落时代。

当然，这些“部落”也绝不是完全平等，平起平坐，沆瀣一气，其乐也融融。事实上，潜在的对抗、排斥依然存在，只不过不再具有政治的恐怖色彩，却带有知识霸权的尖锐气势。在诸多的部落中，也有独领风骚的群落；在众声喧哗的各种声音中，坚持启蒙立场，倡导人文精神的音调尤为高亢，在这个迷人的美杜萨的歌唱背后，迅速汇集了这个时代寻求济世良方的思想水手。当今中国年轻一代的知识精英再次当仁不让形成一个壮观的新启蒙主义集团，他们的声音为各种报纸杂志迅速接受。很显然，启蒙集团是当今最具影响力的文化部落，它汇聚了中青年知识分子的大部分的精华，对这个部落的分析和阐释，尽管要冒很大风险，但无疑是理解当今中国文化现状最有效的切入口。

当今的启蒙主义意图，无疑是知识分子思想传统的自然延伸，现代以来的中国知识分子就怀抱启蒙主义理想，这成为中国现代以来的知识分子的本质规定。这个规定在新中国成立以来的“思想改造”伟大工程中被不断改写和损毁，而在八十年代“思想解放”运动中再度辉煌。在这里，需要强调的是八、九十年代之交的历史背景，这个背景再次把知识分子映衬为独立的群体。不管是重返学术史还是回归国学，这种姿态都明确强调了知识分子的人格化立场。“重返”和“回归”都不过是手段，它那纯粹的学人品格被历史之手改写为道义的象征。在那样的历史语境中，一代知识分子乐于完成这样的自我指认，把自我置放在超政治的位置上。这个历史语境与其说贬抑了一代中国知识分子，不如说拔高了知识分子的人格形象，它那无可奈何的退避姿态迅速转化为自觉的捍卫。这种自我意识，这种意识到的自我的历史形象，理所当然延伸到九十年代。

然而，九十年代中国社会的背景发生了根本的（至少在现实实践的意义上如此）变动，“左”“右”背景为市场经济所替代，这使站立在那个巨大屏幕前的知识分子反倒猝不及防。显然，历史境遇会唤起文化的悲壮感，而经济的排斥却真正使知识分子处在无所适从的位置。这种“市场经济”一度是改革派知识分子所欢呼期待的现代化成果，现在这个成果被中国各行各业的人士窃取，它恰恰是唯一对知识分子——特别是人文知识分子嗤之以鼻。现在莘莘学子面对着热烈旋转的经济风车——南方的圈地运动、炒股票、暴发户的高消费、各项超巨大工程迅速上马、国营大中型企业股份制改造、惊人的国民生产增长指数等等，这个超级的经济神话现在是文人学子们面对的主要现实，而他们又唯一不是这个神话的主角，这种遗弃是显而易见的。一个捍卫纯学术品格的知识群体，那种文化上的悲壮感荡然无存，他们又如何去以历史（文化）主体的姿态与现实对话呢？这是又一次的错位——一次现实自行其是，呼啸而去导致的错位，一次令人有苦难言的茫然无措。

因此，文人原本的面对观念的姿态不得不转过来面对这个蓬勃的经济神话。向经济挑战这当然不会是这个群体的文化战略，这也有悖于它的历史初衷，但是对经济的副产品——文化价值、精神品格和道德水准进行抨击，则是完成历史移位的必要的前提。一个文化颓败的历史情境，本身就足以强调历史主体实施文化战略的必要性和重要性。当前文化现状的学术讨论会频频举行，关于当今知识分子的角色，关于当前道德沦丧与文学艺术的责任，以及文化的前景等等，都被提到议事日程上来。现在，那个政治背景映衬的文化人格，在这个为经济实利主义异化的精神荒原上重新崛起，它借助政治附加的意义——尽管这种意义已经所剩无几，但作为这次位移的基本原动力，作为一种主体形象的设计则是足够的。那个纯学术立场，那个知识分子的独立人格，那个对文化进行的悲剧性捍卫，现在全部转化为道义的责任感，转化为对文化命运的关怀，对一种文化前景的自觉承诺。

第四节 人文精神的内涵：道德化的知识谱系

在这样的历史叙事前提下，在这样的现实语境中，年轻一代知识分子重铸了启蒙主体的形象。事实上，这个形象是如此诱人，它吸引了各式各样的有表达欲望的人文知识分子。作为启蒙策略的轴心话语，“人文精神”引起了广泛的响应。一份在知识分子中尤受好评的杂志，也连篇累牍地讨论和张扬“人文精神”，参与者囊括了人文学科各部分的知识精英。从最纯粹的学者到放浪形骸的墨客，现在都在张扬人文精神。没有任何词语能像“人文精神”这样富有魅力，这样丰厚深邃而广大无边。作为一个知识分子，没有人能拒绝这个语词，谁有勇气对这个语词表征的意义进行怀疑呢？谁经受得住这种反诘：没有人文精神还能称其为知识分子吗？

这是一个令人膜拜的语词，它是知识分子的先验存在，绝对精神和本质规定，是东方（中国）知识分子的思想定性和心灵献辞。到底“人文精神”是什么？似乎也莫衷一是。在一些关于人文精神的精彩讨论中，人文精神经常被解释为“是对‘人’的‘存在’的思考”；“是对‘人’的价值，‘人’的生存意义的关注”；或者是对人类命运、人类的痛苦与解脱的思考与探索。人文精神被描述为抽象的形而上的终极价值。这些定义经常散发着浓厚的人道主义或存在主义味道，它可以和“人自身的完善和解放”相等同，甚至与生命本体结合一体：“人文精神不光是一种态度，一种心境，更是一种生命的承诺。它必然要通过人的行为和选择表现出来。杀身成仁，舍生取义，就已超出道德范围，而完全是人文精神的体现了。……它不仅要有高度的道德操守，也要有一种殉道精神。”①

人文精神变成知识分子的道义责任，一种作为知识分子的生命承诺。“杀身成仁，舍生取义”，精神固然可嘉，作为极个别的知识分子的理想化的生存境界，也不失为一种选择。但作为一种普遍性的理想，作为统摄了知识分子的“终极关怀”，那也未免有点强人所难。人生自古谁无死？以殉道者的姿态先验地规定知识分子的理想形象，这与其说是在赶鸭子上架，不如说是在推行一种新的文化理想主义策略。对知识的追寻或传授，为什么不能是一个平平常常的人做的一件平平常常的事？在这里，知识分子再次被定义为一群超人，一群在人格上高于普通芸芸众生的精英，他们是为知识，为某种价值和信念随时献身的文化英雄。无可否认文人学子对“人类存在”所抱有的崇高信念，但是我依然要指出这里谈论的是专业领域内的学术问题，它涉及一些专业知识，一些来自存在主义，一些来自人道主义或启蒙主义哲学。这里采用了存在主义惯用的那种叙事，即直接面对“生命本体”说话。讲述这样一种知识，采用这样一种叙事，显示出一批当代中国知识分子尤为崇高而有责任感，他们坚韧而执着地追寻那个支撑人类活下去的“根本理由”——人文理想。

把追寻知识的行为叙述为一种道义的献身和殉难，这种知识本身也具有道义的价值以及无可置疑的优越性。面对这样一种姿态，没有人不表示肃然起敬，没有人不从善如流。在这里，知识和行为相互强调，互相鼓励。人们通过讲述这样一种知识，获得了某种文化的崇高感，而这种崇高感再次怂恿人们叙述这种知识。在这个双重鼓励中，在这个互动过程中，一个拯救文化现状，重建文化未来的历史主体形象也迅速完成。而在这个殉道者形象的规范下，在这个至高的“人文关怀”和“终极价值”的范畴内，学术和文化也就达成了新的整合。于是，“人

① 《读书》1994 年，第 4 期，第 80 页，张汝伦语。

文精神”被作为一种新的“道”被标举——“这种‘道’不再期望以意识形态的方式将学术和政治‘统’起来，它只是在形而上的层次上为整个社会的文化整合提供意义系统和沟通规则。”① 现在，“人文精神”不仅仅是一个部落的图腾，更是整个社会的思想轴心和精神源泉。倡导“人文精神”既统合了学术界，又规范了现实社会，作为人文精神的叙述人和张扬者，它理所当然不仅仅捍卫了叙述者个人的“第三种尊严”，更重要的是它重新规划了现存的文化，确定了社会最高的价值准则。因而，一代中国知识分子也就不再是被政治、经济随意摆弄的第三种人，不再是一个被遗弃的局外人，而是这个时代的至圣先师。

第五节　无法超越的剩余：走向文化多元主义

1995 年的世界历史以以色列总理拉宾的死而达到它令人震惊的巅峰。拉宾的死当然是一个非常偶然的个别的事例，但它在当今的时代又有必然性。一方面，国际社会对和平的渴望非常强烈，柏林墙倒塌、前苏联解体，使全世界人民看到了全球和平的新前景。另一方面，极端势力与此同时也急剧抬头，迅速崛起。这就是以原教旨主义为龙头，各种民族主义势力，各种宗教狂的派别为主要阵容的极端势力，它使国际政治格局重新编排组合，冷战那种意识形态已经被地缘政治和民族主义认同所替代。世界进入一个后冷战时期。国际政治形势变得更加复杂，冲突局部化、白热化，这种冲突其实并不仅局限于庞大的国家事务、国际外交和民族争端，而且，尤为深刻地在当今时代，在文化思想阵营中表现出来。亨廷顿 1993 年发表的《文明的冲突》，就敏锐地把这种国际化

① 《读书》1994 年第 5 期，第 55 页，许纪霖语。

的地缘政治与文化的民族认同连接起来。尽管亨廷顿的观点遭到相当多的西方的和中国的知识分子的批评，但是他的观点代表了一种势力，表达了一种历史趋势，同时，也在怂恿一种文化势力，特别是在中国具有它的特定的市场。

现在我们更要重新反省文化独断论在这个时期的猖獗。文化独断论在中国长期以来的文化实践中形成一种顽固的思维模式，它有十分长久的历史依据，在 40—50 年中国的文化传播中显出了它的极大势能，这种独断论应当说是有它非常强大的社会政治的心理依据。那么九十年代愈演愈烈的道德化立场，与这种文化独断论的思维方式和价值取向相混淆，因而具有非同寻常的再生产能力。这样一种道德化的文化独断论，以批评的姿态出现，显然是有一种非常强烈的中心主义的倾向，它把自我设想为一个历史的主体，一个绝对的历史的主体，而它所认定的价值观念、所认定的文化立场，以绝对正确的形式把自己置于一个至高无上的文化制高点。对现实，对他人，对其他的异类的存在进行痛斥则是理所当然。独断论者认定唯一的价值观念是这个时代至高无上的终极关怀，当它以崇高和伟大的面目出现时，事先就把中国当前的现实描述成一幅道德沦丧的世纪末图景。在文化层面上对当今的道德现实进行了一种抨击，指责这个社会没有任何信仰，没有理想，没有人格。这些叙事都是为“我”这个批评的历史主体的合理性寻找一个大前提。而实际上是把“我”对现实的这样一种描述强加于历史之上。独断论者总是把个人认定的价值观、个人的文化立场，置于历史之上。

然而，这样一种试图重建中心，试图超越剩余文化的努力，实际上是真正的剩余文化。所谓“重建”，在很大程度上是从统治文化（主导文化）那里分享它的绝对真理。它是从其中分离出来的，被抛到一边，它处在无法构造社会共同想象关系的恐慌之中，现在重返历史中心不过是再次从主导文化那里分享权力，并且分享那种文化的精神实质和结构形式。因为这样一种思维逻辑，这样的知识构型和这样的知识目标与统治文化是完全结合在一起的。所谓的终极的关怀、绝对真理、唯我独尊、中心整合、等级、崇高伟大等概念，这些都是主导文化抛出来的碎片。现在，这个知识的范型在发生变化，在剩余的文化里要抓住这些东西进行建构显然力不从心。因此，痛斥现实既是理论话语必要的补充，也是对历史主体位置的合法性的论证。

在这样的历史转型时期，强调用一种多元主义态度来对待我们置身于其中的现实是必要的，并且要以相对主义的视点来对待各种话语。多元主义和相对主义已经是国际学术化的一种趋势。冷战结束以后，人们已不再那么固执某种绝对的意识形态，把对方看成敌人，看成荒谬的异类，致力于剥夺对方存在的合法权利。当然我们现在不是说倡导一个绝对相对主义，我们谈的恰恰是相对主义本身的相对性。这个前提就是要容得差异，应该讲究重新容忍。现在不是容忍太多，而是根本没有容忍，哪有过容忍呢？我们容忍什么东西？这些年我们容忍了什么？没有。我们没有对他人，对不同理论，对不同的文学样式给予善意的容忍。“容忍”上升到理论就是文化相对主义的一种态度。

文化全球化的一种趋势也使文化相对主义面临一种双重的状况。一方面是各种知识、各种信息的涌现使人们不可能在相当长的时间固执某一种立场，单纯地运用某种知识，他们必须在不同的时间里面更换知识，同时会调整他的立场；在知识全球化的时代，人文知识分子处理他们面前的知识和现实变得更加困难、复杂。他们要站在不同的侧面、层面上认识这样一个现实，不再像过去只要靠在主导文化的背景，站在一个绝对的立场上就可以把观念和知识贯穿到底，现在，多种问题、多种现象从不同的侧面涌现出来，都会发生不同的变异。

总而言之，从反激进走向新的文化激进主义，这一个圆圈并没有超越文化剩余的历史空间，它不过更深地、更盲目地陷入文化的剩余物之中。如果说“反激进”的那个学人群落还保持真实的历史敏感性，他们的偏差不过是重新寻找历史位置的一代知识分子不可避免的错位；那么倡导人文精神的群体则以过于急切的姿态重返历史中心而显得力不从心；至于道德理想主义或道德原教旨主义者，则是咄咄逼人而误入歧途。事实上，历史具有不可超越性，我说过，这是一个文化剩余的时代，并不是说人们只能心安理得地抓住剩余想象力倾诉一些个人的梦呓，而是说人们不可能自以为是地重建庞大的共同的想象关系。对历史局限性的认识，用恰当的方式找到历史的插入点，我想这可能是更为积极的文化建设。在这一意义上，我甚至认为我们时代的文学写作者——那些运用剩余想象力去表达他们有限的个人愿望的文学叙事者，有他们独特的存在价值，为这个过渡时期、转型时期，提供一种精神的栖息地。

不管我们是否愿意承认，或许当代文化确实在某种程度上呈现为众声喧哗的部落状况——它同时也是一个严重错位的、无法修复的混乱局面。而另一些人在观望、倾听、读解和阐释。也许后现代时代确实是一个“文化稗史”（列奥塔德语）的时代，立足于多元化的立场，对任何事物保持相对主义的警醒，试图逃避文学的（或学术的）的重新中心化的支配力量。也就是说在这文化剩余物堆积的时代，穿越文化剩余的历史空间，寻找阐释者的立足之地，找到绝无仅有的历史真实感，找到一种从容启示的位置。几乎是在十年前，列奥塔德在他那本极富声望的小册子《后现代状况：关于知识的报告》一书的结尾处写道：“十九世纪和二十世纪给了我们所能承受的如此之多的恐惧。我们为缅怀整体和单一，为概念和感觉的一致，为明晰透彻和可交流的经验的一致，已经付出了极高昂的代价。在争取宽松与缓和这一总的要求下，我们能够听到人们嘀咕着渴望恐惧归来，渴望实现把握现实的幻想。对此的回答是：让我们向整体开战；让我们成为那不可表现之物的见证人；让我们触发差异，保留命名的荣誉。”[①] 这段话不幸依然成为我们今天的理论出发点。

---

① 让-弗朗索瓦·列奥塔德：《后现代状况：关于知识的报告》前言部分。明尼苏达大学出版社，1984 年英文版，参见该书附录最后一段。译文参照王宁译，见王岳川、尚水编《后现代主义文化与美学》，北京大学出版社，1992 年，第 53 页。

图书在版编目(CIP)数据

不可遏止的变革:20世纪90年代中国文学的转型/陈晓明著.—合肥:黄山书社,2017.8

(中国文学理论与批评丛书/吴子林主编)

ISBN 978-7-5461-6680-3

Ⅰ.①不… Ⅱ.①陈… Ⅲ.①中国文学-当代文学-文学评论 Ⅳ.①B83-092

中国版本图书馆CIP数据核字(2017)第192381号

不可遏止的变革——20世纪90年代中国文学的转型　陈晓明 著

BUKE EZHI DE BIANGE——20 SHIJI 90NIANDAI ZHONGGUO WENXUE DE ZHUANXING

策　　划　汤吟菲　朱莉莉
责任编辑　朱莉莉　郑　程
责任印制　李　磊
装帧设计　观止堂_未氓
出版发行　时代出版传媒股份有限公司(http://www.press-mart.com)
　　　　　黄山书社(http://www.hspress.cn)
地址邮编　安徽省合肥市蜀山区翡翠路1118号出版传媒广场7层 230071
印　　刷　安徽新华印刷股份有限公司
版　　次　2020年2月第1版
印　　次　2020年2月第1次印刷
开　　本　700mm×1000mm　1/16
字　　数　400千
印　　张　20.25
书　　号　ISBN 978-7-5461-6680-3
定　　价　69.80元

服务热线　0551-63533706
销售热线　0551-63533761
官方直营书店(http://hsssbook.taobao.com)